U1010076

中国水利教育协会
高等学校水利类专业教学指导委员会　共同组织

全国水利行业"十三五"规划教材（普通高等教育）

水利工程概预算

（第2版）

主　编　岳春芳　周　峰
副主编　管　瑶　孙启冀　王　蓓

中国水利水电出版社
www.waterpub.com.cn
·北京·

内 容 提 要

本书是全国水利行业“十三五”规划教材（普通高等教育）。本书以水利工程概预算编制的全过程为主线，系统地阐述了水利工程概预算的基本概念、理论，详细地讲述了水利工程概预算的编制方法及计算，对我国水利工程招投标中普遍采用的工程量清单计价编制方式也进行了介绍。内容包括：水利工程概预算概述，水利工程定额，水利工程基础单价编制，工程单价编制，工程量计算及工程量清单计价，各部分概算编制，水利工程造价文件的编制，案例。

本书是以水利部水总〔2014〕429号文《水利工程设计概（估）算编制规定》及水利部办水总〔2016〕132号文《水利工程营业税改征增值税计价依据调整办法》为依据，结合工程实践编制的。通过对本书的学习，可全面、系统地掌握水利工程概预算的基础知识。本书内容丰富，适宜作为本科和大中专院校水利工程等有关专业概预算课程的教材，也可供水利工程技术人员和相关人员参考。

图书在版编目（CIP）数据

水利工程概预算 / 岳春芳，周峰主编. -- 2版. --
北京 : 中国水利水电出版社，2018.8(2023.12重印)
全国水利行业“十三五”规划教材. 普通高等教育
ISBN 978-7-5170-6771-9

Ⅰ. ①水… Ⅱ. ①岳… ②周… Ⅲ. ①水利工程—概算编制—高等学校—教材②水利工程—预算编制—高等学校—教材 Ⅳ. ①TV512

中国版本图书馆CIP数据核字(2018)第197371号

书　　名	全国水利行业“十三五”规划教材（普通高等教育） **水利工程概预算（第2版）** SHUILI GONGCHENG GAI YUSUAN
作　　者	主　编　岳春芳　周　峰 副主编　管　瑶　孙启冀　王　蓓
出版发行	中国水利水电出版社 （北京市海淀区玉渊潭南路1号D座　100038） 网址：www.waterpub.com.cn E-mail：sales@mwr.gov.cn 电话：（010）68545888（营销中心）
经　　售	北京科水图书销售有限公司 电话：（010）68545874、63202643 全国各地新华书店和相关出版物销售网点
排　　版	中国水利水电出版社微机排版中心
印　　刷	天津嘉恒印务有限公司
规　　格	184mm×260mm　16开本　14印张　332千字
版　　次	2013年10月第1版第1次印刷 2018年8月第2版　2023年12月第4次印刷
印　　数	11001—14000册
定　　价	**40.00元**

凡购买我社图书，如有缺页、倒页、脱页的，本社营销中心负责调换

版权所有·侵权必究

第2版前言

本书第1版是结合水利部水总〔2002〕116号文《水利工程设计概（估）算编制规定》，从我国水利工程建设与管理的实际出发，以水利工程概预算编制过程为主要内容编写而成。水利部水总〔2002〕116号文已废止，第1版的适用性明显降低。水利部2014年颁发了水总〔2014〕429号文《水利工程设计概（估）算编制规定》，包括工程部分概（估）算编制规定和建设征地移民补偿概（估）算编制规定。2016年水利部颁发水利部办水总〔2016〕132号文《水利工程营业税改征增值税计价依据调整办法》，作为现行计价依据的补充规定。为了适应我国水利工程建设和管理的需要，结合现行编制规定、文件、定额等相关资料，我们在积累多年教学和实际工作经验的基础上，编写了《水利工程概预算（第2版）》。在第1版的基础上，调整了基本建设概述与水利工程概预算概述的内容，修改完善了例题与案例，力求反映最新概预算理论和编制方法，力求突出实用性和可操作性，使读者学习后能够独立地编制水利工程概预算。

本书由岳春芳、周峰主编，管瑶、孙启冀、王蓓副主编。第一章由新疆农业大学岳春芳编写，第二章由新疆农业大学孙启冀、石河子大学王英编写，第三章由巴州天宝水利工程设计有限公司余红慧、新疆农业大学岳春芳编写，第四章由塔里木大学管瑶、新疆农业大学周峰编写，第五章由新疆水利水电科学研究院王蓓、新疆农业大学曹伟编写，第六章由新疆农业大学周峰编写，第七章由新疆水利水电科学研究院王蓓、毛建刚编写，第八章由新疆兵团勘测设计院（集团）有限责任公司杨泽慧、李宁、新疆农业大学孙启冀编写。覃姗、李京阳、宋金元、刘小飞、郑文强同学参与了本书的图表整理工作。

本书在编写过程中，参考了有关教材、专业书籍和资料都列入参考文献中，同时也得到了许多概预算专家们的指导和帮助，特此一并致谢。由于编者水平有限，书中难免存在缺点或错误，敬请批评指正。

编 者

2018 年 4 月

第1版前言

为了适应我国水利水电工程建设与管理的需要，结合水利部2002年颁发的水利工程设计概（估）算编制规定、2003年颁发的水土保持工程概（估）算编制规定以及2007年水利工程工程量清单计价规范，力求突出实用性和可操作性，我们在积累多年教学和实际工作经验的基础上，编写了本教材。

本书由岳春芳、周峰主编，王英、管瑶、王世玲副主编。第一章由东北农业大学王忠波、新疆农业大学周峰编写，第二章由新疆农业大学岳春芳编写，第三章由石河子大学王英编写，第四章由湖南农业大学张文萍、新疆水利水电建设工程造价管理总站王世玲编写，第五章由塔里木大学管瑶编写，第六章由新疆水利水电科学研究院王蓓、新疆农业大学曹伟编写，第七章由新疆农业大学周峰编写，其中第二节由塔里木大学管瑶编写，第八章由石河子大学王英、新疆水利水电科学研究院王蓓编写，第九章由新疆水利水电建设工程造价管理总站王世玲、新疆农业大学岳春芳编写。李琳琳、艾力米古力·艾萨、孙珍珍、胡富伟同学参与了本书的图表整理工作。

本书在编写过程中参考和引用了许多专业书籍中的论述，除部分已经列出外，其余未能一一注明，特此一并致谢！

编　者

2013年6月

目 录

第 2 版前言

第 1 版前言

第一章　水利工程概预算概述 …… 1

第一节　基本建设概述 …… 1

第二节　水利工程造价管理 …… 8

第三节　水利工程概预算的概念与作用 …… 12

第四节　水利工程概预算编制概述 …… 15

第五节　水利工程概预算编制文件组成 …… 18

第六节　水利工程项目划分 …… 24

第七节　水利工程费用构成 …… 31

习题 …… 36

第二章　水利工程定额 …… 37

第一节　定额的概念、发展、特征和作用 …… 37

第二节　定额的分类 …… 39

第三节　定额的编制原则和方法 …… 42

第四节　定额的组成和使用 …… 53

习题 …… 56

第三章　水利工程基础单价编制 …… 57

第一节　人工预算单价 …… 57

第二节　材料预算价格 …… 59

第三节　施工机械台时费 …… 66

第四节　施工用电、风、水预算价格 …… 72

第五节　砂石料预算价格 …… 77

第六节　水泥砂浆与混凝土材料预算价格 …… 81

习题 …… 86

第四章　工程单价编制 …… 87

第一节　工程单价的概念、内容 …… 87

第二节 建筑工程单价的编制方法 …… 87
第三节 建筑工程单价的计算 …… 93
第四节 安装工程单价的编制方法 …… 127
第五节 安装工程单价的计算 …… 128
习题 …… 134
第五章 工程量计算及工程量清单计价 …… 135
第一节 工程量的分类 …… 135
第二节 工程量的计算 …… 138
第三节 工料分析 …… 141
第四节 工程量清单计价 …… 143
习题 …… 148
第六章 各部分概算编制 …… 149
第一节 建筑工程概算 …… 149
第二节 设备及安装工程概算 …… 152
第三节 施工临时工程概算 …… 156
第四节 独立费用 …… 158
第五节 预备费和建设期融资利息 …… 163
第六节 建设征地移民补偿概算 …… 164
第七节 环境保护工程概算 …… 169
第八节 水土保持工程概算 …… 173
第九节 总概算的编制 …… 177
习题 …… 180
第七章 水利工程造价文件的编制 …… 181
第一节 投资估算 …… 181
第二节 施工图预算 …… 183
第三节 施工预算 …… 186
第四节 工程招标与投标 …… 188
第五节 竣工结算与竣工决算 …… 193
习题 …… 195
第八章 案例 …… 196
第一节 编制说明 …… 196
第二节 概算表 …… 198
参考文献 …… 216

第一章　水利工程概预算概述

第一节　基本建设概述

一、基本建设

（一）基本建设概念

基本建设是发展社会生产、增强国民经济实力的物质技术基础，是改善和提高人民物质生活水平和文化水平的重要途径，是实现社会扩大再生产的必要条件。基本建设是指国民经济各部门利用国家预算拨款、自筹资金、国内外贷款以及其他专项资金进行的以扩大生产能力或新增工程效益为目的的新建、扩建、改建和恢复工程及有关工作。如建造工厂、矿山、港口、铁路、电站、水库、医院、学校、商店、住宅和购置机器设备、车辆、船舶等活动紧密结合的征用土地、房屋拆迁、勘测设计、培训生产人员等工作。

基本建设通过一系列的投资活动来实现。基本建设投资是为了进行固定资产再生产活动而预付的货币资金，是为取得预期效益而进行的一种经济行为，是反映基本建设规模和增长速度的综合性指标。基本建设指固定资产的建设，即是建筑、安装和购置固定资产的活动及与之相关的工作，是通过对建筑产品的施工、拆迁或整修等活动形成固定资产的经济过程，它是以建筑产品为过程的产出物。基本建设需要消耗大量的劳动力、建筑材料、施工机械设备及资金，而且还需要多个具有独立责任的单位共同参与，需要对时间和资源进行合理有效的安排，是一个复杂的系统工程。

固定资产是指在社会再生产过程中，可供生产或生活较长时间使用，在使用过程中基本保持原有实物形态的劳动资料和其他物质资料。如建筑物、构筑物、水轮机、电气设备、运输设备等。固定资产按其经济用途可以分为生产性固定资产和非生产性固定资产。

基本建设是一种宏观的经济活动，它横跨国民经济各部门，既有物质生产活动，又有非物质生产活动。要使国家宝贵的建设资金得以合理有效地利用，降低工程成本以充分发挥投资的效益，除必须按照经济规律办事，认真执行贯彻党和国家的各项经济政策外，还必须实行科学的管理和有效的监督机制。而工程概预算就是对基本建设实行科学管理和有效监督的工具。

（二）基本建设内容

基本建设包括以下几方面的工作。

1. 建筑安装工程

它是基本建设的重要组成部分，是工程建设通过勘测、设计、施工等生产活动创造的建筑产品。本部分工作包括建筑工程和设备安装工程两个部分。建筑工程包括各种建筑物和房屋的修建、安装设备的基础建造等工作。设备安装工程包括生产、动力、起重、运输、输配电等需要安装的各种设备的装配、安装试车等工作。

2. 设备及工器具的购置

它是由建设单位为建设项目需要向制造行业采购或自制达到固定资产标准（使用年限一年以上和单件价值在规定限额以上）的设备、工具、器具等的购置工作。

3. 其他基建工作

指不属于上述两项的基建工作，如勘测、设计、科学试验、淹没及迁移赔偿、生产准备等多项工作。

（三）基本建设项目种类

基本建设项目是指按照一个总体设计进行施工，由一个或几个单项工程组成，经济上实行统一核算、行政上实行统一管理的建设实体。一般以一个企业或联合企业单位、事业单位或独立工程作为一个建设项目，如独立的工厂、矿山、水库、医院、学校等。

企事业单位按照规定用基本建设投资单纯购置设备、工具、器具，如车、船、飞机、勘探设备、施工机械等，虽然属于基本建设范围，但不作为基本建设项目。全部投资在10万元以下的工程，国家不单独作为一个建设项目。

凡属于一个总体设计中的主体工程和相应的附属配套工程、综合利用工程、环境保护工程、供水供电工程以及水库的干渠配套工程等，只作为一个建设项目。

基本建设项目种类可按以下几个方面来划分。

1. 按性质划分

按照建设性质不同，基本建设项目可分为新建、扩建、改建、恢复和迁建项目。技术改造项目一般不作这种分类。一个建设项目只有一种性质，在项目按总体设计全部建成之前，其建设性质是始终不变的。

(1) 新建项目。即原来没有，现在新开始建设的项目。有的建设项目并非从无到有，但其原有基础薄弱，经过扩大建设规模，新增加的固定资产价值超过原有固定资产价值的三倍以上，也可称为新建项目。

(2) 扩建项目。即在原有的基础上为扩大原有产品生产能力或增加新的产品生产能力而新建的主要车间或工程项目。

(3) 改建项目。指原有企业以提高劳动生产率、改进产品质量，或改变产品方向为目的，对原有设备或工程进行改造的项目。有的为了提高综合生产能力，增加一些附属或辅助车间和非生产性工程，也属于改建项目。在现行管理上，将固定资产投资分为基本建设项目和技术改造项目，从建设性质看，后者属于基本建设中的改建项目。

(4) 恢复项目。指原有企业、事业和行政单位，因自然灾害或战争，使原有固定资产遭受全部或部分报废，需要进行投资重建来恢复生产能力和业务工作条件、生活福利设施等的建设项目。

(5) 迁建项目。指企事业单位，由于改变生产布局或环境保护和安全生产以及其他特别需要，迁往外地建设的项目。

2. 按用途划分

按用途不同，基本建设项目分为生产性建设项目和非生产性建设项目。

(1) 生产性建设项目。指直接用于物质生产或满足物质生产需要的建设项目，如工业、建筑业、农业、水利、运输、邮电、商业、物资供应、地质资源勘探等建设项目。

(2) 非生产性建设项目。指用于满足人民物质生活和文化生活需要的建设项目，如住宅以及文教、卫生、科研、公用事业、机关和社会团体等建设项目。

3. 按规模或投资大小划分

基本建设项目按建设规模或投资大小分为大型项目、中型项目和小型项目。国家对工业建设项目和非工业建设项目均规定有划分大、中、小型的标准，各部委对所属专业建设项目也有相应的划分标准，如水利水电建设项目就有对水库、水电站、堤防等划分为大、中、小型的标准。

4. 按隶属关系划分

建设项目按隶属关系可分为国务院各部门直属项目、地方投资国家补助项目、地方项目、企事业单位自筹建设项目。

5. 按建设阶段划分

建设项目按建设阶段分为预备项目、筹建项目、施工项目、建成投产项目、收尾项目和竣工项目等。

(1) 预备项目（或探讨项目）。按照中长期投资计划拟建而又未立项的建设项目，只作初步可行性研究或提出设想方案供参考，不进行建设的实际准备工作。

(2) 筹建项目（或前期工作项目）。经批准立项，正在建设前期准备工作而尚未开始施工的项目。

(3) 施工项目。指本年度计划内进行建筑或安装施工活动的项目。包括新开工项目和续建项目。

(4) 建成投产项目。指年内按设计文件规定建成主体工程和相应配套辅助设施，形成生产能力或发挥工程效益，经验收合格并正式投入生产或交付使用的建设项目。包括全部投产项目、部分投产项目和建成投产单项工程。

(5) 收尾项目。以前年度已经全部建成投产，但尚有少量不影响正常生产使用的辅助工程或非生产性工程，在本年度继续施工的项目。

(6) 竣工项目。指年内办理完成竣工验收手续，交付投入使用的项目。

国家根据不同时期国民经济发展的目标、结构调整任务和其他一些需要，对以上各类建设项目指定不同的调控和管理政策、法规、办法。因此，系统地了解上述建设项目各种分类对建设项目的管理具有重要意义。

二、基本建设项目的划分

建筑安装工程是个复杂的综合体，直接计算它的全部人工、材料和机械台时的消耗量及价值，是一项极为困难的工作。为了准确无误地计算和确定建筑安装工程的造价，必须对基本建设工程项目进行科学的分析与分解，使之有利于工程概预算的编审，以及基本建设的计划、统计、会计和基建拨款贷款等各方面工作。同时，也便于同类工程之间进行比较和对不同分项工程进行技术经济分析，使编制概、预算项目时不重不漏，保证质量。

(一) 项目的划分

一个基本建设项目往往规模大、建设周期长、影响因素复杂。因此为便于工程计价与投资管理，需要对工程项目进行结构分解。结构分解的工具是工作结构分解原理，它是把项目按照其内在结构或实施过程的顺序进行逐层分解，得到不同层次的项目单元，最后形成项目的工作结构分解图。通常按项目本身的内部组成，将其划分为建设项目、单项工程、单位工程、分部工程和分项工程，如图 1-1 所示。

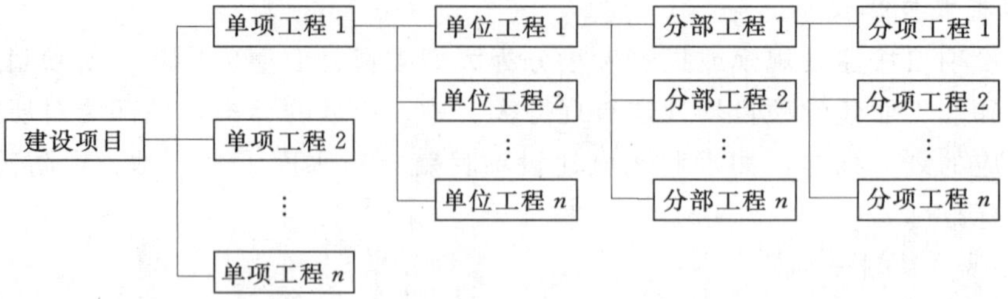

图 1-1　建设项目的结构分解图

基本建设项目简称为建设项目，是指在一个场地或几个场地上按一个总体设计进行施工的各个工程项目的总和。如一个独立的工厂、水库、水电站等。

单项工程是建设项目的组成部分。单项工程具有独立的设计文件，建成后可以独立发挥生产能力或效益。例如，一个水利枢纽的拦河坝、电站厂房、引水渠等都是单项工程。一个建设项目可以是一个单项工程也可以包含几个单项工程。

单位工程是指建成后不能独立发挥生产能力或效益，但具有独立施工条件的工程。它是单项工程的组成部分。如灌区工程中的分水闸、渡槽；水电站引水工程中的进水口、调压井等都是单位工程。

分部工程是单位工程的组成部分，一般以建筑物的主要部位来划分。如房屋建筑工程可划分为基础工程、墙体工程、屋面工程等。

分项工程是分部工程的细分，是建设项目最基本的组成单元，也是最简单的施工过程，是由专业工种完成的中间产品。它可通过较为简单的施工过程就能生产出来，可以有适当的计量单位。它是计算工料消耗、进行计划安排、统计工作、实施质量检验的基本构成要素，如砖石工程按工程部位可划分为内墙、外墙等分项工程。

（二）水利工程项目的划分

由于水利工程是个复杂的建筑群体，同其他工程相比，包含的建筑群体种类多、涉及面广、影响因素复杂。例如大中型水利工程除拦河坝（闸）、主副厂房外，还有变电站、开关站、引水系统、输水系统、泄洪设施、过坝建筑、输变电线路、公路、铁路、桥涵、码头、通信系统、给排水系统、供风系统、制冷设施、附属辅助企业、文化福利建筑等，难以严格按单项工程、单位工程、分部工程和分项工程来确切划分。因此，现行的水利工程项目划分按照水利部 2014 年颁发的水总〔2014〕429 号文《水利工程设计概（估）算编制规定》（以下简称《编制规定》）有关项目划分的规定执行。

该规定对水利工程基本建设项目进行了专门的项目划分。将水利建设项目划分为三种类型：水库、水电站、大型泵站等属于第一种类型枢纽工程；泵站、灌区等属于第二种类型引水工程；堤防、疏浚、田间工程等属于第三种类型河道工程。将水利枢纽工程（或引水工程、河道工程）划分为建筑工程、机电设备及安装工程、金属结构设备及安装工程、施工临时工程、独立费用五个部分，每部分从大到小又划分为一级项目、二级项目、三级项目等。一级项目相当于具有独立功能的单项工程，二级项目相当于单位工程，三级项目相当于分部、分项工程，如图 1-2 所示。

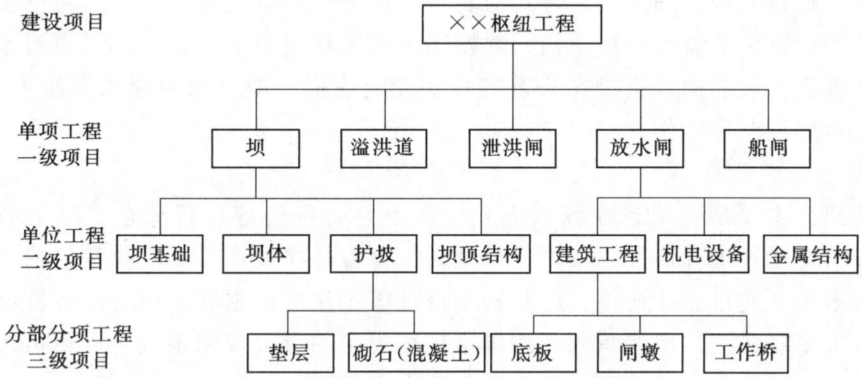

图 1-2　水利工程项目划分示意图

三、水利工程基本建设程序

由于基本建设是一个涉及多个部门、多种专业的大系统，其特点是投资多、建设周期长，而且受自然环境和条件的制约，工作环节错综复杂。为了保证工程建设顺利进行，达到预期的目的，在基本建设的实践中，逐渐总结出一套大家共同遵守的工作顺序，这就是基本建设程序。基本建设程序是指基本建设全过程中各项工作的先后顺序和工作内容及要求。实践证明，进行基本建设只有按程序办事，才能加快建设速度，提高工程质量，缩短工期，降低工程造价，提高投资效益，达到预期效果。

众所周知，水利工程建设的特点是：工程建设规模大、施工工期相对较长、施工技术复杂、横向交叉面广、内外协作关系和工序多，因此水利工程建设必须严格按照建设程序办事，否则将会造成严重后果和巨大经济损失。

鉴于水利工程基本建设较其他部门的基本建设有一定的特殊性，工程失事后危害性也比较大，因此水利工程基本建设程序较其他部门更为严格，在总结国内外大量水利工程的特点和建设实践的基础上，逐步形成了我国现行的水利工程基本建设程序。

现行的水利工程基本建设程序可分为规划、设计、施工、竣工投产 4 个大的阶段，要经历流域规划、项目建议书阶段、可行性研究阶段、初步设计阶段、施工准备阶段、施工阶段、生产准备阶段、竣工验收阶段、后评价阶段 9 个具体阶段。这些阶段既有顺序联系，又有平行搭接关系，在每个阶段以及阶段与阶段之间又由一系列紧密相连的工作环节构成了一个有机整体。

1. 流域规划

流域规划就是根据该流域的水资源条件和国家中长期计划对某一地区水利建设发展的要求，提出该流域水资源梯级开发和综合利用的最优方案。因此进行流域规划，必须对流域的自然地理、经济状况等进行全面、系统的调查研究，初步确定流域内的大坝位置，分析各坝址的建设条件，拟定梯级布置方案工程规划、工程效益等，进行多方案的分析比较，选定合理的梯级开发方案，并推荐近期开发的工程项目。

2. 项目建议书阶段

项目建议书是对拟进行建设项目的初步说明。由主管部门（或投资者）对准备建设的项目做出大体轮廓性设想和建议，为确定拟建项目是否有必要建设、是否具备建设的基本条件、是否值得投入资金和人力、是否需要再作进一步的研究论证工作提供依据。其编制一般委托有相应资格的设计单位承担，并按国家规定权限向上级主管部门申报审批。项目建议书被批准后由政府向社会公布，若有投资建设意向，应及时组建项目法人筹备机构，开展下一基本建设程序工作。

3. 可行性研究阶段

可行性研究主要是对项目在技术上和经济上是否可行等进行综合、科学的分析和论证，提出评价意见，推荐最佳方案。可行性研究报告是建设项目立项决策的依据，也是项目办理资金筹措、签订合作协议、进行初步设计等工作的依据和基础。可行性研究报告由项目法人（或筹备机构）组织编制，按国家现行规定的审批权限报批。项目可行性研究报告批准后，应正式成立项目法人，并按项目法人责任制进行管理。

4. 初步设计阶段

初步设计是根据批准的可行性研究报告和必要准确的设计资料，对设计对象进行通盘研究，阐明拟建工程在技术上的可靠性和经济上的合理性，规定项目的各项基本技术参数，编制项目的总概算。初步设计具有一定程度的规划性质，是建设项目的“纲要”设计。初步设计要提出设计报告、设计概算和经济评价三项资料。初步设计任务应择优选择有项目相应资格的设计单位承担，依照有关初步设计编制规定进行编制。初步设计由项目法人组织审查后，按国家现行规定权限向主管部门申报审批。

5. 施工准备阶段

项目在主体工程开工之前，必须完成各项施工准备工作，其主要内容包括：施工现场的征地、拆迁；完成施工用水、电、通信、路和场地平整等工程；完成必需的生产、生活临时建筑工程；组织招标设计、咨询、设备和物资采购等服务；组织建设监理和主体工程招标投标，并择优选定建设监理单位和施工承包队伍。这一阶段的工作对于保证项目开工后能否顺利进行具有决定性作用。水利工程项目进行施工准备必须满足如下条件：初步设计已经批准；项目法人已经建立；项目已列入国家或地方水利建设投资计划；筹资方案已经确定；有关土地使用权已经批准；已办理报建手续。

6. 施工阶段

施工阶段是指主体工程的建设实施。项目法人按照批准的建设文件，组织工程建设，保证项目建设目标的实现。项目法人或其代理机构必须按审批权限，向主管部门提出主体工程开工申请报告，经批准后，主体工程方能正式开工。要按照“政府监督、项目法人负责、社会监理、企业保证”的要求，建立健全质量管理体系。施工是把设计变为具有使用价值的建设实体，施工单位要严格履行合同，要与建设、设计单位和监理工程师密切配合。在施工过程中各个环节要相互协调，要加强科学管理，确保工程质量，全面按期完成施工任务。

7. 生产准备阶段

生产准备是项目投产前所要进行的一项重要工作，是建设阶段转入生产经营的必要条件。项目法人应按照建管结合和项目法人责任制的要求，适时做好有关生产准备工作。生产准备应根据不同类型的工程要求确定，其主要内容包括：生产组织准备，建立生产经营的管理机构及相应管理制度；招收和培训人员，按照生产运营的要求，配备生产管理人员，并通过多种形式的培训，提高人员素质，使之能满足运营要求；进行生产技术准备、生产的物资准备以及正常的生活福利设施准备。

8. 竣工验收阶段

竣工验收是工程完成建设目标的标志，是全面考核基本建设成果、检验设计和施工质量的重要步骤。竣工验收合格的项目即从基本建设转入生产或使用。水利工程按照设计文件所规定的内容建成以后，在办理竣工验收以前，必须进行试运行。例如，对灌溉渠道来说，要进行放水试验；对水电站、抽水站来说，要进行试运转和试生产，检查考核是否达到设计标准和施工验收中的质量要求。如工程质量不合格，应返工或加固。

竣工验收一般分为单项工程验收和整个工程项目的全部验收两个阶段。验收之前，项目法人要组织设计、施工等单位进行初验并向主管部门提交验收申请，根据国家和部颁验收规程，组织验收。水利工程竣工验收程序分为阶段验收和竣工验收，凡能独立发挥作用的单项工程均应进行阶段验收，如截流、下闸蓄水、机组启动、通水等。

项目法人要系统整理技术资料，绘制竣工图，分类立卷，在验收后作为档案资料，交生产单位保存。项目法人要认真清理所有财产和物资，编好工程竣工决算，报上级主管部门审批。竣工决算编制完成后，须由审计机关组织竣工审计，审计报告作为竣工验收的基本资料。

9. 后评价阶段

后评价是工程交付生产运行后一段时间内，一般经过1～2年生产运行后，对项目的立项决策、设计、施工、竣工验收、生产运行等全过程进行系统评价的一种技术经济活动，是基本建设程序的最后一环。通过后评价达到肯定成绩、总结经验、研究问题、提高项目决策水平和投资效果的目的。评价的内容主要包括：项目建成投入生产后对社会、经济、政治、技术和环境等方面所产生的影响，评价项目决策的正确性；对项目建成投产后所产生的实际效益分析，评价项目投资是否合理、经营管理是否得当，并与可行性研究阶段的评价结果进行比较，找出二者之间的差异及原因，提出改进措施；从项目的立项决策、设计、施工、竣工投产等全过程进行系统分析，进行过程评价。

上述9项内容反映了水利工程基本建设工作的全过程。其他基本建设工程除没有流域（或区域）规划外，其他工作也大体相同。

基本建设过程大致可以分为三个时期，即前期工作时期、工程实施时期、竣工投产时期。从国内外的基本建设经验来看，前期工作最重要，一般占整个过程50%～60%的时间。前期工作做好了，其后各阶段的工作就容易顺利完成。

同我国基本建设程序相比，国外通常也把工程建设的全过程分为三个时期，即投资前时期、投资时期、投资回收时期。内容主要包括：投资机会研究、初步可行性研究、可行性研究、项目评估、基础设计、原则设计、详细设计、招标发包、施工、竣工投产、生产阶段、工程后评估、项目终止等步骤。国外非常重视前期工作，建设程序与我国现行程序大同小异。

四、基本建设程序与工程概预算的关系

对不同工程建设阶段编制的工程概预算都有其特定名称。水利工程基本建设程序与各

阶段的工程概预算关系如图1-3所示。从图中可以看出，基本建设概预算及决算，从确定建设项目、控制建设投资、基本建设经济管理以及施工过程中的经济核算，直到后来的核定项目固定资产，均是以价值形态贯穿于整个基本建设过程中。

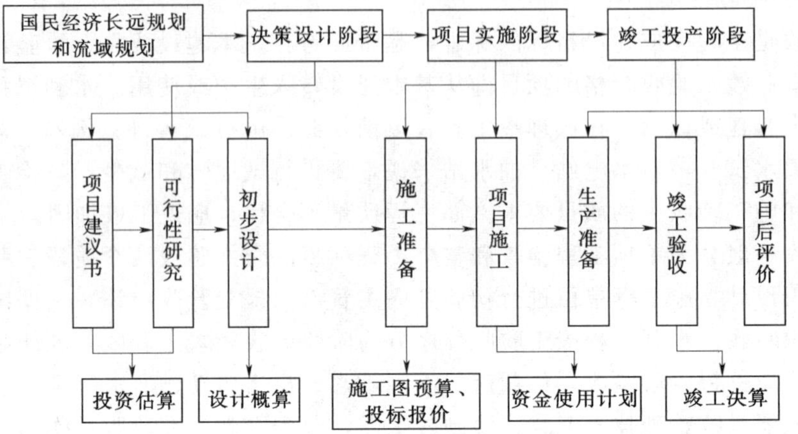

图1-3 基本建设程序与工程概预算的关系图

第二节 水利工程造价管理

一、工程造价

（一）工程造价的含义

工程造价是建设工程造价的简称，它有两层含义。

第一层含义：工程造价指建设项目的建设成本。工程造价是指建设一项工程预期支付或实际支付的全部固定资产投资费用，即工程投资或建设成本。这一含义是从投资者—业主的角度来定义的。投资者在投资活动中所支付的全部费用形成了固定资产和无形资产，所有这些费用构成了工程造价。从这个意义上说，工程造价就是工程投资费用，建设项目工程造价与建设项目投资中的固定资产投资相等。包括建筑工程费、安装工程费、设备费以及其他相关的必需费用。

第二层含义：工程造价是指建筑产品价格，即工程价格。也就是为建成一项工程，预计或实际在土地、设备技术劳务市场以及承发包等交易活动中所形成的建筑安装工程价格和建设工程总价格。显然，工程价格是以商品形式作为交易对象，在多次预估的基础上，通过招标投标、承发包或其他交易方式，最终由市场形成价格。在这里，工程的范围及内涵可以是一个涵盖范围很大的建设项目，也可以是一个单项工程，甚至可以是整个建设工程中的某个分阶段。

通常把工程价格作一个狭义的理解，即认为工程价格指的是工程承发包价格。工程承发包价格是工程价格中一种最重要、最典型的价格形式。它是在建筑市场通过招标投标，由需求主体（投资者）和供给主体（建筑商）共同认可的价格。

工程造价的两层含义，即建设成本和工程价格，其间既存在区别，又相互联系。

1. 两者之间的主要区别

(1) 建设成本的边界涵盖建设项目的费用，工程价格的范围却只包括建设项目的局部费用，如承发包工程部分的费用。在总体数额及内容组成上，建设成本总是大于工程承发包价格的。这种区别即使对“交钥匙”工程也是存在的，如业主本身对项目的管理费、咨询费、建设项目的贷款利息等不可能纳入工程承发包范围。

(2) 建设成本是对应于业主而言的。在确保建设要求、质量的基础上，为谋求以较低的投入获得较高的产出，建设成本总是越低越好。工程价格如工程承发包价格是对应于发包方、承包方双方而言的。工程承发包价格形成于发包方与承包方的承发包关系中，亦即合同下的买卖关系中。双方的利益是矛盾的。在具体工程上，双方都在通过市场谋求有利于自身的承发包价格，并保证价格的兑现和风险的补偿，因此双方都需要对具体工程项目进行管理。这种管理显然属于价格管理范畴。

(3) 建设成本中不含业主的利润和税金，它形成了投资者的固定资产。工程价格中含有承包方的利润与税金。

2. 两者之间的主要联系

(1) 工程价格以“价格”形式进入建设成本，是建设成本的重要组成部分。

(2) 实际的建设成本（决算）反映实际的工程承发包价格（结算），预测的建设成本则是反映市场正常行情下的工程价格。也就是说，在预测建设成本时，要反映建筑市场的正常情况，反映社会必要劳动时间，亦即通常所说的标准价、指导价。

(3) 建设项目中承发包工程的建设成本等于承发包价格。例如，在建筑或安装工程中，建筑或安装工程的建设成本也就等于建筑或安装工程承发包价格。

(4) 建设成本的管理要服从工程价格的市场管理，工程价格的市场管理要适当顾及建设成本的承受能力。

无论工程造价的哪种含义，它强调的都只是工程建设所消耗资金的数量标准。

(二) 工程造价的职能

工程造价除具有一般商品的价格职能外，还具有特殊的职能。

1. 预测职能

由于工程造价的大额性和动态性，无论是投资者或者是承包商，都要对拟建工程进行预先测算。投资者预先测算工程造价，不仅作为项目决策依据，同时也是筹集资金、控制造价的需要。承包商对工程造价的测算，既为投标决策提供依据，也为投标报价和成本管理提供依据。

2. 控制职能

工程造价的控制职能表现在两个方面：一方面是它对投资的控制，即在投资的各个阶段，根据对造价的多次性预估，对造价进行全过程多层次的控制；另一方面，是对以承包商为代表的商品和劳务供应企业的成本控制。在价格一定的条件下，企业实际成本开支决定企业的盈利水平。成本越高盈利越低，成本高于价格就危及企业的生存，所以企业要以工程造价来控制成本。

3. 评价职能

工程造价是评价总投资和分项投资合理性和投资效益的主要依据之一。在评价建筑安装工程产品和设备等价格的合理性时，就必须利用工程造价资料；在评价建设项目偿贷能力、获利能力和宏观效益时，也可依据工程造价。工程造价也是评价建筑安装企业管理水平和经营成果的重要依据。

4. 调控职能

工程建设直接关系到经济增长，也直接关系到资源分配和资金流向，对国计民生都产生重大影响。所以国家对建设规模、结构进行宏观调控是在任何条件下都不可缺少的，对政府投资项目进行直接调控和管理也是非常必需的。这些都是要用工程造价作为经济杠杆，对工程建设中的物质消耗水平、建设规模、投资方向等进行调控和管理。

值得注意的是工程造价职能实现的条件，主要是市场竞争机制的形成。

二、宏观与微观工程造价管理

工程造价管理是指在工程建设的全过程中，全方位、多层次地运用技术、经济与法律等管理手段，解决工程建设项目的造价预测、控制、监督、分析等实际问题，其目的是以尽可能少的人力、物力和财力获取最大的投资效益。工程造价管理可分为宏观造价管理和微观造价管理。

（一）宏观造价管理

宏观造价管理是指国家利用法律、经济、行政等手段对建设项目的建设成本和工程承发包价格进行的管理，利用市场机制引导企业做出适应经济发展和满足市场需求的正确决策，如图 1－4 所示。

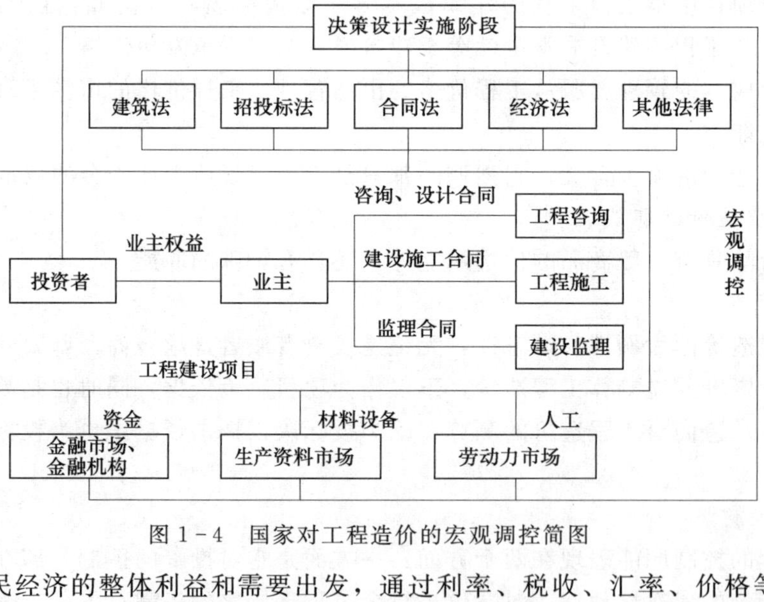

图 1－4　国家对工程造价的宏观调控简图

国家从国民经济的整体利益和需要出发，通过利率、税收、汇率、价格等政策和强制性的标准、法规等左右、影响着建设成本的高低走向，通过这些政策引导和监督，达到对建设项目建设成本的宏观造价管理。

国家以承发包价格的形式进行宏观造价管理，主要是规范市场行为和对市场定价的管理。国家通过行政、法律等手段对市场经济进行引导和监控，以保证市场有序竞争，避免各种类型（包括不合理涨价、压价在内）的不正当竞争行为的发生、发展。加强对市场定价的管理，维护承发包各方的正当权益。

（二）微观造价管理

微观造价管理是指业主对某一建设项目建设成本的管理和承发包双方对工程承发包价格的管理。

谋求以较低的投入，获取较高的产出，降低建设成本是业主追求的目标。建设成本的微观造价管理是指业主对建设成本实行从前期开始的全过程控制和管理，包括工程造价预控、预测和工程实施阶段的工程造价控制、管理以及工程实际造价的计算。

工程承发包价格是发包方与承包方通过承发包合同确定的价格，它是承发包合同的重要组成部分。发包方和承包方为了维护各自的利益，保证价格的兑现和风险的补偿，双方都要对工程承发包价格，如工程价款的支付、结算、变更、索赔、奖惩等，做出明确的规定。这就是工程承发包价格的微观管理。

对承包商来说，其根本目标在于最大限度地实现利润。这就使得承包商在施工过程中努力降低成本，扩大利润。降低成本既要控制人工费、材料费、机械费等以减少开支，又要认真会审图纸、加强合同预算管理、制定先进的施工组织计划以增加工程收入，必要时进行索赔。这就是承包商对工程造价的微观管理。

三、不同建设阶段的工程造价管理

工程造价管理不单是指概预算编制或投资管理，也指建设项目从规划阶段工程造价的预测开始，到工程造价预控、经济性论证、承发包价格确定、建设期间资金运用管理、工程实际造价的确定和经济后评价为止的整个建设过程的工程造价管理。

不同建设阶段的造价确定与精度控制如图 1-5 所示。

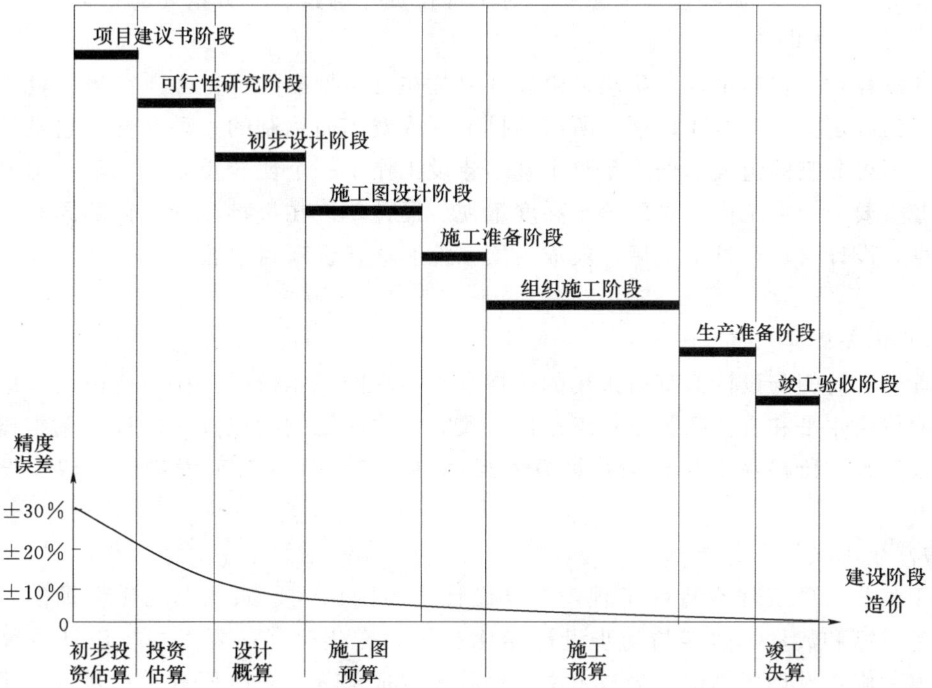

图 1-5 不同建设阶段的造价确定与精度控制图

第三节　水利工程概预算的概念与作用

一、基本概念

水利工程概预算泛指在工程建设实施以前对所需资金做出的预估。它是国家对基本建设实行宏观控制、科学管理和有效监督的重要手段之一，对于提高企业的经营管理水平和经济效益，节约国家建设资金具有重要的意义。工程的不同建设阶段所编制的工程概预算都有其特定名称。

二、种类及作用

根据我国现行水利行业基本建设程序的规定，在建设项目的不同建设阶段，要编制相应的水利工程造价。现行水利行业基本建设程序规定，在项目建议书和可行性研究阶段，应编制投资估算；在初步设计和技术设计阶段，应编制工程总概算和修正工程概算；在施工图设计阶段，应编制施工图预算；在工程实施阶段，施工单位尚需编制施工预算。实行招标承包制进行工程建设时，发包单位编制（或委托设计单位编制）的工程预算表现为标底；而承包单位编制的工程预算则表现为投标报价。

（一）投资估算

投资估算是考核拟建项目所提出的建设方案合理性的技术经济参考指标，是项目建议书及可行性研究阶段对工程造价的预测，是控制拟建项目投资的最高限额，该投资额连同可行性研究一经上级批准，即作为该拟建项目进行初步设计、编制概算投资总额的控制依据。由此可见，估算的精确程度直接关系到对项目决策的正确性。投资估算是工程造价全过程管理的“龙头”，抓好这个“龙头”对工程投资控制具有十分重要的意义。

（二）设计概算

设计概算是指在初步设计阶段，由设计单位在已经批准的可行性研究报告投资估算的控制下，为确定拟建基本建设项目所需的投资额或费用而编制的一种文件。它是设计文件重要的、不可分割的组成部分，是整个基本建设工作中一个比较重要的环节，国家对此有严格的考核要求，在工作中必须给予高度重视。设计单位在报批设计文件的同时，要报批设计概算。设计概算经过审批后，就成为国家控制该建设项目总投资的主要依据，不得任意突破。

（三）调整概算

工程开工时间与设计概算所采用的价格水平不在同一年份时，按规定由设计单位根据开工年的价格水平和有关政策重新编制设计概算，这时编制的概算一般称为调整概算。调整概算仅仅是在价格水平和有关政策方面的调整，工程规模与工程量均与初步设计保持不变。

（四）修改概算

对于某些大型工程或特殊工程，随着设计内容的深入，如果出现建设规模、结构选型、设备类型和数量等内容与初步设计相比有较大变化时，还要对初步设计概算进行修正，即编制修正设计概算，作为技术文件的补充组成部分。修改概算是在量（指工程规模或设计标准）和价（价格水平）都有变化的情况下对设计概算的修改。

（五）标底与报价

标底是招标工程的预期价格，它主要是根据招标文件、图纸，按有关规定，结合工程的具体情况，计算出的合理工程价格。它是由业主委托具有相应资质的设计单位、社会咨询单位编制完成的，包括发包造价、与造价相适应的质量保证措施及主要施工方案、为了缩短工期所需的措施费等。其中，主要是合理的发包造价，应在编制完成后报送招标投标管理部门审定。标底的主要作用是招标单位在一定浮动范围内合理控制工程造价，明确自己在发包工程上应承担的财务义务。标底也是投资单位考核发包工程造价的主要尺度。

投标报价，即报价，是施工企业（或厂家）对建筑工程施工产品（或机电、金属结构设备）的自主定价。它反映的是市场价格，体现了企业的经营管理、技术和装备水平。中标报价是基本建设产品的成交价格。

（六）施工图预算

施工图预算是指在施工图设计阶段对工程造价的具体计算，它以分部分项工程为基础，逐项逐个地进行计算。它是根据某单位工程的设计施工图纸和现行预算定额或单位估价表编制而成的，是工程业主与施工单位签订合同、银行拨款结算工程费用的依据，也是施工单位编制施工计划、加强经济核算的依据。它是决定工程造价、实行招标和签订承包合同的重要基础。所以，正确编制施工图预算具有重要的意义。它由设计单位编制，是以货币形式表示的关于（扩大）单位或单项工程投资额的技术经济文件。一般建筑工程以施工图预算作为编制施工招标标底的依据。

（七）施工预算

施工预算是施工单位为向所属的队、班组下达任务或为筹备材料、安排劳力等而编制的一种预算，是根据施工工序自行编制的人工、材料、机械台时耗用量及其费用总额，即单位工程成本。它是在施工图预算的控制下，套用施工定额编制而成的，作为施工单位内部各部门进行备工备料、安排计划、签发任务、内部经济核算的依据和控制各项成本支出的基准。

（八）竣工结算

竣工结算是施工单位与建设单位对承建工程项目的最终结算（施工过程中的结算属于中间结算）。

（九）竣工决算

竣工决算是指建设项目全部完工后，在工程竣工验收阶段，由建设单位编制的从项目筹建到建成投产全部费用的技术经济文件。它是建设投资管理的重要环节，是工程竣工验收、交付使用的重要依据，也是进行建设项目财务总结，银行对其实行监督的必要手段。

二、概预算的特点

工程概预算是某一特定时期工程建设技术水平和管理水平的反映。工程概预算是进行工程建设经济分析的基本依据，经过审查批准的工程概预算是确定基本建设工程计划价格的技术经济文件，是具有法律效力的。由于水利工程建设受自然条件的制约性较强，为了使工程概预算尽可能地反映工程建设实际需要的投资情况，在编制工程概预算时，必须了解和掌握它的特点，即科学性与客观性、政策性与严肃性共存。

编制工程概预算的科学性与客观性要求从事概预算编制的人员，除了要熟悉水利水电基本建设工程的技术经济特点外，还必须了解设计过程和施工技术，掌握编制方法。特别是要有实事求是的工作作风，及时注意客观条件和自然环境的变化，在具有一定的设计施工和工程经济专业知识的基础上，注意把握建设项目设计和建设地点的技术经济、市场信息，才能编制出高质量的工程概预算。

编制工程概预算的政策性与严肃性则要求从事工程概预算的人员必须具有良好的政治素质和职业道德。编制概预算时不能任意抬高或压低工程造价，一定要正确选用现行定额、标准、费率及价格。总而言之，工程概预算编制要严格执行国家颁发的各项政策、法令规定和制度，它是一项政策性很强的工作。

建设项目估算、概算、预算及决算，从确定建设项目，确定和控制基本建设投资，进行基本建设经济管理和施工企业经济核算，到最后核定项目的固定资产，它们以价值形态贯穿于整个基本建设过程之中。一般情况下，决算不能超过预算，预算不能超过概算，概算不能超过估算。投资估算、设计概算、施工图预算、施工预算、标底等都属于工程造价预测计算的性质，但编制的目的、依据和作用却有所区别。

（一）投资估算与设计概算

投资估算与设计概算在内容组成、项目划分和费用构成上基本相同，但由于两者处在不同阶段，也有很多不同之处。投资估算与设计概算的区别有以下几点：

（1）编制阶段与作用不同：投资估算是在决策阶段编制，为投资决策、筹资提供依据。设计概算是在初步设计阶段编制，确定拟建基本建设项目所需投资，为编制年度建设计划提供依据。

（2）编制依据与深度不同：投资估算的主要依据是估算指标和类似工程的有关资料，如采用概算定额编制估算单价，需考虑扩大系数。设计概算的主要依据是概算定额或概算指标及相关的文件法规等。由于投资估算阶段的设计较初步设计阶段粗略，估算阶段的费率都比概算阶段大。如基本预备费率，投资估算采取的费率为10%～18%，设计概算费率为5%～8%。在一般情况下，设计概算不得突破投资估算。

（二）设计概算与施工图预算

建设项目概预算中的设计概算和施工图预算，在编制年度基本建设计划、确定工程造价、评价设计方案、签订工程合同，建设银行据以进行拨款、贷款和竣工结算等方面有着共同的作用，都是业主对基本建设进行科学管理和监督的有效手段，在编制方法上也有相似之处。但由于两者的编制时间、依据和要求不同，它们还是有区别的。设计概算与施工图预算的区别有以下几点：

（1）费用内容不完全相同。设计概算包括建设项目从筹建开始至全部项目竣工和交付使用前的全部建设费用。施工图预算一般包括建筑工程、设备及安装工程、施工临时工程等。建设项目的设计概算除包括施工图预算的内容外，还应包括独立费用以及建设征地移民补偿等部分的费用。

（2）编制阶段不同。建设项目设计概算的编制，是在初步设计阶段进行的，由设计单位编制。施工图预算是在施工图设计完成后，由设计单位编制的。

（3）审批过程及其作用不同。设计概算是初步设计文件的组成部分，由有关主管部门审批，作为建设项目立项和正式列入年度基本建设计划的依据。只有在初步设计图纸和设计概算经审批同意后，施工图设计才能开始，因此它是控制施工图设计和预算总额的依据；施工图预算是先报建设单位初审，然后再送交建设银行经办行审查认定，就可作为拨付工程价款和竣工结算的依据。

(4) 概预算的分项大小和采用的定额不同。设计概算分项和采用定额，具有较强的综合性，设计概算采用概算定额。施工图预算采用预算定额，预算定额是概算定额的基础。另外，设计概算和施工图预算采用的分级项目不一样，设计概算一般采用三级项目，施工图预算一般采用比三级项目更细的项目。

(三) 施工预算和施工图预算

施工预算与施工图预算的区别有以下几点。

(1) 用途及编制方法不同。施工预算用于施工企业内部核算，主要计算工料用量和直接费；而施工图预算却要确定整个单位工程造价。施工预算必须在施工图预算价格的控制下进行编制。

(2) 使用定额不同。施工预算的编制依据是施工定额，施工图预算使用的是预算定额，两种定额的项目划分不同。即使是同一定额项目，在两种定额中各自的工、料、机械台时耗用数量都有一定的差别。

(3) 工程项目粗细程度不同。施工预算比施工图预算的项目多、划分细，具体表现如下。①施工预算的工程量计算要分层、分段、分工程项目计算，其项目要比施工图预算多。如砌砖基础，预算定额仅列了1项；而施工定额根据不同深度及砖基础墙的厚度，共划分了6个项目。②施工定额的项目综合性小于预算定额。如现浇钢筋混凝土工程，预算定额每个项目中都包括了模板、钢筋、混凝土三个项目，而施工定额中模板、钢筋、混凝土则分别列项计算。

(4) 计算范围不同。施工预算一般只计算工程所需工料的数量，有条件的地区可计算工程的直接费，而施工图预算要计算整个工程的直接费、间接费、利润、材料补差及税金等各项费用。

(5) 所考虑的施工组织及施工方法不同。施工预算所考虑的施工组织及施工方法要比施工图预算细得多。如吊装机械，施工预算要考虑的是采用塔吊还是卷扬机或别的机械，而施工图预算对一般民用建筑是按塔式起重机考虑的，即使是用卷扬机作吊装机械也按塔吊计算。

(四) 竣工结算与竣工决算

竣工结算和竣工决算是完全不同的两个概念，其主要区别有以下几点。

(1) 范围不同。竣工结算的范围只是承建工程项目，是基本建设的局部，而竣工决算的范围是基本建设的整体。

(2) 成本不同。竣工结算只是承包合同范围内的预算成本，而竣工决算是完整的预算成本，它还要计入工程建设的独立费用、建设期融资利息等工程成本和费用。

由此可见，竣工结算是竣工决算的基础，只有先办理竣工结算才有条件编制竣工决算。

第四节　水利工程概预算编制概述

工程概预算是一门技术与经济、政策与法规紧密联系的科学。只有正确选择编制依据和遵照一定的编制程序，才能编制好切合实际的概预算。

一、编制依据

水利工程概预算编制的主要依据如下。

（1）国家及省（自治区、直辖市）颁发的有关法令法规、制度、规程。

（2）水利工程设计概（估）算编制规定。

（3）水利行业主管部门颁发的概预算定额和有关行业主管部门颁发的定额。

（4）水利水电工程设计工程量计算规定。

（5）设计文件和图纸。编制概算以初步设计为依据，编制施工图预算以施工图设计为依据。

（6）有关合同协议及资金筹措方案。

（7）其他。

二、编制方法

水利工程概预算编制的基本方法是单位估价法。其计算方法是：根据概预算编制阶段的设计深度，将整个建设项目按项目划分规定系统地逐级划分为若干个简单的便于计算的基本构成项目。这些项目应当与所采用定额的项目一致，能以适当的计量单位计算工程量和按定额计算人工费、材料费和机械使用费的单位价格。在此基础上再按规定费率计算应计入产品成本的其他有关费用，其总和即构成项目的工程单价。用工程量乘以单价即可求得各基本构成项目的合价，逐级汇总，再加上设备购置费，便可以计算出建筑安装工程的概预算价格。

对整个建设项目来说，在编制概算阶段，除建筑安装工程概算价格以外，还需要按照国家规定计算出与工程建设有关而又不宜列入建筑安装工程价格的各项费用（称为独立费用）和必要的预备费用以及建设期融资利息。建筑安装工程价格、独立费用和预备费等之和即为水利工程建设项目的工程部分投资。再加上建设征地移民补偿等部分投资即为水利工程建设项目的总投资。

三、编制程序

由水利工程建设项目的特点决定其概预算的编制程序与一般建筑工程的编制程序有所不同。水利工程概预算的编制程序如图 1-6 所示。

（一）了解工程概况

从事各阶段概预算编制工作的人员要熟悉上一阶段的设计文件和本阶段的设计工作，从而了解工程规模、地形地质、枢纽布置、机组机型、主要水工建筑物的结构形式和技术数据、施工场地布置、对外交通方式、施工导流、施工进度以及主体工程施工方法等。

（二）调查研究、搜集资料

（1）深入现场，实地踏勘，了解枢纽工程和施工场地的布置情况、现场地形、砂砾料与天然建筑材料料场的开采运输条件、场内外交通运输条件和运输方式等情况。

（2）到上级主管部门和工程所在地省、自治区、直辖市的劳资、计划、物资供应、交通运输和供电等有关部门及施工单位和设备制造厂家，搜集编制概预算的各项基础资料及有关规定，如材料设备价格、主要材料来源地、运输方法与运杂费计费标准和供电价

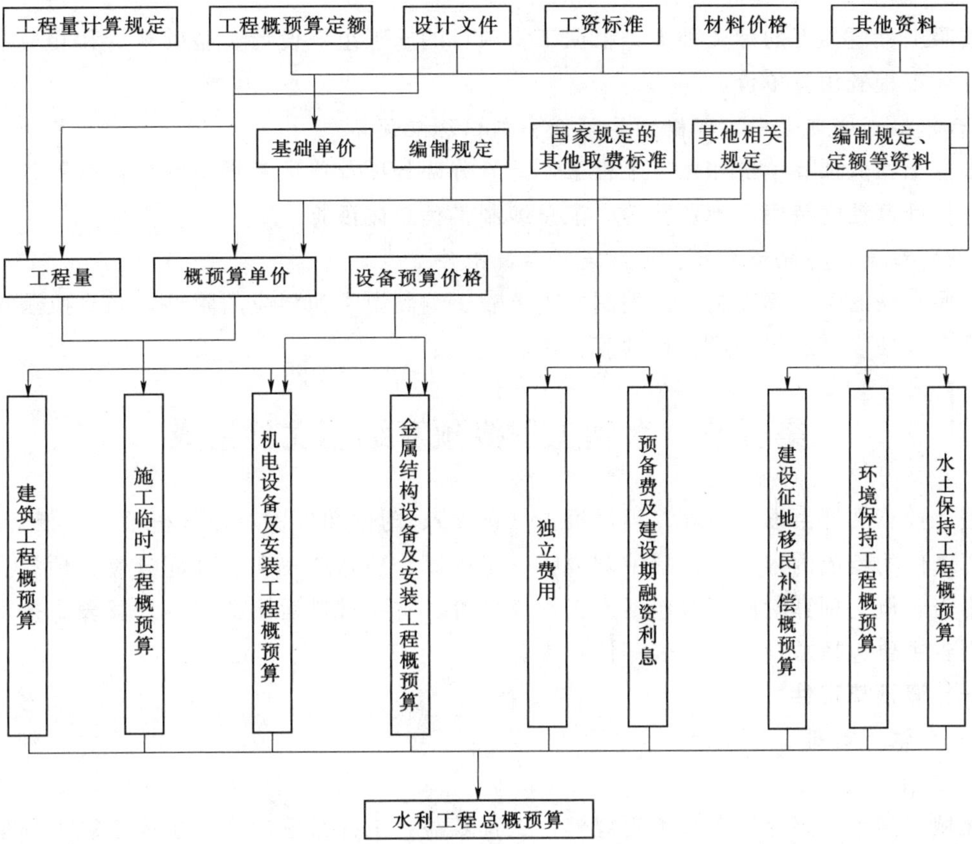

图 1－6　水利工程概预算编制程序简图

格等。

(3) 新技术、新工艺、新定额资料的搜集与分析，为编制补充施工机械台时费和补充定额搜集必要的资料。

(三) 基础单价的编制

基础单价是编制工程单价时计算人工费、材料费和机械使用费所必需的最基本的价格资料，是编制工程概预算最重要的基础数据，必须按实际资料和有关规定认真、慎重地计算确定。水利工程概预算基础单价有：人工预算单价、材料预算单价、施工用风预算价格、施工用水预算价格、施工用电预算价格、施工机械台时费用、砂石料预算单价以及混凝土、砂浆预算单价。

(四) 划分工程项目、计算工程量

按照水利水电基本建设项目划分的规定将工程项目进行划分，按照设计图纸和工程量计算的有关规定计算工程量。工程量在工程概预算编制中占有相当重要的地位，其精度直接影响到概预算编制质量的高低，计算时必须按设计图纸和《水利水电工程设计工程量计算规定》进行操作，并列出相应项目的清单。为了防止漏项少算或高估冒算，必须建立和健全检查复核制度，以确保工程量计算的准确性。

（五）编制工程概预算单价

按照工程概预算的计算种类，根据工程项目的施工组织设计、基础单价和相应取费标准，计算工程概预算单价。

（六）编制分部分项工程概预算单价和工程总概预算

根据工程概预算单价和相应工程量，计算分部分项及单项工程概预算，编制各部分概预算；再计算独立费用、预备费等，汇总编制工程总概预算。

（七）编制各种概预算表、编制说明书及附件

按照有关的概预算编制办法编制概预算表、编制说明和相应的附件，并将概预算正件和附件等单独装订成册，形成概预算文件。

第五节　水利工程概预算编制文件组成

概、预算文件由设计概算、预算报告（正件）、附件和投资对比分析报告三部分组成。概预算正件的组成内容主要包括编制说明、工程概、预算总表和工程部分概、预算表及概预算附表。概、预算附件主要包括人工预算单价、主要材料运输费用等计算表。投资分析对比报告主要包括总投资对比表等计算表。

一、概预算正件

（一）编制说明

1. 工程概况

流域、河系，兴建地点，工程规模，工程效益，工程布置形式，主体建筑工程量，主要材料用量，施工总工期等。

2. 投资主要指标

工程总投资和静态总投资，年度价格指数，基本预备费率，建设期融资额度，利率和利息等。

3. 编制原则和依据

（1）概、预算编制原则和依据。

（2）人工预算单价，主要材料，施工用电、水、风以及砂石料等基础单价的计算依据。

（3）主要设备价格的编制依据。

（4）建筑安装工程定额、施工机械台时费定额和有关指标的采用依据。

（5）费用计算标准及依据。

（6）工程资金筹措方案。

4. 概、预算编制中其他应说明的问题

5. 主要技术经济指标表

（二）工程概、预算总表

工程概、预算总表由工程部分的总概、预算表与建设征地移民补偿、环境保护工程、水土保持工程的总概、预算表汇总计算而成，见表1-1。

表 1-1　　工程概、预算总表　　单位：万元

序号	工程或费用名称	建安工程费	设备购置费	独立费用	合计
Ⅰ	工程部分投资				
	第一部分　建筑工程				
	……				
	第二部分　机电设备及安装工程				
	……				
	第三部分　金属结构设备及安装工程				
	……				
	第四部分　施工临时工程				
	……				
	第五部分　独立费用				
	……				
	一～五部分投资合计				
	基本预备费				
	静态投资				
Ⅱ	建设征地移民补偿投资				
一	农村部分补偿费				
二	城（集）镇部分补偿费				
三	工业企业补偿费				
四	专业项目补偿费				
五	防护工程费				
六	库底清理费				
七	其他费用				
	一～七项小计				
	基本预备费				
	有关税费				
	静态投资				
Ⅲ	环境保护工程投资				
	静态投资				
Ⅳ	水土保持工程投资				
	静态投资				
Ⅴ	工程投资总计（Ⅰ～Ⅳ合计）				
	静态总投资				
	价差预备费				
	建设期融资利息				
	总投资				

（三）工程部分概、预算表和概预算附表

1. 概、预算表

（1）工程部分总概、预算表，见表1-2。

表1-2　　工程部分总概、预算表　　单位：万元

序号	工程或费用名称	建安工程费	设备购置费	独立费用	合计	占一～五部分投资比例/%
	各部分投资					
	一～五部分投资合计					
	基本预备费					
	静态投资					

（2）建筑工程概、预算表，见表1-3。

表1-3　　建筑工程概、预算表

序号	工程或费用名称	单位	数量	单价/元	合计/万元

（3）机电设备及安装工程概、预算表，见表1-4。

表1-4　　设备及安装工程概、预算表

序号	名称及规格	单位	数量	单价/元		合计/万元	
				设备费	安装费	设备费	安装费

（4）金属结构设备及安装工程概、预算表，表格形式同表1-4。

（5）施工临时工程概、预算表，表格形式同表1-3。

（6）独立费用概、预算表，表格形式同表1-3。

（7）分年度投资表，见表1-5。

表1-5　　分年度投资表　　单位：万元

序号	项　目	合计	建设工期/年						
			1	2	3	4	5	6	……
Ⅰ	工程部分投资								
一	建筑工程								
1	建筑工程								
	×××工程（一级项目）								
2	施工临时工程								
	×××工程（一级项目）								
二	安装工程								
1	机电设备安装工程								
	×××工程（一级项目）								

续表

序号	项　　目	合计	建设工期/年						
			1	2	3	4	5	6	……
2	金属结构设备安装工程								
	×××工程（一级项目）								
三	设备购置费								
1	机电设备								
	×××设备								
2	金属结构设备								
	×××设备								
四	独立费用								
1	建设管理费								
2	工程建设监理费								
3	联合试运转费								
4	生产准备费								
5	科研勘测设计费								
6	其他								
	一～四项合计								
	基本预备费								
	静态投资								
Ⅱ	建设征地移民补偿投资								
	……								
	静态投资								
Ⅲ	环境保护工程投资								
	……								
	静态投资								
Ⅳ	水土保持工程投资								
	……								
	静态投资								
Ⅴ	工程投资总计（Ⅰ～Ⅳ合计）								
	静态总投资								
	价差预备费								
	建设期融资利息								
	总投资								

（8）资金流量表（枢纽工程），表格形式同表1－5。

2．概、预算附表

（1）建筑工程单价汇总表，见表1－6。

表 1-6　　建筑工程单价汇总表　　单位：元

单价编号	名称	单位	单价	其中							
				人工费	材料费	机械使用费	其他直接费	间接费	利润	材料补差	税金

（2）安装工程单价汇总表，见表 1-7。

表 1-7　　安装工程单价汇总表　　单位：元

单价编号	名称	单位	单价	其中								
				人工费	材料费	机械使用费	其他直接费	间接费	利润	材料补差	未计价装置性材料费	税金

（3）主要材料预算价格汇总表，见表 1-8。

表 1-8　　主要材料预算价格汇总表　　单位：元

序号	名称及规格	单位	预算价格	其中			
				原价	运杂费	运输保险费	采购及保管费

（4）其他材料预算价格汇总表，见表 1-9。

表 1-9　　其他材料预算价格汇总表　　单位：元

序号	名称及规格	单位	原价	运杂费	合计

（5）施工机械台时费汇总表，见表 1-10。

表 1-10　　施工机械台时费汇总表　　单位：元

序号	名称及规格	台时费	其中				
			折旧费	修理及替换设备费	安拆费	人工费	动力燃料费

（6）主要工程量汇总表，见表 1-11。

表 1-11　　主要工程量汇总表

序号	项　目	土石方明挖 /m^3	石方洞挖 /m^3	土石方填筑 /m^3	混凝土 /m^3	模板 /m^2	钢筋 /t	帷幕灌浆 /m	固结灌浆 /m

（7）主要材料量汇总表，见表 1-12。

表 1-12　　主要材料量汇总表

序号	项目	水泥/t	钢筋/t	钢材/t	木材/m^3	炸药/t	沥青/t	粉煤灰/t	汽油/t	柴油/t

(8) 工时数量汇总表，见表 1-13。

表 1-13　　工时数量汇总表

序号	项　目	工时数量	备　注

二、概预算附件

主要包括下列计算表。

(1) 人工预算单价计算表。

(2) 主要材料运输费用计算表。

(3) 主要材料预算价格计算表。

(4) 施工用电价格计算书（附计算说明）。

(5) 施工用水价格计算书（附计算说明）。

(6) 施工用风价格计算书（附计算说明）。

(7) 补充定额计算书（附计算说明）。

(8) 补充施工机械台时费计算书（附计算说明）。

(9) 砂石料单价计算书（附计算说明）。

(10) 混凝土材料单价计算表。

(11) 建筑工程单价表。

(12) 安装工程单价表。

(13) 主要设备运杂费率计算书（附计算说明）。

(14) 施工房屋建筑工程投资计算书（附计算说明）。

(15) 独立费用计算书（勘测设计费可另附计算书）。

(16) 分年度投资计算表。

(17) 资金流量计算表。

(18) 价差预备费计算表。

(19) 建设期融资利息计算书（附计算说明）。

(20) 计算人工、材料、设备预算价格和费用依据的有关文件、询价报价资料及其他。

三、投资对比分析报告

应从价格变动、项目及工程量调整等方面进行详细分析，说明不同设计阶段相比较的投资变化原因和结论，编写投资对比分析报告。报告应汇总工程部分、建设征地移民补偿、环境保护、水土保持各部分对比分析内容。其中工程部分报告应包括以下附表。

(1) 总投资对比表。

(2) 主要工程量对比表。

(3) 主要材料和设备价格对比表。

(4) 其他相关表格。

第六节 水利工程项目划分

一、水利工程项目划分简述

由于水利工程常常是由多种性质的水工建筑物构成的复杂的建筑综合体，尤其是大型水利工程，包含的建筑群体种类多、涉及范围广、投资大、建设周期长、影响因素复杂。因此，为了便于编制水利工程基本建设计划、编制水利工程概预算、组织材料供应、进行招投标、开展施工、控制工程投资、控制施工质量、实行经济核算等，在水利工程概预算中，对一个水利工程建设项目要系统地逐级划分为若干个各级项目和费用项目。在编制水利工程概（估）算时，水利工程项目划分是根据现行《编制规定》的有关规定，结合水利工程的性质、特点和组成内容来进行项目划分。

水利工程按工程性质划分为枢纽工程、引水工程及河道工程三大类。工程各部分下设一级、二级、三级项目。一级项目是具有独立功能的单项工程，二级项目为单位工程，三级项目为分部、分项工程。以第一部分建筑工程为例，枢纽工程中的挡水工程是一项具有独立功能的单项工程，属一级项目；构成挡水工程的混凝土坝、土（石）坝等工程为单位工程，属二级项目；各单位工程中的土石方开挖、回填、混凝土、灌浆等为分部工程，属三级项目。在进行水利工程概算编制时，主体建筑工程量要计算到三级项目，三级项目是进行水利工程概（估）算编制的基础。

《编制规定》在工程部分项目划分，第二级和第三级项目中仅列出了代表性项目。在编制概（估）算时，第二、三级项目可根据水利工程设计阶段、设计工作深度和工程的具体情况进行增减或再划分，以三级项目为例，下列项目宜作必要的再划分。

(1) 土方开挖工程，应将土方开挖与砂砾石开挖分列。

(2) 石方开挖工程，应将明挖与暗挖，平洞与斜井、竖井分列。

(3) 土石方回填工程，应将土方回填与石方回填分列。

(4) 混凝土工程，应将不同工程部位、不同标号、不同级配的混凝土分列。

(5) 模板工程，应将不同规格形状和材质的模板分列。

(6) 砌石工程，应将干砌石、浆砌石、抛石、铅丝（钢筋）笼块石等分列。

(7) 钻孔工程，应按使用不同钻孔机械和钻孔的不同用途分列。

(8) 灌浆工程，应按不同灌浆种类分列。

(9) 机电、金属结构设备及安装工程，应根据设计提供的设备清单，按分项要求逐一列出。

(10) 钢管制作及安装工程，应将不同管径的钢管、叉管分列。

二、水利工程项目划分内容

工程部分项目划分为五部分，即建筑工程、机电设备及安装工程、金属结构设备及安装工程、施工临时工程和独立费用。

1. 建筑工程

(1) 枢纽工程。指水利枢纽建筑物、大型泵站、大型拦河水闸和其他大型独立建筑物（含引水工程中的水源工程）。包括挡水工程、泄洪工程、引水工程、发电厂（泵站）工程、升压变电站工程、航运工程、鱼道工程、交通工程、房屋建筑工程、供电设施工程和其他建筑工程。其中挡水工程等前7项工程称为主体建筑工程。

1）挡水工程，指拦河挡水的各类坝（闸）工程，包括混凝土坝（闸）和土（石）坝工程。

2）泄洪工程，指用于宣泄洪水的各类工程，包括溢洪道、泄洪洞、冲沙孔（洞）、放空洞、泄洪闸等工程。

3）引水工程，指用于引水的各类工程，包括发电引水明渠、进水口、隧洞、调压井、高压管道等工程。

4）发电厂（泵站）工程，包括地面、地下各类发电厂（泵站）工程。

5）升压变电站工程，包括升压变电站、开关站等工程。

6）航运工程，指用于航道的各类工程，包括上下游引航道、船闸、升船机等工程。

7）鱼道工程，根据枢纽建筑物布置情况，可以独立列项。与拦河坝相结合的，也可作为拦河坝工程的组成部分。

8）交通工程，包括上坝、进厂、对外等场内外永久公路，以及桥梁、交通隧洞、铁路、码头等工程。

9）房屋建筑工程，包括为生产运行服务的永久性辅助生产建筑、仓库、办公用房、值班宿舍及文化福利建筑等房屋建筑工程和室外工程。

10）供电设施工程，指工程生产运行供电需要架设的输电线路及变配电设施工程。

11）其他建筑工程，包括安全监测设施工程，照明线路，通信线路，厂坝（闸、泵站）区供水、供热、排水等公用设施，劳动安全与工业卫生设施，水文、泥沙监测设施工程，水情自动测报系统工程及其他。

(2) 引水工程。指供水工程、调水工程和灌溉工程（1）（设计流量不小于 $5m^3/s$ 的灌溉工程）。包括渠（管）道工程、建筑物工程、交通工程、房屋建筑工程、供电设施工程和其他建筑工程。

1）渠（管）道工程，包括明渠、输水管道工程，以及渠（管）道附属小型建筑物（如观测测量设施、调压减压设施、检修设施）等。

2）建筑物工程，指渠系建筑物、交叉建筑物工程，包括泵站、水闸、渡槽、隧洞、箱涵（暗渠）、倒虹吸、跌水、动能回收电站、调蓄水库、排水涵（槽）、公路（铁路）交叉（穿越）建筑物等。

3）交通工程，指永久性对外公路、运行管理维护道路等工程。

4）房屋建筑工程，内容同枢纽工程此项。

5）供电设施工程，内容同枢纽工程此项。

6）其他建筑工程，内容同枢纽工程此项。

(3) 河道工程。指堤防修建与加固工程、河湖整治工程以及灌溉工程（2）（设计流量小于 $5m^3/s$ 的灌溉工程和田间工程）。包括河湖整治与堤防工程、灌溉及田间渠（管）道工程、建筑物工程、交通工程、房屋建筑工程、供电设施工程和其他建筑工程。

1）河湖整治与堤防工程，包括堤防工程、河湖整治工程、清淤疏浚工程等。

2）灌溉及田间渠（管）道工程，包括明渠、输配水管道、排水沟（渠、管）工程、渠（管）道附属小型建筑物（如观测测量设施、调压减压设施、检修设施）、田间土地平整等。

3）建筑物工程，包括水闸、泵站工程，田间工程机井、灌溉塘坝工程等。

4）交通工程，内容同引水工程此项。

5）房屋建筑工程，内容同引水工程此项。

6）供电设施工程，内容同引水工程此项。

7）其他建筑工程，内容同引水工程此项。

2. 机电设备及安装工程

（1）枢纽工程。指构成枢纽工程固定资产的全部机电设备及安装工程。本部分由发电设备及安装工程、升压变电设备及安装工程和公用设备及安装工程三项组成。

1）发电设备及安装工程，包括水轮机、发电机、主阀、起重设备、水力机械辅助设备、电气设备等设备及安装工程。

2）升压变电设备及安装工程，包括主变压器、高压电气设备、一次拉线等设备及安装工程。

3）公用设备及安装工程，包括通信设备，通风采暖设备，机修设备，计算机监控系统，工业电视系统，管理自动化系统，全厂接地及保护网，电梯，坝区馈电设备，厂坝区供水，排水、供热设备，水文、泥沙监测设备，水情自动测报系统设备，视频安防监控设备，安全监测设备，消防设备，劳动安全与工业卫生设备，交通设备等设备及安装工程。

（2）引水工程及河道工程。指构成该工程固定资产的全部机电设备及安装工程，一般由泵站设备及安装工程、水闸设备及安装工程、电站设备及安装工程、供变电设备及安装工程和公用设备及安装工程 5 项组成。

1）泵站设备及安装工程，包括水泵、电动机、主阀、起重设备、水力机械辅助设备、电气设备等设备及安装工程。

2）水闸设备及安装工程，包括电气一次设备及电气二次设备及安装工程。

3）电站设备及安装工程，其组成内容可参照枢纽工程的发电设备及安装工程和升压变电设备及安装工程。

4）供变电设备及安装工程，包括供电、变配电设备及安装工程。

5）公用设备及安装工程，包括通信设备、通风采暖设备、机修设备、计算机监控系统，工业电视系统，管理自动化系统、全厂接地及保护网，厂坝（闸、泵站）区供水、排水、供热设备，水文、泥沙监测设备，水情自动测报系统设备，视频安防监控设备，安全监测设备，消防设备，劳动安全与工业卫生设备，交通设备等设备及安装工程。

灌溉田间工程还包括首部设备及安装工程、田间灌水设施及安装工程等。

1）首部设备及安装工程，包括过滤、施肥、控制调节、计量等设备及安装工程等。

2）田间灌水设施及安装工程，包括田间喷灌、微灌等全部灌水设施及安装工程。

3. 金属结构设备及安装工程

指构成枢纽工程、引水工程和河道工程固定资产的全部金属结构设备及安装工程。包括闸门、启闭机、拦污设备、升船机等设备及安装工程，水电站（泵站等）压力钢管制作及安装工程和其他金属结构设备及安装工程。

金属结构设备及安装工程的一级项目应与建筑工程的一级项目相对应。

4. 施工临时工程

指为辅助主体工程施工所必须修建的生产和生活用临时性工程。由导流工程、施工交通工程、施工场外供电工程、施工房屋建筑工程和其他施工临时工程5项组成。

（1）导流工程，包括导流明渠、导流洞、施工围堰、蓄水期下游断流补偿设施工程、金属结构设备及安装工程等。

（2）施工交通工程，包括施工现场内外为工程建设服务的临时交通工程，如公路、铁路、桥梁、施工支洞、码头、转运站等。

（3）施工场外供电工程，包括从现有电网向施工现场供电的高压输电线路（枢纽工程：35kV及以上等级；引水工程、河道工程：10kV及以上等级；挖掘机施工专用供电线路）、施工变（配）电设施（场内除外）工程。

（4）施工房屋建筑工程，指在工程建设过程中建造的临时房屋，包括施工仓库、办公及生活、文化福利建筑及所需的配套设施工程。

（5）其他施工临时工程，指除施工导流、施工交通、施工场外供电、施工房屋建筑、缆机平台、掘进机泥水处理系统和管片预制系统土建设施以外的施工临时工程，主要包括施工供水（大型泵房及干管）、砂石料系统、混凝土拌和浇筑系统、大型机械安装拆卸、防汛、防冰、施工排水、施工通信等工程。

在进行施工临时工程项目划分时，凡永久工程与临时工程相结合的项目均列入相应永久工程项目内。

5. 独立费用

独立费用由建设管理费、工程建设监理费、联合试运转费、生产准备费、科研勘测设计费和其他共6项组成。

三、水利工程项目划分应注意的问题

（1）现行的项目划分适用于估算、概算、施工图预算。对于招标文件，要根据工程分标及合同管理的需要来调整项目划分。

（2）建筑安装工程三级项目的设置除深度应满足《编制规定》的规定外，还必须与采用的定额相匹配。

（3）对有关部门提供的工程量和概预算资料，应按项目划分和费用构成正确处理。如施工临时工程，按其规模、性质，有的应在施工临时工程部分（1）～（4）项中单独列项，有的包括在“其他施工临时工程”中，不单独列项。

（4）注意设计单位的习惯与概预算项目划分的差异。如施工导流用的闸门及启闭设备大多由金属结构设计人员提供，但应列在第四部分“施工临时工程”内，而不是第三部分“金属结构设备及安装工程”内。

四、水利工程项目划分表

工程部分项目划分表见表1-14，由于篇幅所限仅列示表格部分内容，详细内容参见《编制规定》。

表 1-14　　工程部分项目划分表

第一部分　建筑工程

Ⅰ	枢纽工程			
序号	一级项目	二级项目	三级项目	备注
一	挡水工程			
1		混凝土坝（闸）工程		
			土方开挖	
			石方开挖	
			土石方回填	
			模板	
			混凝土	
			钢筋	
			防渗墙	
			灌浆孔	
			灌浆	
			排水孔	
			砌石	
			喷混凝土	
			锚杆（索）	
			启闭机室	
			温控措施	
			细部结构工程	
		土（石）坝工程		
			土方开挖	
			石方开挖	
			土料回填	
			砂砾料填筑	
			斜（心）墙土料填筑	
			反滤料、过渡料填筑	
			坝体堆石填筑	
			铺置填筑	
			土工膜（布）	
			沥青混凝土	
			模板	
			混凝土	
			钢筋	
			防渗墙	
			灌浆孔	
			灌浆	
			排水孔	
			砌石	
			喷混凝土	
			锚杆（索）	
			面（趾）板止水	
			细部结构工程	
二	泄洪工程			
…	…	…		
十一	其他建筑工程			
1		安全监测设施工程		
…				
8		其他		

续表

Ⅱ	引水工程			
序号	一级项目	二级项目	三级项目	备注
一	渠（管）道工程			
1		××—××段干渠（管）工程		含附属小型建筑物
			土方开挖	
			…	
			细部结构工程	
2		××—××段支渠（管）工程		
二	建筑物工程			
…	…	…		
六	其他建筑工程			
1		安全监测设施工程		
…		…		
8		其他		
Ⅲ	河道工程			
序号	一级项目	二级项目	三级项目	备注
一	河湖整治与堤防工程			
1		××—××段堤防工程		
			土方开挖	
			…	
			细部结构工程	
2		××—××段河道（湖泊）整治工程		
3		××—××段河道疏浚工程		
二	灌溉工程			
…	…	…		
八	其他建筑工程			
1		安全监测设施工程		
…		…		
8		其他		

第二部分　机电设备及安装工程

Ⅰ	枢纽工程			
序号	一级项目	二级项目	三级项目	技术经济指标
一	发电设备及安装工程			
1		水轮机设备及安装工程		
			水轮机	元/台
			调速器	元/台
			油压装置	元/台套
			过速限制器	元/台套
			自动化元件	元/台套
			透平油	元/t
…		…	…	
6		电气设备及安装工程		
			发电电压装置	
			…	
			其他	
二	升压变电设备及安装工程			
…		…	…	
三	公用设备及安装工程			
1		通信设备及安装工程		
…		…	…	
17		交通设备		

续表

Ⅱ	引水工程及河道工程			
序号	一级项目	二级项目	三级项目	技术经济指标
一	泵站设备及安装工程			
1		水泵设备及安装工程		
…		…		
6		电气设备及安装工程		
.				
二	水闸设备及安装工程			
…	…	…	…	
五	公用设备及安装工程			
1		通信设备及安装工程		
…		…	…	
14		交通设备		

第三部分　金属结构设备及安装工程

Ⅰ	枢纽工程			
序号	一级项目	二级项目	三级项目	技术经济指标
一	挡水工程			
1		闸门设备及安装工程		
			平板门	元/t
			弧形门	元/t
			埋件	元/t
			闸门、埋件防腐	元/t（m^2）
2		启闭设备及安装工程		
			…	…
3		拦污设备及安装工程		
			拦污栅	元/t
			清污机	元/t（台）
二	泄洪工程			
…	…	…		
六	鱼道工程			
Ⅱ	引水工程及河道工程			
序号	一级项目	二级项目	三级项目	技术经济指标
一	泵站工程			
1		闸门设备及安装工程		
2		启闭设备及安装工程		
3		拦污设备及安装工程		
二	水闸（涵）工程			
…	…	…		
五	其他建筑工程			

续表

第四部分 施工临时工程

序号	一级项目	二级项目	三级项目	技术经济指标
一	导流工程			
1		导流明渠工程		
			土方开挖	元/m^3
			…	…
			锚杆	元/根
2		导流洞工程		
…		…	…	…
6		金属结构制作及安装工程		
二	施工交通工程			
…	…	…	…	…
五	其他施工临时工程			

注 凡永久与临时结合的项目列入相应永久工程项目内。

第五部分 独立费用

序号	一级项目	二级项目	三级项目	技术经济指标
一	建设管理费			
二	工程建设监理费			
三	联合试运转费			
四	生产准备费			
1		生产及管理单位提前进场费		
2		生产职工培训费		
3		管理用具购置费		
4		备品备件购置费		
5		工器具及生产家具购置费		
五	科研勘测设计费			
1		工程科学研究试验费		
2		工程勘测设计费		
六	其他			
1		工程保险费		
2		其他税费		

第七节 水利工程费用构成

一、费用构成概述

水利工程一般投资多，规模庞大，包括的建筑物及设备种类繁多，形式各异。因此，在编制概预算时，必须深入工程现场，收集第一手资料，熟悉设计图纸，认真划分工程建设包含的各项内容和费用，既不重复又不遗漏。编制水利工程概预算，要针对每个工程的具体情况，在不同的设计阶段，根据设计深度及掌握的资料，按设计要求编制工程建设项目费用。认真分析费用的组成是编制工程概预算的前提和基础。

建设项目费用是指工程项目从筹建到竣工验收、交付使用所需要的费用总和。各个系统对工程建设项目费用划分的原则基本相同，但具体费用划分又有所不同。水利工程建设项目一般规模大、项目多、投资大、涉及范围广，在编制概预算时，对建设项目划分更细更多。为合理确定和预测水利工程造价，水利工程建设项目费用分为工程部分、建设征地移民补偿、环境保护工程、水土保持工程4部分。

建设征地移民补偿、环境保护工程、水土保持工程的费用构成分别按照《水利工程设计概（估）算编制规定（建设征地移民补偿）》《水利工程环境保护设计概（估）算编制规定》和《水土保持工程概（估）算编制规定》执行。

根据《编制规定》，水利工程工程部分费用由工程费（包括建筑及安装工程费和设备费）、独立费用、预备费、建设期融资利息组成，见图1-7。

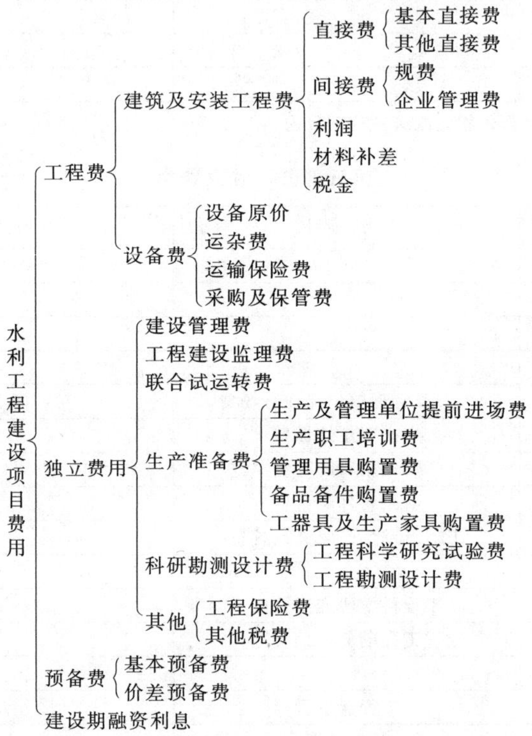

图1-7 水利工程工程部分费用构成

二、工程费

（一）建筑及安装工程费

建筑及安装工程费由直接费、间接费、利润、材料补差和税金组成。

1. 直接费

直接费指建筑安装工程施工过程中直接消耗在工程项目上的活劳动和物化劳动。由基本直接费和其他直接费组成。

（1）基本直接费，指建筑安装工程施工过程中直接消耗的有助于形成和构成工程实体的各项费用，包括人工费、材料费、施工机械使用费。

1）人工费：指直接从事建筑安装工程施工的生产工人开支的各项费用，包括基本工资和辅助工资。

2）材料费：指用于建筑安装工程项目上的消耗性材料、装置性材料和周转性材料摊销费，包括定额工作内容规定应计入的未计价材料和计价材料。

3）施工机械使用费：指消耗在建筑安装工程项目上的机械磨损、维修和动力燃料费等，包括折旧费、修理及替换设备费、安装拆卸费、机上人工费和动力燃料费等。

（2）其他直接费，指在施工过程中直接发生的除直接费的其他费用，包括冬雨季施工增加费、夜间施工增加费、特殊地区施工增加费、临时设施费、安全生产措施费和其他。

1）冬雨季施工增加费：指在冬雨季施工期间为保证工程质量所需增加的费用，包括增加施工工序，增设防雨、保温、排水等设施增耗的动力、燃料、材料以及因人工、机械效率降低而增加的费用。

《编制规定》规定冬雨季施工增加费应根据不同地区，按基本直接费的百分率计算。其中西南、中南、华东区取0.5％～1.0％；华北区取1.0％～2.0％；西北、东北区取2.0％～4.0％；西藏自治区取2.0％～4.0％。

在西南区、中南区、华东区中，按规定不计冬季施工增加费的地区取小值，计算冬季施工增加费的地区可取大值；在华北区中，内蒙古等较严寒地区可取大值，其他地区取中值或小值；在西北区、东北区中，陕西、甘肃等省取小值，其他地区可取中值或大值。

2）夜间施工增加费：指施工场地和公用施工道路的照明费用。

《编制规定》规定夜间施工增加费按基本直接费的百分率计算。其中枢纽工程：建筑工程取0.5％，安装工程取0.7％；引水工程：建筑工程取0.3％，安装工程取0.6％；河道工程：建筑工程取0.3％，安装工程取0.5％。

照明线路工程费用包括在“临时设施费”中，施工附属企业系统、加工厂、车间的照明费用，应列入相应的产品中，均不包括在夜间施工增加费之内。

3）特殊地区施工增加费：指在高海拔、原始森林、沙漠等特殊地区施工而增加的费用。其中高海拔地区施工增加费已计入定额，其他特殊增加费应按工程所在地区规定标准计算，地方没有规定的不得计算此项费用。

4）临时设施费：指施工企业为进行建筑安装工程施工所必需的但又未被划入施工临时工程的临时建筑物、构筑物和各种临时设施的建设、维修、拆除、摊销等费用。

《编制规定》规定临时设施费按基本直接费的百分率计算。其中枢纽工程：建筑及安装工程取3.0％；引水工程：建筑及安装工程取1.8％～2.8％，若工程自采加工人工砂石料，费率取上限；若工程自采加工天然砂石料，费率取中值；若工程采用外购砂石料，费率取下限；河道工程：建筑及安装工程取1.5％～2.7％，灌溉田间工程取下限，其他工程取中上限。

5）安全生产措施费：指为保证施工现场安全作业环境及安全施工、文明施工所需要，在工程设计已考虑的安全支护措施之外发生的安全生产、文明施工相关费用。

《编制规定》规定安全生产措施费按基本直接费的百分率计算。其中枢纽工程：建筑及安装工程取2.0％；引水工程：建筑及安装工程取1.4％～1.8％，一般取下限标准，隧洞、渡槽等大型建筑物较多的引水工程、施工条件复杂的引水工程取上限标准；河道工程：建筑及安装工程取1.2％。

6）其他：包括施工工具用具使用费、检验试验费、工程定位复测及施工控制网测设、工程点交、竣工场地清理、工程项目及设备仪表移交生产前的维护费、工程验收检测费等。其中，施工工具用具使用费指施工生产所需，但不属于固定资产的生产工具，检验、试验用具等的购置、摊销和维护费。检验试验费指对建筑材料、构件和建筑安装物进行一般鉴定、检查所发生的费用，包括自设实验室所耗用的材料和化学药品费用以及技术革新和研究试验费，不包括新结构、新材料的试验费和建设单位要求对具有出厂合格证明的材料进行试验、对构件进行破坏性试验以及其他特殊要求检验试验的费用。工程项目及设备仪表移交生产前的维护费指竣工验收前对已完工程及设备进行保护所需费用。工程验收检测费指工程各级验收阶段为检测工程质量发生的检测费用。

《编制规定》规定其他费用按基本直接费的百分率计算。其中枢纽工程：建筑工程取1.0%，安装工程取1.5%；引水工程：建筑工程取0.6%，安装工程取1.1%；河道工程：建筑工程取0.5%，安装工程取1.0%。

2. 间接费

间接费指施工企业为建筑安装工程施工而进行组织与经营管理所发生的各项费用。间接费构成产品成本，由规费和企业管理费组成。

(1) 规费，指政府和有关部门规定必须缴纳的费用。包括社会保险费和住房公积金。

1) 社会保险费。①养老保险费：指企业按照规定标准为职工缴纳的基本养老保险费。②失业保险费：指企业按照规定标准为职工缴纳的失业保险费。③医疗保险费：指企业按照规定标准为职工缴纳的基本医疗保险费。④工伤保险费：指企业按照规定标准为职工缴纳的工伤保险费。⑤生育保险费：指企业按照规定标准为职工缴纳的生育保险费。

2) 住房公积金：指企业按照规定标准为职工缴纳的住房公积金。

(2) 企业管理费，指施工企业为组织施工生产和经营管理活动所发生的费用。主要包括以下内容。

1) 管理人员工资：指管理人员的基本工资、辅助工资。

2) 差旅交通费：指施工企业管理人员因公出差、工作调动的差旅费，误餐补助费，职工探亲路费，劳动力招募费，职工离退休、退职一次性路费，工伤人员就医路费，工地转移费，交通工具运行费及牌照等。

3) 办公费：指企业办公用文具、印刷、邮电、书报、会议、水电、燃煤(气)等费用。

4) 固定资产使用费：指企业属于固定资产的房屋、设备、仪器等的折旧、大修理、维修费或租赁费等。

5) 工具用具使用费：指企业管理使用不属于固定资产的工具、用具、家具、交通工具和检验、试验、测绘、消防用具等的购置、维修和摊销费。

6) 职工福利费：指企业按照国家规定支出的职工福利费，以及由企业支付离退休职工的易地安家补助费、职工退职金、6个月以上的病假人员工资、按规定支付给离休干部的各项经费。职工发生工伤时企业依法在工伤保险基金之外支付的费用，其他在社会保险基金之外依法由企业支付给职工的费用。

7) 劳动保护费：指企业按照国家有关部门规定标准发放的一般劳动防护用品的购置及修理费、保健费、防暑降温费、高空作业及进洞津贴、技术安全措施以及洗澡用水、饮用水的燃料费等。

8) 工会经费：指企业按职工工资总额计提的工会经费。

9）职工教育经费：指企业为职工学习先进技术和提高文化水平按职工工资总额计提的费用。

10）保险费：指企业财产保险、管理用车辆等保险费用，高空、井下、洞内、水下、水上作业等特殊工种安全保险费、危险作业意外伤害保险费等。

11）财务费用：指施工企业为筹集资金而发生的各项费用，包括企业经营期间发生的短期融资利息净支出、汇兑净损失、金融机构手续费，企业筹集资金发生的其他财务费用，以及投标和承包工程发生的保函手续费等。

12）税金：指企业按规定交纳的房产税、管理用车辆使用税、印花税等。

13）其他：包括技术转让费、企业定额测定费、施工企业进退场费、施工企业承担的施工辅助工程设计费、投标报价费、工程图纸资料费及工程摄影费、技术开发费、业务招待费、绿化费、公证费、法律顾问费、审计费、咨询费等。

根据《水利工程营业税改征增值税计价依据调整办法》（办水总〔2016〕132号文）（以下简称《调整办法》），间接费增加城市维护建设税、教育费附加和地方教育附加，并计入企业管理费中。

在编制工程概预算时，间接费按间接费费率计取。由于水利工程一般比较复杂，包含的工程类别多，不宜采用统一的间接费率，应根据不同的工程类别，采用相应的费率。按水利部现行规定，根据工程性质不同，间接费按枢纽工程、引水工程、河道工程采用不同费率标准计取，根据《调整办法》调整后的间接费费率见表1-15。其中引水工程：一般取下限标准，隧洞、渡槽等大型建筑物较多的引水工程、施工条件复杂的引水工程取上限标准；河道工程：灌溉田间工程取下限标准，其他工程取上限标准。另外，不同的专业，间接费率及其取费方法差别也较大，对于水利工程项目中有关铁路、公路、桥梁、房屋建筑等专业工程，应参照有关专业标准计算。

表1-15　　间接费费率表

序号	工程类别	计算基础	间接费费率/%		
			枢纽工程	引水工程	河道工程
一	建筑工程				
1	土方工程	直接费	8.5	5～6	4～5
2	石方工程	直接费	12.5	10.5～11.5	8.5～9.5
3	砂石备料工程（自采）	直接费	5	5	5
4	模板工程	直接费	9.5	7～8.5	6～7
5	混凝土浇筑工程	直接费	9.5	8.5～9.5	7～8.5
6	钢筋制安工程	直接费	5.5	5	5
7	钻孔灌浆工程	直接费	10.5	9.5～10.5	9.25
8	锚固工程	直接费	10.5	9.5～10.5	9.25
9	疏浚工程	直接费	7.25	7.25	6.25～7.25
10	掘进机施工隧洞工程（1）	直接费	4	4	4
11	掘进机施工隧洞工程（2）	直接费	6.25	6.25	6.25
12	其他工程	直接费	10.5	8.5～9.5	7.25
二	机电、金属结构设备安装工程	人工费	75	70	70

3. 利润

利润指按规定应计入建筑安装工程费用中的利润。《编制规定》规定利润按直接费与间接费之和的7%计算。

4. 材料补差

材料补差指根据主要材料消耗量、主要材料预算价格与材料基价之间的差值，计算的主要材料补差金额。材料基价是指计入基本直接费的主要材料的限制价格。

5. 税金

在建筑业实行营业税改征增值税之后，税金指应计入建筑安装工程费用的增值税销项税额。在编制概（估）算时，可按下列公式和税率计算：

税金＝(直接费＋间接费＋利润＋材料补差)×税率

增值税税率为11%，自采砂石料增值税税率为3%。

若建筑、安装工程中含未计价装置性材料的，则计算税金时应计入未计价装置性材料费，计算税金时，其计算基数中的各项均不包含增值税进项税额。

（二）设备费

设备费由设备原价、运杂费、运输保险费、采购及保管费组成。

三、独立费用

独立费用由建设管理费、工程建设监理费、联合试运转费、生产准备费、科研勘测设计费和其他6项组成。

四、预备费

预备费包括基本预备费和价差预备费。

五、建设期融资利息

建设期融资利息指根据国家财政金融政策规定，工程在建设期内需偿还并应计入工程总投资的融资利息。

习　题

1. 简述水利工程基本建设程序与各阶段工程概预算的关系。
2. 简要说明工程造价的含义。
3. 水利工程如何进行项目划分？
4. 水利工程费用由哪些内容组成？

第二章　水利工程定额

第一节　定额的概念、发展、特征和作用

一、定额的概念

所谓“定额”，定，就是规定；额，就是额度或限度。从广义上讲，定额就是指在一定外部条件下，预先规定完成某项合格产品所需的人力、物力、财力、时间等资源消耗的标准额度和限度。就是指在合理的劳动组织和合理的使用材料及机械设备的条件下，预先规定完成单位合格产品所消耗资源数量的标准。

定额反映了一定时期的社会生产力水平的高低，定额水平的高低与操作人员的技术水平、机械化程度及新材料、新工艺、新技术的发展和应用有关，同时与企业的组织管理水平和全体技术人员的劳动积极性有关。所以定额是要随着生产力水平的提高而变化的，一定时期的定额水平必须坚持平均先进的原则。所谓平均先进水平，就是在一定的生产条件下，大多数企业、班组和个人，经过努力可以达到或超过的标准。

二、定额的发展

（一）国外定额的发展过程

定额作为一门科学，它的产生和发展与资本主义企业的产生和发展紧密相连。工业革命以后有了工厂，由于初期工厂的生产规模较小，产品比较单一，只凭简单的生产经验就可以满足管理的要求，此时管理水平比较落后。

19 世纪末至 20 世纪初，资本主义生产日益扩大，生产技术迅速发展，对生产进行科学管理的要求更加迫切，定额作为现代化科学管理的一门重要学科出现了。

企业管理成为科学应该说是从“泰勒制”开始的，“泰勒制”由美国工程师弗·温·泰勒（F. W. Taylor）推出，其核心是通过制定科学的工时定额，实行标准的操作方法，采用有差别的计件工资，来强化和协调管理的职能，提高企业的劳动生产效率。

随着世界经济的发展，企业管理又有许多新的进展和创新，对于定额的制定也有了许多更新的研究。20 世纪 40—60 年代，出现了所谓的资本主义管理科学。20 世纪 70 年代以后，出现了以行为科学和系统管理理论为基础的现代企业管理科学。

（二）我国工程定额的发展过程

我国的工程定额是随着国民经济的恢复和发展而逐步建立起来的。新中国成立以后，国家对建立和完善定额工作十分重视，工程定额从无到有、从不健全到逐步健全，经历了一个复杂的发展过程。

1955 年劳动部和建筑工程部联合编制了我国第一部全国统一劳动定额，1956 年增加了材料消耗和机械台班定额部分。

1958 年国家将劳动定额的编制和管理工作下放给省（市），在适应地方特点上起到了

一定的作用，但也存在一些问题，于是1959年又将定额管理权限回收中央。1962年正式修订颁发了全国建筑安装工程统一劳动定额。这一时期，有关部委也相继颁发了适合行业特点的定额，如1958年水利部颁发了《水利水电建筑安装工程施工定额》和《水利水电建筑工程设计预算定额》，基本上满足了当时水利水电工程建设的需要。

1980年水利电力部修订了《水利水电工程设计预算定额》，1981—1982年修编了《施工机械保修技术经济定额》和《水利水电建筑安装工程统一劳动定额》。为了适应新时期水利水电工程建设的需要，水利电力部及能源部、水利部1986年颁发了《水利水电设备安装工程概算定额》《水利水电建筑工程预算定额》《水利水电设备安装工程预算定额》，1988年颁发了《水利水电建筑工程概算定额》。

2002年水利部颁发了水总〔2002〕116号文《水利工程设计概（估）算编制规定》和与之配套的《水利建筑工程预算定额》《水利建筑工程概算定额》《水利工程施工机械台时费定额》，同时还颁发了《水土保持工程概预算编制规定》《水土保持工程概预算定额》《水土保持工程施工机械台时费定额》。

2014年水利部颁发了水总〔2014〕429号文《水利工程设计概（估）算编制规定》包括工程部分概（估）算编制规定和建设移民补偿概（估）算编制规定。

2016水利部年颁发了水总〔2016〕132号文《水利工程营业税改征增值税计价依据调整办法》，其中工程部分作为水利部水总〔2014〕429号文发布的《水利工程设计概（估）算编制规定》（工程部分）等现行计价依据的补充规定，水土保持部分作为水利部水总〔2003〕67号文发布的《水土保持工程概（估）算编制规定》等现行计价依据的补充规定。

三、定额的特性

（一）法令性

定额是由国家各级主管部门按照一定的科学程序，组织编制和颁发的，在执行和使用过程中，任何单位都必须严格遵守和执行，不得随意更改定额的内容和水平。如需进行调整、修改和补充，必须经授权编制部门批准。因此，定额具有经济法规的性质。

（二）相对稳定性

定额是与一定时期的生产力水平和其他条件相适应的，如果这些条件发生改变，定额也应作相应的修改、补充、调整（必须经授权机构的批准），但在一定时期内，它又必须是相对稳定的，以利于定额的遵循和使用，决不可朝令夕改。

（三）针对性

一种产品（或工序）一项定额，而且一般不能互相套用。一项定额，它不仅是该产品（或工序）的资源消耗的数量标准，而且还规定了完成该产品（或工序）的工作内容、质量标准和安全要求。具有较强的针对性，应用时不能随意套用。

（四）科学性

制定工程定额要进行“时间研究”“动作研究”，以及工人、材料和机具在现场的配置研究，有时还要考虑机具改革、施工生产工艺等技术方面的问题。工程定额必须符合建设施工生产客观规律，这样才能促进生产的发展，从这一方面来说定额是一门科学技术。

四、定额的作用

建筑、安装工程定额是建筑安装企业实行科学管理的必备条件。设计、计划、生产、分配、估价、结算等各项工作都必须以它作为衡量工作的尺度。具体地说，定额主要有以下几方面的作用。

（一）定额是编制计划的基础

无论是国家计划还是企业计划，在计划管理中需编制施工进度计划、年度计划、月作业计划以及下达生产任务单等，都直接或间接地以各种定额为依据来计算人力、物力、财力等各种资源需要量，所以，定额是编制计划的基础。

（二）定额是确定产品成本的依据，是评比设计方案合理性的尺度

建筑产品的价格是由其产品生产过程中所消耗的人力、材料、机械台时数量以及其他资源、资金的数量决定的，而他们的消耗量又是根据定额计算的，定额是确定产品成本的依据。同时，同一建筑产品的不同设计方案的成本，反映了不同设计方案的技术经济水平的高低。因此，定额也是比较和评价设计方案是否经济合理的尺度。

（三）定额是提高企业经济效益的重要工具

定额是一种法定的标准，具有严格的经济监督作用，它要求每一个执行定额的人，都必须严格遵守定额的要求，并在生产过程中尽可能有效地使用人力、物力、资金等资源，使之不超过定额规定的标准，从而提高劳动生产率，降低生产成本。企业在计算和平衡资源需要量、组织材料供应、编制施工进度计划和作业计划、组织劳动力、签发任务书、考核工料消耗、实行承包责任制等一系列管理工作时，都要以定额作为标准。因此，定额是加强企业管理、提高企业经济效益的工具。合理制定并认真执行定额，对改善企业经营管理、提高经济效益具有重要的意义。

（四）定额是贯彻按劳分配原则的尺度

由于工时消耗定额反映了生产产品与劳动量的关系，可以根据定额来对每个劳动者的工作进行考核，从而确定他所完成的劳动量的多少，并以此来支付他的劳动报酬。多劳多得、少劳少得，体现了按劳分配的基本原则，这样企业的效益就同个人的物质利益结合起来了。

（五）定额是总结推广先进生产方法的手段

定额是在先进合理的条件下，通过对生产和施工过程的观察、实测、分析而综合制定的，它可以准确地反映出生产技术和劳动组织的先进合理程度。因此，可以用定额标定的方法，对同一产品在同一操作条件下的不同生产方法进行观察、分析，从而总结比较完善的生产方法，并经过试验、试点，然后在生产过程中予以推广，使生产效率得以提高。

第二节 定额的分类

定额种类繁多，按其内容、建设阶段和用途、费用性质、管理体制和使用范围可作以下分类。

一、按生产要素消耗的内容划分

（一）劳动消耗定额

简称劳动定额（也称为人工定额或工时定额），是指具有某种专长和规定技术水平的

工人，在正常施工技术组织条件下，单位时间内应当完成合格产品的数量或完成单位合格产品所需的劳动时间，它反映了建筑安装工人劳动生产效率的平均先进水平。

为了便于综合和核算，劳动定额大多采用工作时间消耗量来计算劳动消耗数量，所以劳动定额主要的表现形式是时间定额，但同时也表现为产量定额。时间定额是指在正常施工组织条件下完成单位合格产品所需消耗的劳动时间，单位以“工日”或“工时”表示。产量定额是指在正常施工组织条件下，单位时间内所生产的合格产品的数量。时间定额与产量定额互为倒数。

（二）材料消耗定额

简称材料定额，是指在节约和合理使用材料的条件下，完成一定的合格产品所需消耗材料的数量标准。材料，是指工程建设中使用的原材料、成品、半成品、构配件、燃料以及水、电等动力资源的通称。材料作为劳动对象构成工程的实体，需要数量很大，种类很多。所以材料消耗多少，消耗是否合理，不仅关系到资源的有效利用，影响市场的供求关系状况，而且对工程的项目投资，建筑产品的成本控制都起着决定性的影响。

（三）机械消耗定额

机械消耗定额是指施工机械在正常的生产（施工）和合理的人机组合条件下，由熟悉机械性能、有熟练技术的工人或小组操控机械时，该机械在单位时间内的生产效率或产品数量，也可以表述为该机械完成单位合格产品或某项工作所必需的工作时间。机械消耗定额也有两种表现形式。机械产量定额是指在合理的劳动组织和一定的技术条件下，工人操作机械在一个工作台班（时）内应完成合格产品的标准数量。机械时间定额是指在合理的劳动组织和一定的技术条件下，生产某一单位合格产品所必须消耗的机械台班（时）数量。

（四）综合定额

综合定额指在一定的施工组织条件下，完成单位合格产品所需人工、材料、机械台时的数量。

二、按建设阶段和用途划分

（一）施工定额

施工定额是以同一性质的施工过程（即工序）作为研究对象，是指一种工种完成某一计量单位合格产品（如砌砖、浇筑混凝土、安装水轮机等）所需的人工、材料和施工机械台时消耗量的标准。施工定额是施工企业内部编制施工作业计划、进行工料分析、签发工程任务单和考核工程预算成本完成情况的依据，主要用于施工阶段施工企业编制施工预算，属于企业定额性质。

（二）预算定额

预算定额是以建筑物和构筑物各个分部分项工程为对象编制的定额。其内容包括劳动定额、机械台时定额、材料消耗定额三个基本部分。是在编制施工图预算阶段，计算工程造价和计算工程中的劳动、机械台时、材料需要量时使用，它是调整工程预算和工程造价的基础，同时它也可以为编制施工组织设计，施工技术财务计划提供参考。

（三）概算定额

概算定额是编制初步设计概算和修正概算的依据，是由预算定额综合扩大编制而成的。它规定生产一定计量单位的建筑工程扩大结构构件或扩大分项工程所需的人工、材料和施工机械台班或台时消耗量及其金额。主要用于初步设计阶段预测工程造价。

（四）概算指标

概算指标是概算定额的扩大和合并，它是以整个建筑物和构筑物为对象，以更为广大的计量单位来编制的。概算指标的内容包括劳动、机械台班、材料定额三个基本部分，同时还列出了结构分部的工程量及单位建筑工程的造价，是一种计价定额。

（五）投资估算指标

投资估算指标是项目建议书和可行性研究阶段编制投资估算，计算投资需要量时使用的一种定额。一般以独立的单项工程或完整的工程项目为对象，编制和计算投资需要量时使用的一种定额。它是以概算定额为基础综合扩大编制而成的。

三、按费用性质划分

（一）直接费定额

直接费定额是指直接用于施工生产的人工、材料、成品、半成品、机械消耗及其他直接费组成的定额，是计算工程单价的基础。如《水利建筑工程预算定额》《水利水电设备安装工程预算定额》等。

（二）间接费定额

间接费定额是指施工企业经营管理所需费用定额，它是企业为组织和管理施工所发生的各项费用，一般以直接费或直接人工工资作为基础计算。

（三）其他基本建设费用定额

其他基本建设费用定额是指不属于建筑安装工作量的独立费用定额，如勘测设计费定额、技术装备费定额等。

四、按管理体制和执行范围划分

（一）全国统一定额

全国统一定额是指工程建设中，各行业、部门普遍使用，需要在全国统一执行的定额。一般由国家发展和改革委员会或授权某主管部门组织编制颁发。如《全国市政工程预算定额》《送电线路工程预算定额》《电气工程预算定额》《通信设备安装预算定额》《通风及空调工程预算定额》等。

（二）全国行业定额

全国行业定额是指在工程建设中，部分专业工程在某一个部门或几个部门使用的专业定额。由一个主管部门或几个主管部门组织编制颁发，在有关部属单位执行。如《水利建筑工程预算定额》《水利建筑工程概算定额》《水力发电建筑工程概算定额》《公路工程预算定额》等。

目前水利水电工程使用的全国行业性定额有：水利部《水利建筑工程预算定额》（2002），水利部《水利建筑工程概算定额》（2002），水利部《水利水电设备安装工程预算定额》（2002），水利部《水利水电设备安装工程概算定额》（2002），水利部《水利工程施工机械台时费定额》（2002），水利部《水利工程设计概（估）算编制规定》（2014），水电水利规划设计总院《水电设备安装工程预算定额》（2003），水电水利规划设计总院《水电建筑工程预算定额》（2004），水电水利规划设计总院《水电工程施工机械台时费定额》

(2004)，水利部《水土保持工程概（估）算编制规定》(2003)，水利部《水土保持工程概算定额》(2003)。

（三）地方定额

地方定额一般是按照国家定额分工管理的规定，由各省、自治区、直辖市建设行政主管部门根据地方工程特点，在不宜执行国家统一或行业定额情况下，编制颁发的在本地区执行的地方通用定额和地方专业定额。如各省、市、自治区的《建筑工程预算定额》等。如新水建管〔2005〕108号文颁发的《新疆水利水电工程设计概（估）预算编制规定》和新水建管〔2005〕108号文颁布的《新疆水利水电工程补充预算定额》。

（四）企业定额

企业定额是指建筑、安装企业在其生产经营过程中，在国家统一定额、行业定额、地方定额的基础上，根据工程特点和自身积累资料，结合本企业具体情况自行编制的定额，供企业内部管理和企业投标报价用。

第三节 定额的编制原则和方法

一、定额的编制原则

（一）平均合理的原则

定额水平应反映社会平均水平，体现社会必要劳动的消耗量，也就是在正常施工条件下，大多数工人和企业能够达到或超过的水平，既不能采用少数先进生产者或者先进企业所达到的水平，也不能以落后的生产者和企业的水平为依据。

定额水平要与建设阶段相适应，前期阶段（如可行性研究、初步设计阶段）定额水平应反映平均水平，还要留有适当的余地；而用于投标报价的定额水平宜具有竞争力，合理反映本企业的技术、装备和经营管理水平。如施工定额应按企业平均先进水平确定。

（二）基本准确的原则

定额是对千差万别的个别实践进行概括、抽象出一般数量标准。因此，定额的“准”是相对的。人们不能要求定额编制得与实际完全相符，而只能要求其基本准确。定额项目（节目、子目）按影响定额的主要参数划分，粗细应恰当，步距要合理。定额计量单位、调整系数及附注的设置应科学。

（三）简明适用的原则

在保证基本准确的前提下，定额项目不宜过细过繁，步距不宜太小太密，对于影响定额的次要参数可采用调整系数等办法简化定额项目，做到粗而准确，细而不繁，便于使用。为了利于国际、国内招投标工作，在定额的表现形式、内容组成、子目设置等方面，要逐渐与国际惯例接轨。

（四）统一性和差别性相结合的原则

统一性就是由中央主管部门归口，考虑国家的方针政策和经济发展要求，统一制定定额的编制原则和方法，具体组织和颁发全国统一定额，颁发有关的规章制度和条例细则，在全国范围内统一定额的分项、名称、编号，统一人工、材料和机械台时消耗量的名称及计量尺度。

差别性就是在统一性的基础上，各部门和地区可在管辖范围内，根据各自的特点，依据国家规定的编制原则，编制各部门和地区性定额，颁发补充性的条例细则，并加强定额的经常性管理。

二、定额的编制方法

水利工程建设定额以施工定额为基础，施工定额由劳动定额、材料消耗定额和机械使用定额三部分组成。在施工定额基础上，编制预算定额和概算定额。根据施工定额编制预算定额时，考虑各种因素的影响，对人工工时和机械台时按施工定额分别乘以 1.10 和 1.07 的幅度差系数。由于概算定额比预算定额有更大的综合性，它包含了更多的可变因素，因此以预算定额为基础综合扩大编制概算定额时，一般对人工工时和机械台时乘以不大于 1.05 的扩大系数。

编制定额的基本方法有经验估算法、统计分析法、结构计算法和技术测定法。实际应用中常将这几种方法结合使用。

（一）经验估算法

经验估算法又称调查研究法。它是定额编制专业人员根据工程技术人员和操作工人以往的实际施工及操作经验，对完成某一建筑产品分部工程所需消耗的人力、物力（材料、机械等）的数量进行分析、估计，通过座谈、讨论分析和综合平衡最终确定定额标准的方法。其关键是要搜集符合当前生产力水平的经验与资料，防止陈旧保守，并尽可能减少编制过程中的主观片面性。这种方法技术简单，工作量小，速度快，但精确性较差，往往缺乏科学的计算依据，对影响定额消耗的各种因素，缺乏具体分析，易受人为因素的影响。

（二）统计分析法

统计分析法是根据施工实际中的人工、材料、机械台时消耗和产品完成数量的统计资料（如施工任务单、考勤报表、施工日志、领料单等原始记录和其他有关统计资料），经科学的分析、整理，剔去其中不合理的部分，并结合当前的施工组织技术水平和生产条件，分析对比后拟定成定额。其关键是要搜集和积累真实、系统、完整、准确的统计资料。这种方法简便，只要对过去的统计资料加以分析整理，就可以推算出定额指标。但由于统计资料不可避免地包含着施工生产和经营管理上的不合理因素和缺点，它们会在不同程度上影响定额的水平，降低定额工作的质量。所以，它也只适用于某些次要的定额项目以及某些无法进行技术测定的项目。

（三）结构计算法

结构计算法是根据现行设计规范和施工规范的要求，确定定额项目的施工方法和质量标准，选择典型图纸进行结构计算，用理论计算的方法拟定完成单位工程量所需的人工、材料及施工机械台时耗用量定额。这种方法比较科学，但计算工作量大，而且人工、机械台时还必须根据实际资料推算而定。

（四）技术测定法

技术测定法是深入施工现场，应用计时观察法和材料消耗测定法，制定定额的一种科学方法。其基本方法是：首先对施工过程和工作时间进行科学分析，拟定合理的施工工序，然后在施工实践中对各个工序进行实测、查定，从而确定在合理的生产组织措施下的人工、材料和机械台时消耗定额。这种方法具有充分的技术依据，合理性及科学性较强，但工作量大，技术复杂，普遍推广应用有一定难度，但对关键性的定额项目必须采用这种方法。

（五）比较类推法

比较类推法是根据同类型项目或相似项目的定额进行对比分析类推而制定定额。本方法只有在用于比较的典型定额与相关定额之间呈比例关系时才适用。此法常与其他方法结合使用，用于定额编制中某项数据的确定。

三、施工定额的编制

（一）施工定额的概念

施工定额是施工企业直接用于建筑安装工程施工管理的一种定额，是编制施工预算、实行内部经济核算的依据，也是编制预算定额的基础。它是以同一性质的施工过程或工序为测定对象，确定建筑安装工人在正常的施工条件下，为完成一定计量单位的某一施工过程或工序所需人工、材料和机械台时等消耗的数量标准。以混凝土工程为例，现行水利水电建设工程施工定额分模板工程、混凝土工程两册。模板工程又按木材加工、模板制作、安装、拆除、运输等工序分别设节。混凝土工程又按配运骨料、水泥运输、凿毛、清仓、混凝土拌和、运输、浇注、养护等工序分别设节。

施工定额是安排施工作业计划，实行计件工资，签发任务单，限额领料以及计算超额奖和材料节约奖等方面的依据。在施工过程中，正确使用施工定额，对于调动劳动者的生产积极性，开展劳动竞赛和提高劳动生产率以及推动技术进步，都有积极的促进作用。

施工定额应反映企业的施工水平、装备水平和管理水平，属于企业定额性质，是企业管理工作的基础，也是工程建设定额体系的基础。施工定额包括劳动定额、材料定额和机械定额。

（二）施工定额的作用

（1）施工定额是建筑安装施工企业进行科学管理的基础。

（2）它是施工企业编制施工预算，进行工料分析和“两算”对比的依据。

（3）编制施工组织设计、施工作业计划和确定人工、材料及机械需要计划的依据。

（4）施工队向工人班（组）签发施工任务单，限额领料的依据。

（5）组织工人班（组）开展劳动竞赛、经济核算，实行承发包，计取劳动报酬和奖励等工作的依据。

（6）它是编制预算定额的基础。

（三）施工定额的编制原则

1. 平均先进原则

施工定额作为企业内部管理用定额的性质，决定了其定额水平必定为平均先进水平。既不能以少数先进企业和先进生产者所达到的水平为依据，也不能以落后企业及生产者的水平为依据，而应该依据在正常的施工和生产条件下，大多数企业和生产者经过努力可以达到和超过、少数企业或生产者经过努力可以接近的水平，即平均先进水平。这个水平略高于企业和生产者的平均水平，低于先进企业的水平。实践证明，如果施工定额水平过高，大多数企业和生产者经过努力仍无法达到，则会挫伤生产和管理者的积极性；定额水平定得过低，企业和生产者不经过努力也会达到和超额完成，则起不到鼓励和调动生产者积极性的作用。平均先进水平，可望也可及，既有利于鼓励先进，又可以激励落后者积极赶上，有利于推动生产力向更高的水平发展。

定额水平有一定的时限性，随着生产力水平的发展，定额水平必须作相应的修订，使其保持平均先进的性质。但是，定额水平作为生产力发展水平的标准，又必须具有相对稳定性。定额水平如果频繁调整，会挫伤生产者的劳动积极性，在确定定额水平时，应注意妥善处理好这个问题。

2. 简明适用原则

（1）定额项目划分要合理。要适应生产（施工）管理的要求，满足基层和工人班组签发施工任务书、考核劳动效率和结算工资及奖励的需要，并要便于编制生产（施工）作业计划。项目要齐全配套，要把那些已经成熟和推广应用的新技术、新工艺、新材料编入定额；对于缺漏项目要注意积累资料，组织测定，尽快补充到定额项目中。对于那些已经过时，在实际工作中已不采用的结构材料、技术，则应删除。

（2）定额步距大小要适当。步距是指定额中两个相邻定额项目或定额子目的水平差距，定额步距大，项目就少，定额水平的精确度就低；定额步距小，精确度高，但编制定额的工作量大，定额的项目使用也不方便。为了既简明实用，又比较精确，一般来说，对于主要工种、主要项目、常用的项目，步距要小些；对于次要工种、工程量不大或不常用的项目，步距可适当大些。对于手工操作为主的定额，步距可适当小些；而对于机械操作的定额，步距可略大一些。

（3）定额的文字要通俗易懂，内容要标准化、规范化，计算方法要简便，容易掌握应用。

3. 定额的编制要专业和实际相结合

编制施工定额是一项专业性很强的技术经济工作，而且又是一项政策性很强的工作，需要有专门的技术机构和专业人员进行大量的组织、技术测定、分析和资料整理、拟定定额方案和协调等工作。同时，广大生产者是生产力的创造者和定额的执行者，他们对施工生产过程中的情况最为清楚，对定额的执行情况和问题也最了解。因此，在编制定额的过程中必须深入调查研究，广泛征求群众意见，取得他们的配合和支持，这是确保定额质量的有效方法。

（四）施工定额编制的依据

（1）国家的经济政策和劳动制度。如《建筑安装工人技术等级标准》、工资标准、工资奖励制度、工作日时制度、劳动保护制度等。

（2）有关规范、规程、标准、制度，如现行国家建筑安装工程施工验收规范、技术安全操作规程和有关标准图；全国建筑安装工程统一劳动定额及有关专业部门劳动定额；全国建筑安装工程设计预算定额及有关专业部门预算定额。

（3）技术测定和统计资料。主要指现场技术测定数据及工时消耗的单项和综合统计资料。技术测定数据和统计分析资料必须准确可靠。

（五）劳动定额

劳动定额也称人工定额，是指在一定的生产组织条件下，生产单位合格产品所需要的劳动消耗量标准。劳动定额是表示建筑工人劳动生产率的指标，是施工定额的重要组成部分。

劳动定额按其表现形式不同又分为时间定额和产量定额。

1. 时间定额

时间定额是指某种专业、技术等级的工人班组或个人，在合理的劳动组织和合理使用材料的条件下，完成单位合格产品所必须消耗的工作时间。定额时间包括准备时间与结束时间、基本生产时间、辅助生产时间、不可避免的中断时间及工人必需的休息时间。

时间定额的单位是以完成单位产品的“工日”或“工时”表示，一个工日表示一个人工作一个班，每个工日工作时间按每个人8h计算。计算公式为

$$\text{完成单位产品的时间定额}=\frac{1}{\text{每工日或工时产量}} \tag{2-1}$$

例如，某砌砖小组由4人组成，砌一砖半基础，2d内砌完22.6m^3，则

$$\text{完成单位产品的时间定额}=\frac{4\times 2}{22.6}=0.354(\text{工日}/m^3)$$

即一个工人砌筑1m^3质量合格的一砖半基础需0.354工日。

2. 产量定额

产量定额是指在合理的劳动组织与一定的生产技术条件下，某种专业、某种技术等级的工人班组或个人，在单位时间内完成的合格产品数量。产量定额的计量单位通常以一个工日或一个工时完成的合格产品数量来表示。计算公式为

$$\text{每工日或工时产量}=\frac{1}{\text{单位产品时间定额(工日或工时)}} \tag{2-2}$$

例如，某砌砖小组由4人组成，砌一砖半基础，小组的时间定额为0.354工日/m^3，则小组完成单位产品的产量定额$=\frac{4\times 1}{0.354}=11.3$（$m^3$/工日）。

时间定额和产量定额互为倒数，使用过程中两种形式可以任意选择。在一般情况下，生产过程中需要较长时间才能完成一件产品，以采用工时定额较为方便；若需要时间不长的，或者在单位时间内产量很多，则以产量定额较为方便。一般定额中常常采用工时定额。

劳动定额是根据国家的经济政策、劳动制度和有关技术文件及资料制定的。制定劳动定额常用经验估算法、统计分析法、比较类推法和技术测定法。

（六）材料消耗定额

材料消耗定额是指在既节约又合理地使用材料的条件下，生产单位合格产品所必须消耗的材料数量，它包括合格产品的净用量以及在生产合格产品过程中的合理的损耗量。前者是指用于合格产品上的实际数量；后者指材料从现场仓库里领出，到完成合格产品的过程中的合理损耗量，包括场内搬运的合理损耗、加工制作的合理损耗、施工操作的合理损耗等。基本建设中建筑材料的费用约占建筑安装费用的60%，因此节约而合理地使用材料具有重要意义。

建筑工程使用的材料可分为直接性消耗材料和周转性消耗材料。材料消耗定额的编制方法有观察法、试验法、统计法和计算法。

1. 直接性消耗材料

直接性消耗材料是指在建筑工程施工中，一次性消耗直接构成工程实体的材料，如砖、瓦、砂、石、钢材、水泥等。这类材料的消耗量由两部分组成，即材料消耗净用量和损耗量。

材料消耗净用量是直接构成工程实体的材料数量，材料损耗量是施工过程中不可避免的废料和操作损耗量。

$$\text{材料消耗量}=\text{净用量}+\text{损耗量} \tag{2-3}$$

$$\text{损耗率}=\frac{\text{损耗量}}{\text{消耗量}}\times 100\% \tag{2-4}$$

式中 损耗量——上述的各种合理损耗量，亦即在合理和节约使用材料情况下的不可避免损耗量，其多少常用损耗率表示。

用损耗率这种形式表示材料损耗定额的原因，主要是净耗量需要根据结构图和建筑产品图来计算或根据实验确定，往往在制定材料消耗定额时，有关图纸和实验结果还没有做出来，而且就是同样的产品，其规格型号也各异，不可能在编制定额时把所有的不同规格的产品都编制材料消耗定额，否则这个定额就太繁琐了，用损耗率这种形式表示，则简单省事，在使用时只要根据图纸计算出净用量，材料消耗量可以用式（2－5）计算得出：

$$\text{材料消耗量}=\frac{\text{净用量}}{1-\text{损耗率}}\times 100\% \tag{2-5}$$

材料消耗定额是编制物资供应计划的依据，是加强企业管理和经济核算的重要工具，是企业确定材料需要量和储备量的依据，是施工队向工人班组签发领料的依据，是减少材料积压、浪费，促进合理使用材料的重要手段。

2. 周转性消耗材料

在建筑工程施工中，除了构成产品实体的直接性消耗材料外，还有另一类周转性消耗材料。周转性消耗材料是指在施工过程中多次使用而逐渐消耗的工具性材料，如临时支撑、混凝土工程的模板等。周期性消耗材料的消耗量，属多次使用、分次摊销的方法确定其摊销量。周转性消耗材料的摊销量与周转次数有直接关系。

$$\text{摊销量}=\text{一次使用量}\times(1+\text{损耗率})/\text{周转次数} \tag{2-6}$$

式中 一次使用量——周转性材料为完成产品每一次生产时所需用的材料数量。应根据模板设计图或结构图以及典型构件计算接触面积，从而确定一次使用量。对于拦河坝、闸墩等体积较大混凝土，往往采用分块浇筑，实际立模面积大于接触面积，即在层与层之间的模板有一部分要搭接，计算时应予考虑；

损耗率——周转性材料使用一次后因损坏不能重复使用占一次使用量的损耗百分数；

周转次数——新的周转材料从第一次使用起，到材料不能再使用时的使用次数。

周转次数的确定是制定周转性材料消耗定额的关键。影响周转次数的因素有：材料性质（如木质材料在 6 次左右，而金属材料可达 100 次以上），工程结构、形状、规格，操作技术，施工进度，材料的保管维修等。确定材料的周转次数，必须经过长期现场观测，获得大量的统计资料，按平均合理的水平确定。

在水利工程定额中，预制混凝土构件模板摊销量的计算方法与现浇混凝土结构模板摊销量的计算方法不同，预制混凝土构件的模板摊销量是按多次使用平均摊销的方法计算，不计算每次周转损耗率，摊销量直接按式（2-7）计算

$$摊销量=\frac{一次使用量}{周转次数} \tag{2-7}$$

（七）机械消耗定额

机械消耗定额指在合理使用机械和合理的施工组织条件下，完成单位合格产品所必须消耗的机械台时数量的标准。

机械台时消耗定额的数量单位，一般用“台班”“台时”或“组时”表示。一个台班是指一台机械工作一个工作班，即按现行工作制工作8h。一个台时是指一台机械工作1h。一个组时表示一组机械工作1h。

机械台时使用定额有两种表示方法：一种是用时间定额表示，计量单位为台时；另一种是用产量定额表示，计量单位为产品数量。机械的时间定额与产量定额互为倒数关系。

1. 机械时间定额

机械时间定额是指在合理的劳动组织及正常使用机械的条件下，某种施工机械完成单位质量合格产品所必须消耗的工作时间。计量单位以完成单位产品所需台班数或台时数量来表示，计算式为

$$机械时间定额(台班或台时)=\frac{1}{机械台时或台时产量定额} \tag{2-8}$$

2. 机械产量定额

机械产量定额是指在合理的劳动组织和正常施工条件下，某种机械在一个台班时间内必须完成的单位合格产品的数量。计算式为

$$机械产量定额=\frac{1}{机械时间定额} \tag{2-9}$$

机械时间定额与机械产量定额互为倒数，以小组工日表示的机械时间定额与产量定额的乘积在数值上等于小组人数。

四、预算定额的编制

预算定额是确定一定计量单位的分部分项工程或构件的人工、材料和机械台时消耗量的数量标准。预算定额是编制施工图预算的依据。建设单位按预算定额的规定，为建设工程提供必要的人力、物力和资金供应，施工单位则在预算定额范围内，通过施工活动，保证按期完成施工任务。

预算定额是国家或各省（自治区、直辖市）主管部门或授权单位组织编制并颁发执行的，是基本建设预算制度中的一项重要技术经济法规。

（一）预算定额的作用

（1）它是编制施工图预算的依据，也是编制标底和确定投标报价的基础。

（2）它是编制施工组织设计的依据，也是评价工艺设计方案合理性的基础。

（3）它是施工企业与建设单位办理工程结算的依据，也是施工企业进行经济核算的

基础。

（4）它是编制概算定额和概算指标的基础。

（二）预算定额与施工定额的关系

预算定额以施工定额为基础进行编制的，但是，预算定额不能简单地套用施工定额，必须考虑到它比施工定额包含了更多的可变因素，需要保留一个合理的幅度差，此外，两种定额水平的确定原则也是不同的。两者有以下区别。

（1）研究对象不同。预算定额以分部分项工程为研究对象，施工定额以施工过程为研究对象，前者在后者基础上编制，在研究对象上进行了科学的综合扩大。

（2）编制水平不同。预算定额按社会平均水平编制，施工定额按平均先进水平编制。因此，确定预算定额时，水平要相对低一些，一般预算定额水平要低于施工定额5%～7%。

（3）编制程序不同。预算定额是在施工定额的基础上编制而成的。

（4）所起作用不同。施工定额为非计价定额，是施工企业内部作为管理使用的一种工具。而预算定额是一种计价定额，是确定建筑安装工程价格的依据。

（三）预算定额的编制原则

为保证预算定额的质量，充分发挥预算定额的作用，使之在实际中简便、合理、有效，在编制工作中应遵循以下原则。

（1）按社会平均水平确定预算定额水平的原则。预算定额理应遵循价值规律的要求，按生产该产品的社会平均必要劳动时间来确定其价值。这就是说，在正常施工条件下，以平均的劳动强度、平均的技术熟练程度，在平均的技术装备条件下，完成单位合格产品所需的劳动消耗量就是预算定额的消耗量水平。这种以社会平均劳动时间来确定的定额水平，就是通常所说的社会平均水平。

（2）简明适用原则。为了保证定额在使用过程中满足实际工程建设的要求，在编制过程中应贯彻简明适用的原则。对于主要、常用和价值量大的项目，定额子目划分宜细；次要、不常用和价值量相对较小的项目，则可以粗一些。因此预算定额要在适用的基础上力求简明。

（四）预算定额的编制依据

（1）国家或各省（自治区、直辖市）现行的施工定额或劳动定额、材料消耗定额和施工机械台时定额，以及现行的建筑工程预算定额等有关定额资料。

（2）现行的设计规范、施工验收规范、质量评定标准和安全操作规程等文件。这些文件是确定设计标准和设计质量、施工方法和施工质量、保证安全施工的法规，确定预算定额，必须考虑这些法规的要求和规定。

（3）通用设计标准图集、定型设计图纸和有代表性的设计图纸等有关设计文件。

（4）现行的预算定额、过去颁发的预算定额和有关单位颁发的预算定额及其编制的基础资料。

（5）新技术、新结构、新工艺和新材料以及科学实验、技术测定和经济分析等有关最新科学技术资料。

（6）常用的施工方法和施工机具性能资料、现行的人工工资标准、材料预算价格和施工机械台时费等有关价格资料。

（五）预算定额的编制步骤

预算定额的编制一般分为以下三个阶段进行。

1. 准备工作阶段

（1）根据国家或授权机关关于编制预算定额的指示，由工程建设定额管理部门主持，组织编制预算定额的领导机构和各专业小组。

（2）拟定编制预算定额的工作方案，提出编制定额的基本要求，确定预算定额的编制原则、适用范围，确定项目划分以及预算定额表格形式等。

（3）调查研究、收集各种编制依据和资料。

2. 编制初稿阶段

（1）对调查和收集的资料进行深入细致的分析研究。

（2）按编制方案中项目划分的规定和所选定的典型施工图纸计算出工程量，并根据取定的各项消耗指标和有关编制依据，计算分项定额中的人工、材料和机械台时消耗量，编制出预算定额项目表。

（3）测算预算定额水平。预算定额征求意见稿编出后，应将新编预算定额与原预算定额进行比较，测算新预算定额水平是提高还是降低，并分析预算定额水平提高或降低的原因。

3. 修改和审查定额阶段

组织基本建设有关部门讨论《预算定额征求意见稿》，将征求的意见交编制小组重新修改定稿，并写出预算定额编制说明和送审报告，连同预算定额送审稿报送主管机关审批。

（六）预算定额消耗量指标的确定

根据劳动定额、材料消耗定额、机械台时定额来确定消耗量指标。

1. 人工消耗量指标的确定

人工消耗量指标包括完成一定计量单位分部分项工程或结构构件所必需的各种用工量，可分为基本用工和其他用工。

（1）基本用工。基本用工是指完成该分项工程的主要用工量。如砌砖工程中的砌砖、调制砂浆、运砖和运砂浆等的用工量。

（2）其他用工。其他用工是辅助基本用工消耗的工日或工时，按其工作内容分为辅助用工、超运距用工和人工幅度差用工三类。

1）辅助用工，是指施工现场发生的加工材料所用工时，如砌筑中的筛砂、淋灰膏等的用工。

2）超运距用工，是指材料、半成品等运输距离超过劳动定额规定运距时，应增加的用工量。

3）人工幅度差用工，是指劳动定额中没有包括而在消耗量指标中又必须考虑的工时消耗。具体指在正常施工条件下，各种零星工序的工时消耗量，如各种工种搭接、交叉作业时不可避免的停歇工时消耗，施工机械转移以及水电线路移动造成间歇工时消耗，质量检查影响操作消耗的工时等，其计算采用乘系数的方法。人工幅度差系数一般为 10%～30%。

2. 材料消耗量指标的确定

材料消耗量指标是指在正常施工条件下，用合理使用材料的方法，完成单位合格产品所必须消耗的各种材料、成品、半成品的数量标准。

预算定额材料用量包括材料净耗量和材料不可避免的损耗量。预算定额的材料，按其使用性质、用途和用量大小划分为主要材料、次要材料和周转性材料。

（1）材料净耗量的计算方法。主要有计算法、换算法、测定法等。

1）计算法。凡有标准规格的材料，按规范要求计算定额计量单位耗用量，如混凝土、钢筋，凡设计图纸有标注尺寸及下料要求的按图纸尺寸计算材料净用量。均可采用计算法。

2）换算法。指各种胶结、涂料等材料的配合比用料，可以根据要求条件换算，得出材料用量。

3）测定法。包括试验室试验法和现场观察法。指各种强度等级的混凝土及砌筑砂浆配合比的耗用原材料数量的计算，须按规范要求试配，经过试压合格以后并经必要的调整后得出的水泥、砂子、石子、水的用量。对新材料、新结构又不能用其他方法计算定额耗用量时，须采用现场测定方法来确定，根据不同条件可以采用写实记录法和观察法，得出定额的消耗量。

（2）材料损耗量的计算方法。材料损耗是指在正常施工条件下不可避免的材料损耗，如现场内材料运输损耗及施工操作过程中的损耗等。

（3）其他材料用量的确定方法。一般按工艺测算，并依编制期价格以占主要材料的比率计算，列在定额材料栏之下，定额内可不列材料名称及消耗量。

3. 机械台时（台班）消耗量的确定

施工机械台时消耗量的确定，应考虑企业采用的机械施工方法和施工水平，依据现行全国统一建筑安装工程劳动定额中各种机械施工项目所规定的台时产量进行计算。预算定额中以使用机械为主的项目（如机械挖土、空心板吊装等），其工人组织和台时产量应按劳动定额中的机械施工项目综合而成。此外，还要增加机械幅度差。

机械幅度差是指全国统一建筑安装工程劳动定额中没有包括而实际又必须增加的机械台时数量。机械幅度差通常包括以下内容：①机械转移及配套机械相互影响损失的时间；②机械在正常施工条件下不可避免的工序间歇；③工程结尾工作量不饱满所损失的时间；④检查工程质量影响机械操作时间；⑤临时水电线路的移动所发生的机械操作间歇时间；⑥冬季施工机械发动间歇时间；⑦不同厂牌机械的工效差；⑧配合机械施工的工人，在人工幅度差范围内的工作间歇影响的机械操作时间。施工机械幅度差通常以系数表示，大型机械可参考以下幅度差系数：土方机械为 1.25，打桩机械为 1.33，吊装机械为 1.30。其他分项工程机械，如木作、蛀式打夯机、水磨石机等专用机械，均为 1.10。

根据施工定额确定机械台时消耗量的计算方法。该方法可直接用施工定额或劳动定额中机械台时产量加机械幅度差计算预算定额的机械台时消耗量。

以现场测定资料为基础确定机械台时消耗量的方法。如遇施工定额（劳动定额）缺项者，则需依单位时间完成的产量测定。

4. 编制定额项目表

当分项工程的人工、材料和机械台时消耗量指标确定后，就可以着手编制定额项目表。

在项目表中，工程内容可以按编制时包括的综合分项内容填写；人工消耗量指标可按工种分别填写工时数量；材料消耗量指标应列出主要材料名称、单位和实物消耗量；机械台时消耗量指标应列出主要施工机械的名称和台时数。

定额项目表编制完成后，列出分项工程的人工、材料和机械台时消耗量。

《水利建筑工程预算定额》(2002) 由土方工程、石方工程、砌石工程、混凝土工程、模板工程、砂石备料工程、钻孔灌浆及锚固工程、疏浚工程、其他工程及附录组成。共计10个单元、349节、4284个子目。

五、概算定额的编制

概算定额是在预算定额基础上以主要工序为主综合相关工序的扩大定额。它是按主要分部分项工程规定的计量单位及综合相关工序的劳动、材料和机械台时的消耗标准。

（一）概算定额的作用

(1) 概算定额是编制概算、修正概算的主要依据。

(2) 概算定额是编制主要机械和材料需用计划的依据。

(3) 概算定额是对设计方案进行技术经济分析和比较的基础资料之一。

(4) 概算定额是编制概算指标的基础。

（二）概算定额的内容

概算定额一般由目录、总说明、工程量计算规则、分部工程说明或章节说明、有关附录或附表等组成。

在总说明中主要阐明编制依据、使用范围、定额的作用及有关统一规定等。在分部工程说明中主要阐明有关工程量计算规则及本分部工程的有关规定等。在概算定额表中，分节定额的表头部分分列有本节定额的工作内容及计量单位，表格中列有定额项目的人工、材料和机械台时消耗量指标。

《水利建筑工程概算定额》(2002) 由土方开挖工程、石方开挖工程、土石填筑工程、混凝土工程、模板工程、砂石备料工程、钻孔灌浆及锚固工程、疏浚工程、其他工程及附录组成。共计10个单元，317节、4656个子目。

（三）概算定额的编制依据

(1) 经过批准的标准设计和有代表性的设计图纸等。

(2) 现行工程设计规范、施工质量验收规范、建筑安装工程操作规程等。

(3) 现行全国统一预算定额、地区预算定额及施工定额。

(4) 过去颁发的概算定额。

(5) 现行地区人工工资标准、材料价格、机械台时单价等资料。

(6) 有关的工程概算、施工图预算、工程结算和工程决算等经济资料。

（四）概算定额的编制步骤

概算定额的编制步骤一般分为三个阶段，即编制概算定额准备阶段、编制概算定额初审阶段和审查定稿阶段。

（1）编制概算定额准备阶段。确定编制定额的机构和人员组成，进行调查研究，了解现行的概算定额执行情况和存在的问题，明确编制目的。在此基础上，制定出编制方案和确定概算定额项目。

（2）编制概算定额初稿阶段。根据所制定的编制方案和确定的定额项目，在收集资料和整理分析各种测算资料的基础上，根据选定有代表性的工程图纸计算出工程量，套用预算定额中的人工、材料和机械消耗量，再加权平均得出概算项目的人工、材料、机械的消耗指标，最后编制出定额初稿。

（3）审查定稿阶段。组织有关部门讨论定额初稿，在听取合理意见的基础上进行修改。最后将修改稿报请上级主管部门审批。

（五）编制方法

概算定额的编制原则、编制方法与预算定额基本相似，由于在可行性研究阶段和初步设计阶段，设计资料尚不如施工图设计阶段详细和准确，设计深度也有限，要求概算定额具有比预算定额更大的综合性，所包含的可变因素更多。因此，概算定额与预算定额之间允许有5%以内的幅度差。在水利工程中，从预算定额过渡到概算定额，一般采用的扩大系数为1.03。

概算定额均以工程设计的几何轮廓尺寸计算的有效单位实体工程量为计量单位。定额中已考虑施工操作损耗、允许超挖超填量、合理的施工附加量和体积变化等因素。

（六）概算定额与预算定额的联系与区别

1. 概算定额与预算定额的联系

（1）两者都是以建（构）筑物各个结构部分和分部分项工程为单位表示的，内容都包括人工、材料、机械台时使用量定额三个基本部分。概算定额表达的主要内容、主要方式及基本使用方法都与预算定额相似。

（2）概算定额的编制以预算定额为基础，是预算定额的综合与扩大。

2. 概算定额与预算定额的区别

（1）项目划分和综合扩大程度上不同。概算定额综合了若干分部分项工程的预算定额，因此概算工程项目划分、工程量计算和概算书的编制都比施工图预算的编制简化。

（2）适用范围不同。概算定额主要用于编制设计概算，同时可以编制概算指标。而预算定额主要用于编制施工图预算。

第四节　定额的组成和使用

一、定额的组成内容

水利工程建设中现行的各种定额一般由总说明、章节说明、定额表和有关附录组成。其中定额表是各种定额的主要组成部分。

（1）《水利建筑工程概算定额》（2002年）（以下简称《概算定额》）和《水利建筑工程预算定额》（2002年）（以下简称《预算定额》）的定额表内列出了各定额项目完成不同子目的单位工程量所必需的人工、主要材料和主要机械台时消耗量。《概算定额》的部分项目和《预算定额》各定额表上方注明该定额项目的使用范围和工作内容，在定额表内对完成不同子目单位工程量所必须消耗的零星用工、材料及机具费用，定额内以“零星材料费、其他材料费、其他机械费”表示，并以百分率的形式列出。

（2）现行《水利水电设备安装工程概算定额》（2002 年）和《水利水电设备安装工程预算定额》（2002 年）的定额是以实物量和安装费率两种形式表示，其中实物量定额占 97.1%。定额包括的内容为设备安装和构成工程实体的主要装置性材料安装的基本直接费。以实物量形式表现的定额中，人工工时、材料用量和机械台时都以实物量表示，其他材料费和其他机械费按占主要材料费和主要机械费的百分率计列，构成工程实体的装置性材料（即被安装的材料，如电缆、管道、母线等）安装费不包括装置性材料本身的价值；以费率形式表现的定额中，人工费、材料费、机械费及装置性材料费都以占设备原价的百分率计列。

（3）现行《水利工程施工机械台时费定额》（2002）列出了水利工程施工中常见的施工机械每工作一个台时所花的费用。定额内包括一类费用和二类费用两部分：一类费用包括折旧费、修理及替换设备费和安装拆卸费，按 2000 年价格水平计算并用金额表示，使用时根据主管部门规定的系数进行调整；二类费用包括人工费、动力燃料费，以实物量给出，其费用按国家规定的人工工资计算办法和工程所在地的物价水平分别计算，其中人工费按中级工计算。

二、定额的使用原则

（一）专业对口的原则

水利水电工程除水工建筑物和水利水电设备外，一般还有房屋建筑、公路、铁路、输电线路、通信线路等永久性设施。水工建筑物和水利水电设备安装应采用水利、电力主管部门颁发的定额。其他永久性工程应分别采用所属主管部门颁发的定额，如铁路工程应采用铁道部颁发的铁路工程定额，公路工程采用交通部颁发的公路工程定额。

（二）设计阶段对口的原则

可行性研究阶段编制投资估算应采用估算指标；初步设计阶段编制概算应采用概算定额；施工图设计阶段编制施工图预算应采用预算定额。如因本阶段定额缺项，须采用下一阶段定额时，应按规定乘扩大系数。按现行规定，采用概算定额编制投资估算时，应乘以 1.10 的扩大系数，采用预算定额编制概算时应乘以 1.03～1.05 的扩大系数。

（三）工程定额与费用定额配套使用

在计算各类永久性设施工程时，采用的工程定额除应执行专业对口的原则外，其费用定额也应遵照专业对口的原则，与工程定额相适应。如采用公路工程定额计算永久性公路投资时，应相应采用交通部颁发的费用定额。对于实行招标承包制工程，编制工程标底时，应按照主管部门批准颁发的综合定额和扩大指标，以及相应的间接费定额的规定执行。施工企业投标、报价可根据条件适当浮动。

（四）定额的选用应与水利工程的投资渠道相结合

地方大中型水利工程项目，一般由中央投资或中央参与投资；中小型水利工程项目，则由省、自治区全权负责投资。在进行中央项目和中央参与投资的地方大中型水利工程项目投资估算、初步设计概算、招标标底、投标报价编制时，应选用水利部颁布的最新定额及费用标准。由省、自治区投资的中小型水利工程项目投资估算、初步设计概算、招标标底、投标报价编制时，应严格参照省、自治区水利厅组织编制的水利工程配套定额及费用标准。

三、定额使用中应注意的问题

（1）要认真阅读定额的总说明和章节说明。对说明中指出的编制原则、依据、使用范围、使用方法、已经考虑和没有考虑的因素以及有关问题的说明等，都要通晓和熟悉。

（2）要了解定额项目的工作内容。根据工程部位、施工方法、施工机械和其他施工条件正确地选用定额项目，做到不错项、不漏项、不重项。

（3）要学会使用定额的各种附录。例如，对建筑工程，要掌握土壤与岩石分级、砂浆与混凝土配合比用量确定等。对于安装工程，要掌握安装费调整和各种装置性材料用量的确定等。

（4）要注意定额调整的各种换算关系。当施工条件和定额项目条件不符时，应按定额说明与定额表附注中的有关规定进行换算调整。例如，各种运输定额的运距换算，各种调整系数的换算等。除特殊说明外，一般乘系数换算均按连乘计算，使用时还有区分调整系数是全面调整系数，还是对人工工时、材料消耗或机械台时的某一项或几项进行调整。

（5）要注意定额单位与定额中数字的使用范围。工程项目单价的计算单位和定额项目的计算单位应一致。要区分土石方工程的自然方和压实方，砂石备料中的成品方、自然方与堆方码方，砌石工程中的砌体方与清料方，沥青混凝土的拌和方与成品方等。定额中凡数字后面用“以上”“以外”表示的都不包括数字本身，凡数字后面用“以下”“以内”表示的都包括数字本身。凡用数字上下限表示的，如 1000～2000，相当于 1000 以上至 2000 以下，即大于 1000、小于或等于 2000 的范围内。

（6）水利建筑工程概算定额，应根据施工组织设计确定的工程项目的施工方法和施工条件，查定额项目表的相应子目，确定完成该项目所需人工、材料与施工机械台时耗用量，供编制工程概算单价使用。现行概算定额中，已按现行施工规范和有关规定，计入了不构成建筑工程单价实体的各种施工操作损耗，允许的超挖及超填量，合理的施工附加量及体积变化等所需人工、材料及机械台时消耗量，编制设计概算时，工程量应按设计结构几何轮廓尺寸计算；而现行预算定额中均未计入超挖超填量、合理施工附加量和体积变化等，使用预算定额应按有关规定进行计算。

（7）安装工程预算定额，应根据安装设备种类、规格，查相应的定额项目表中子目，确定完成该设备安装所需人工、材料与施工机械台时耗用量，供编制设备安装工程单价使用。使用电站主厂房桥式起重机进行安装工作时，桥式起重机台时费不计基本折旧费和安装拆卸费。

【例 2-1】 某渠首工程项目，采用浆砌块石挡土墙护坡，设计砂浆强度等级为 M7.5，砌石等材料就近堆放，求每立方米砌石所需人工、材料概算用量。

（1）选用定额。查《水利建筑工程概算定额》（2002），第 263 页，三—8 浆砌块石，工作内容包括：选石、修石、冲洗、拌制砂浆、砌筑、勾缝，其中挡土墙定额编号 30033。每 $100m^3$ 砌体方需消耗人工合计 834.6 工时，块石 $108m^3$（码方），砂浆 $34.4m^3$，由于定额工作内容中包括了拌浆和勾缝，故不计其他用工。

（2）确定砌筑砂浆材料用量。根据砂浆强度等级，查《水利建筑工程概算定额》

(2002) 附录7，表7-15水泥砂浆材料配合表中（1）砌筑砂浆（第798页），可得每立方米砂浆主要材料概算用量为：水泥261kg，砂1.11m^3，水0.157m^3。

(3) 计算每立方米浆砌块石所需人工和材料概算用量。

人工：834.6/100＝8.35(工时)

块石：108/100＝1.08(码方)

水泥：261×34.4/100＝89.78(kg)

砂：1.11×34.4/100＝0.382(m^3)

水：0.157×34.4/100＝0.054(m^3)

习　题

1. 什么是定额？如何分类？它具有什么作用？
2. 定额的特性是什么？
3. 什么是施工定额？其作用有哪些？
4. 概算定额与预算定额的联系与区别是什么？

第三章　水利工程基础单价编制

水利工程基础单价是计算工程单价的基本依据，需要根据水利行业的有关规定、材料来源、施工方案、工程所在地区的情况等进行确定。

水利工程基础单价包括人工预算单价，材料预算价格，施工机械台时费，施工用电、水、风预算价格，砂石料预算价格，水泥砂浆与混凝土材料预算价格等。

第一节　人工预算单价

一、人工预算单价的概念及组成

（一）概念

人工预算单价是确定工程造价时计算各种生产工人人工费所采用的人工费单价，是计算建筑、安装工程单价和施工机械台时费中人工费的基础单价。结合水利工程特点，分别确定了枢纽工程、引水工程及河道工程分级工资标准，划分为工长、高级工、中级工、初级工 4 个档次，与定额中的劳动力等级相对应。编制概预算时应分别计算。

需要指出的是，人工预算单价和生产工人的工资不同。工资是施工企业按劳动者的劳动数量（劳动者完成某一合格产品所消耗的必要劳动时间之和，或劳动者完成某一合格产品的总量）与质量（物化在商品中的抽象劳动，是无差别的人类劳动的凝结）以货币形式付给劳动者的劳动报酬。人工预算单价是指一个建筑安装工人工作单位时间（一个工作日或一个工作时）在工程概预算中应计入的全部人工费用。它反映了社会生产工人的工资水平和企业内不同劳动者群体的平均劳动报酬水平，它不能作为建筑安装工人实发工资的标准。影响人工预算单价的主要因素包括社会平均工资水平、生活消费指数、劳动力市场供需情况、人工预算单价的组成内容和政府推行的社会保障和福利政策等。

（二）人工预算单价的组成

人工预算单价由基本工资、辅助工资和工资附加费组成。

1. 基本工资

基本工资指生产工人的岗位工资和年应工作天数内非作业天数的工资。

（1）岗位工资，指按照职工所在岗位各项劳动要素（如职工所在岗位的责任、技能要求、劳动强度和劳动条件、工作实绩、考核结果等）测评结果确定的工资。

（2）生产工人年应工作天数内非作业天数的工资，包括生产工人开会学习、培训期间的工资，调动工作、探亲、休假期间的工资，因气候影响的停工工资，女工哺乳期间的工资，病假在六个月以内的工资及产、婚、丧假期的工资。

2. 辅助工资

辅助工资指在基本工资之外，以其他形式支付给生产工人的工资性收入，包括根据国家有关规定属于工资性质的各种津贴，主要包括艰苦边远地区津贴、施工津贴、夜餐津贴、节假日加班津贴等。

3. 工资附加费

工资附加费指按照国家规定提取的职工福利基金、工会经费、养老保险费、医疗保险费、工伤保险费、职工失业保险基金和住房公积金。

二、人工预算单价的计算

(一) 计算标准

根据《编制规定》，人工预算单价按表 3-1 标准计算。

表 3-1　　**人工预算单价计算标准**　　单位：元/工时

类别与等级	一般地区	一类地区	二类地区	三类地区	四类地区	五类地区 西藏二类区	六类地区 西藏三类区	西藏四类区
枢纽工程								
工长	11.55	11.80	11.98	12.26	12.76	13.61	14.63	15.40
高级工	10.67	10.92	11.09	11.38	11.88	12.73	13.74	14.51
中级工	8.90	9.15	9.33	9.62	10.12	10.96	11.98	12.75
初级工	6.13	6.38	6.55	6.84	7.34	8.19	9.21	9.98
引水工程								
工长	9.27	9.47	9.61	9.84	10.24	10.92	11.73	12.11
高级工	8.57	8.77	8.91	9.14	9.54	10.21	11.03	11.40
中级工	6.62	6.82	6.96	7.19	7.59	8.26	9.08	9.45
初级工	4.64	4.84	4.98	5.21	5.61	6.29	7.10	7.47
河道工程								
工长	8.02	8.19	8.31	8.52	8.86	9.46	10.17	10.49
高级工	7.40	7.57	7.70	7.90	8.25	8.84	9.55	9.88
中级工	6.16	6.33	6.46	6.66	7.01	7.60	8.31	8.63
初级工	4.26	4.43	4.55	4.76	5.10	5.70	6.41	6.73

注　1. 一至六类地区的类别划分参见《编制规定》附录 7 "艰苦边远地区类别划分"，执行时应根据最新文件进行调整。
2. 一般地区指附录 7 之外的地区。
3. 西藏地区的类别执行西藏特殊津贴制度相关文件规定，其二至四类区的划分参见《编制规定》附录 8 "西藏自治区特殊津贴地区类别"。
4. 跨地区建设项目的人工预算单价可按主要建筑物所在地确定，也可按工程规模或投资比例进行综合确定。

(二) 计算方法

结合工程性质，工程所在地区（查阅《编制规定》附录 7 或附录 8），按表 3-1 标准计算。

【例 3-1】 某水利枢纽位于二类地区，按规定计算工长、高级工、中级工、初级工的人工预算单价。

解： 工长人工预算单价为 11.98 元/工时。

高级工人工预算单价为 11.09 元/工时。

中级工人工预算单价为 9.33 元/工时。

初级工人工预算单价为 6.55 元/工时。

第二节 材料预算价格

一、概念及分类

材料费是建安投资的重要组成部分，尤其是那些消耗数量多、对总投资影响大的主要材料，如钢材、水泥、木材、粉煤灰、油料、火工产品、电缆及母线等，一般需编制材料预算价格。

（一）概念

材料预算价格是指材料从供应地运到工地分仓库（或堆放场地）的出库价格。材料预算价格一般包括材料原价、包装费、运杂费、运输保险费、采购及保管费五项。

（二）分类

材料可以按照以下不同方式分类。

1. 按对投资影响

主要材料：如水泥、钢筋、木材、柴油、炸药、砂石料、粉煤灰、沥青等。

其他材料：其余材料。

2. 按供应方式划分

外购材料：大多数材料。

自产材料：砂石料。

3. 按材料性质划分

消耗性材料：如炸药、电焊条、氧气、油料等。

周转使用材料：如模板、支撑件等。

装置性材料：如管道、轨道、母线、电缆等。

（三）几种主要材料

钢筋：普通 HPB300 光面钢筋 $\phi16\sim\phi18$，低合金 HRB400$\phi20\sim\phi25$；其比例由设计确定。

木材：二类（杉木）、三类（松木）树种各 50%，Ⅰ、Ⅱ等（考虑木材节子尺寸、每米节子数、裂纹、腐朽等状况）各 50%，长 $L=2\sim3.8$m，直径 20～28cm。

炸药：1～9kg/包的铵油炸药。一般选用 2 号岩石水胶炸药、3 号岩石水胶炸药或 2 号煤矿水胶炸药。

汽油：主要考虑发动机压缩比的大小选用汽油牌号，一般选用 92 号或 95 号汽油。

柴油：柴油的选用以保证在最低气温下不凝固为原则，一般选用 0 号轻柴油。

二、材料预算价格的计算

（一）主要材料预算价格

$$材料预算价格=(材料原价+包装费+运杂费)\times(1+采购及保管费率)+运输保险费 \tag{3-1}$$

根据《调整办法》，材料原价、运杂费、运输保险费和采购及保管费等分别按不含增值税进项税额的价格计算。当获取价格信息为含税价格时，可以采用含税价格除以调整系数的方式调整为不含税价格，具体参见《调整办法》。

1. 材料原价

材料原价也称材料市场价或交货价格，材料（除电及火工产品外）价格按照市场价格计算，即按工程所在地区就近大型物资供应公司、材料交易中心的市场成交价或设计选定的生产厂家的出厂价计算。电及火工产品按国家及省、自治区、直辖市有关文件规定计算。同一材料因产地、供应商不同，会有不同的供应价。应按产地的市场价和供应比例，采用加权平均的方法计算。一般水利工程的主要材料原价可按下述方法确定。

（1）水泥。水泥产品根据国家计划委员会、国家建筑材料工业局计价管理的规定，从1996年4月1日起，全部执行市场价，水泥产品价格由厂家根据市场供求状况和水泥生产成本自主定价。如设计采用早强水泥，可按设计确定的比例计入。在可行性研究阶段编制投资估算时，水泥市场价可统一按袋装水泥价格计算。

（2）钢材。钢材按市场价计算，各种型钢、钢板的预算价格按设计要求的代表型号、规格和比例确定。钢材的原价按工程所在地省会或就近大城市的金属材料公司、钢材交易中心、钢铁厂的市场批发价格计算。

（3）木材。木材按加工程度分为原条、原木、锯材。木材的原价按工程所在地就近的木材公司或林区储木场的市场价计算。凡工程所需的各种木材，由林区储木场直接提供的，原则上均执行设计选定的储木场的大宗市场批发价；由工程所在地木材公司供给的，执行地区木材公司提供的大宗市场批发价。

（4）油料。汽油、柴油全部按工程所在地区市场价计算其预算价格。

（5）火工产品。指炸药、雷管、导火线或导电线。火工产品全部由工程选定的所在地区化工厂供应，统一按国家定价或化工厂的出厂价计算。

2. 包装费

包装费是指为便于材料的运输或为保护材料而进行包装所发生的费用。包括厂家所进行的包装以及在运输过程中所进行的捆扎、支撑等费用。凡由生产厂家负责包装并已将包装费计入材料市场价的，在计算材料的预算价格时，不再计算包装费。凡材料原价中未包括包装费而在运输和保管过程中必须包装的材料，均应另计包装费。其费用按照包装材料的品种、规格、包装费用和正常的折旧摊销费计算，包装费按工程所在地实际资料和有关规定计算。

一般情况下，袋装水泥的包装费按规定计入出厂价，不计回收，不计押金；散装水泥由专用罐车运输，一般不计包装费。钢材一般不进行包装，特殊钢材存在少量包装费，但与钢材价格相比，所占比重很小，编制预算价格时可忽略不计。木材应按实际发生的情况进行计算。火工产品包装费已包括在出厂价中。油料用油罐车运输，一般不存在包装费。

3. 运杂费

运杂费指材料由交货地点运至工地分仓库（或相当工地分仓库的堆放场地）所发生的各种运载车辆的运费、调车费、装卸费和其他杂费等费用。在大中型水利工程建设过程中，材料运杂费所占比重较大，同时，运杂费与工程所在地的交通状况、运输距离、运输方式、运输工具等因素密切相关，一般来说，铁路运输能力大，运价适中，公路适宜中短途运输，运价高；水路运价低廉，应尽量采用。

注意事项：从工地的材料总库运到分仓库所发生的场内运杂费应计入材料预算价格；

而从工地分仓库到各施工点的运杂费用已计入定额内，在材料预算价格中不予计算。

材料的运输方式一般分为铁路（火车）运输、公路（汽车）运输、水路（船舶）运输和联合运输 4 种方式。各运输方式的特点见表 3－2。

表 3－2　铁路、公路、水路运输特点比较表

运输方式	运价	时间	中转环节
铁路运输	中等	快	中等
公路运输	高	中等	少
水路运输	低	慢	可能多

(1) 铁路运输费的计算。委托国有铁路部门运输的材料，在国有线路上行驶时，其运杂费一律按现行《铁路货物运价规则》及有关规定计算；属于地方营运的铁路，执行地方的规定。

(2) 施工单位自备机车车辆在自营专用线上行驶的运杂费，按列车台时费和台时货运量以及运行维护人员开支摊销费计算。其运杂费计算公式为

$$\text{每吨运费}=\frac{\text{机车台时费}+\text{车辆台时费之和}}{\text{每列火车设计载重量}\times\text{装载系数}\times\text{列车每小时行驶次数}}+\text{每吨装卸费}+\text{现场管理人员开支的摊销费(元)} \quad (3-2)$$

如果自备机车还要通过国有铁路，还应付给铁路部门过轨费。其运杂费计算公式为

$$\text{每吨运费}=\frac{\text{机车台时费}+\text{车辆台时费之和}+\text{列车过轨费}}{\text{每列火车设计载重量}\times\text{装载系数}\times\text{列车每小时行驶次数}}+\text{每吨装卸费}+\text{现场管理人员开支的摊销费(元)} \quad (3-3)$$

列车过轨费按铁道部门的规定计算。

火车整车运输货物，除特殊情况外，一律按车辆标记载重量装载计费。但在实际运输过程中经常出现不能满载的情况，在计算运杂费时，用装载系数来表示。装载系数是货物的实际运输重量与货物运输的计费重量之比。在铁路运输方式中，要确定每一种材料运输中的整车与零担比例，据此分别计算其运杂费。整车运价较零担运价便宜，所以要尽可能以整车方式运输。

(3) 公路运杂费的计算。按工程所在地区交通部门现行规定或市场价计算。汽车运输轻浮货物时，按实际载重量计价。轻浮货物是指每立方米重量不足 250kg 的货物。整车运输时，其长、宽、高不得超过交通部门有关规定，以车辆标记吨位计重。零担运输，以货物包装的长、宽、高各自最大值计算体积，按每立方米折算 250kg 计价。

(4) 水路运输包括内河运输和海洋运输，其运输费按工程所在地区交通部门现行规定或市场价计算。

(5) 特殊材料或部件运输，要考虑特殊措施费、改造路面和桥梁的费用等。

4. 运输保险费

材料运输保险费是指向保险公司交纳的货物保险费用。材料运输保险费可按工程所在省、自治区、直辖市或中国人民保险公司的有关规定计算。通过调查按保险市场的正常费率计算，向保险公司交纳。其计算公式为

$$\text{运输保险费}=\text{材料原价}\times\text{材料运输保险费率} \quad (3-4)$$

5. 采购及保管费

采购及保管费指材料采购、供应和保管过程中所发生的各项费用，主要包括材料的采购、供应和保管部门工作人员的基本工资、辅助工资、职工福利费、劳动保护费、养老保险费、失业保险费、医疗保险费、工伤保险费、生育保险费、住房公积金、教育经费、办公费、差旅交通费及工具用具使用费；仓库、转运站等设施的检修费、固定资产折旧费、技术安全措施费；材料在运输、保管过程中发生的损耗等。材料采购保管费的计算公式为

材料采购保管费＝(材料原价＋包装费＋材料运杂费)×采购保管费率　(3－5)

现行部颁标准中采购保管费率，水泥、碎（砾）石、砂、块石为3%，钢材为2%，油料为2%，其他材料为2.5%。根据《调整办法》的规定，在此计算标准上乘以1.1的调整系数。

综上所述，主要材料的预算价格计算公式为

材料预算价格＝材料原价＋包装费＋运杂费＋运输保险费＋采购保管费
＝(材料原价＋包装费＋运杂费)×(1＋采购保管费率)＋运输保险费　(3－6)

【例3－2】 某水电站大坝用水泥由某水泥厂直供，水泥强度等级为42.5，其中袋装水泥占20%，散装水泥占80%，袋装水泥市场价为320元/t，散装水泥市场价为290元/t。袋装水泥和散装水泥均通过公路由水泥厂运往工地仓库，袋装水泥运杂费为22.0元/t，散装水泥运杂费为10.6元/t；进罐费1.3元/t；运输保险费率按1%计，采购保管费率按3.3%计。试计算水泥预算价格。

解： 水泥原价＝袋装水泥市场价×20%＋散装水泥市场价×80%
＝320×20%＋290×80%＝296(元/t)

水泥运杂费(袋装)＝水泥厂至工地仓库运杂费

水泥运杂费(散装)＝水泥厂至工地拌和楼运杂费＋进罐费

水泥运杂费＝水泥运杂费(袋装)×20%＋水泥运杂费(散装)×80%
＝22.0×20%＋(10.6＋1.3)×80%＝13.92(元/t)

水泥运输保险费＝水泥市场价×运输保险费率
＝296×1%＝2.96(元/t)

水泥预算价格＝（水泥原价＋包装费＋运杂费）×（1＋采购及保管费率）＋运输保险费
＝(296＋0＋13.92)×(1＋3.3%)＋2.96＝323.11(元/t)

注意事项：

(1) 个别边远地区（西藏等地）部分材料运输距离较远，预算价格较高，可适度减低采购及保管费率，使之与正常材料预算价格所收取的费用水平相一致。

(2) 对一些小型工程而言，主材预算价格也可采用当地建设工程造价管理部门公布的信息价。

(3) 有些特殊的工程，对某种材料的需要量可能很多，而这种材料市场价格波动较大且频繁，为避免市场价格偏高影响造价预测的合理性，计算材料价格时可参考当地建设工程造价管理部门公布的信息价。

(4) 一般情况下，当地建设工程造价管理部门公布的材料价格信息除包含材料出厂价格外，还包含了市区周边一定距离的运费、装卸费、采购及保管费和材料检验试验费等。

如果项目位于市县区内，就不应再考虑运费。

（二）其他材料预算价格

除主要材料外，水利工程其他材料品种较多，其费用在投资中所占比例很小，一般不必逐一详细计算其预算价格。其他材料预算价格可参考工程所在地区的工业与民用建筑安装工程材料预算价格或信息价格。

（三）材料补差

主要材料预算价格超过规定的材料基价时，应按基价计入工程单价参与取费，预算价与基价的差值以材料补差形式计算，材料补差列入单价表中并计取税金。主要材料预算价格低于基价时，按预算价计入工程单价。主要材料基价见表 3-3。

表 3-3　主要材料基价表

序号	材料名称	单位	基价/元
1	柴油	t	2990
2	汽油	t	3075
3	钢筋	t	2560
4	水泥	t	255
5	炸药	t	5150

三、运输费用计算方法

（一）铁路运输

由货物运价号、运输距离、发到基价及运行基价（包括铁路运输基金）组成。中央管辖的铁路，运杂费按铁道部现行《铁路货物运价规则》规定计算；地方铁路执行地方规定。

货物运价号、运输里程、运价率是铁路运费计算的三要素。

1. 货物运价号

查《铁路货物运价规则》，整车货物运价号 1～12；例如：钢材、水泥、木材整车运价号为 5；粉煤灰整车运价号为 7。

2. 运价率

运价率见表 3-4。

表 3-4　铁路货物运价率表

类别	运价号	发到基价		运行基价	
		单位	标准	单位	标准
整车	1	元/t	4.6	元/(t·km)	0.0210
	2	元/t	5.2	元/(t·km)	0.0239
	3	元/t	6.0	元/(t·km)	0.0273
	4	元/t	6.8	元/(t·km)	0.3110
	5	元/t	7.6	元/(t·km)	0.0348
	6	元/t	8.5	元/(t·km)	0.0390
	7	元/t	9.6	元/(t·km)	0.0437
	8	元/t	10.7	元/(t·km)	0.0490
	9	元/t		元/(t·km)	0.1500

注 1. 整车货物每吨运价＝发到基价＋运行基价×运输里程。

2. 集装箱每箱运价＝发到基价＋运行基价×运输里程。

3. 从《铁路货物运价规则》中查出的运价率是基本运价，除此之外，还要按照有关规定计算铁路建设基金、电气化铁路附加费等。

3. 铁路运输整车零担比例

根据已建大、中型水利工程实际情况，水泥、木材、炸药、柴油、汽油等可以全部按整车计算，一般不考虑零担；钢材则要考虑一部分零担，大型工程可按10%～20%比例选取，中型工程按20%～30%比例选取，如有实际资料，应按实际资料选取。

4. 装载系数

整车运货物，一律按车辆标记载重量计算运费，超过标记重量时按实际重量计算运费。钢材、木材、炸药等要考虑不能满载的因素，即考虑装载系数。火车整车运输装载系数见表3-5。

$$装载系数=实际运输重量÷运输车辆标记重量 \tag{3-7}$$

实际计算时可查表3-5。

$$货物实际运价=规定运价÷装载系数 \tag{3-8}$$

表3-5　　火车整车运输装载系数表

序号	材料项目		单位	装载系数
1	水泥、油料		t/(车皮·t)	1.00
2	木材		t/(车皮·t)	0.90
3	钢材	大型工程	t/(车皮·t)	0.90
		中型工程	t/(车皮·t)	0.8～0.85
4	炸药		t/(车皮·t)	0.65～0.7

注 只有火车整车运输才考虑装载系数。该系数小于（或等于）1。

5. 毛重系数

毛重系数是材料重量和材料除去包装的实际重量之比。

$$毛重系数=毛重÷净重=(材料实际重量+包装品重量)÷材料实际重量 \tag{3-9}$$

毛重系数大于（等于）1。如炸药毛重系数为1.03～1.04，桶装汽油为1.15。

【例3-3】 火车货车车厢标记重量为50t，装载1420箱炸药，每箱炸药净重24kg，箱重0.6kg。计算该货物的装载系数和毛重系数。若查得铁路运费为15元/t，则每吨实际运费是多少？

解： 装载系数=实际运输重量/运输车辆标记重量=[1420×(24+0.6)]÷50000=0.7

毛重系数=(材料实际重量+包装品重量)/材料实际重量=(24+0.6)÷24=1.03

每吨实际运费=15元/t÷0.7×1.03=22.07元/t

（二）公路运输

按工程所在地交通部门颁发的《汽车运价规则实施细则》中运输市场运价标准计算运杂费。因一般按实际装载量，故不再加计装载系数，但要考虑毛重系数。

公路运输有普通货物和特种货物、长途运输和短途运输、整车与零担之分，还要考虑不同路况和返程费。

（三）水路运输

内河运输和海洋运输均按当地航运部门运价规则（一般附有各种表）计算。运价里程、运价等级、运价率是水运计算的三要素。

【例 3－4】 某水利枢纽工程所用钢筋从一大型钢厂供应，火车整车运输。普通 HPB300 光面钢筋占 35%，低合金 HRB400 螺纹钢占 65%。按下列已知条件，计算钢筋预算价格。

（1）出厂价见表 3－6。

表 3－6　　钢筋价格表

名称及规格	单位	出厂价/元
HPB300 Φ10mm 以下	t	2250
HPB300 Φ16～18mm	t	2150
HRB400 Φ25mm 以外	t	2350
HRB400 Φ20～25mm	t	2400

（2）运输方式及距离。

运输方式及距离如下：

钢厂 —火车 490km→ 转运站 —汽车 10km→ 总仓库 —汽车 8km→ 分仓库 —汽车 2km→ 施工现场

（3）运价。

1）铁路。

a. 运价号：钢筋整车运价号为 5。

b. 运价率：见表 3－4。

c. 铁路建设基金：0.025 元/(t·km)，上站费：1.8 元/t。

d. 其他：装载系数 0.9，整车卸车费 1.15 元/t。

2）公路。

a. 汽车运价 0.55 元/（t·km）。

b. 转运站费用 4 元 / t。

c. 汽车装车费 2 元 /t，卸车费 1.6 元 / t。

d. 运输保险费率：8‰。

e. 毛重系数为 1。

解：（1）材料原价＝2150.00×35%＋2400.00×65%＝2312.50(元/t)

（2）运杂费：

1）铁路运杂费＝1.8＋[7.60＋(0.0348＋0.025)×490] ÷0.9＋1.15＝43.95(元/t)

2）公路运杂费＝4.00＋0.55×(10＋8)＋(2.00＋1.60)×2＝21.10(元/t)

3）综合运杂费＝(43.95＋21.10)×1＝65.05(元/t)

（3）运输保险费＝2312.50×8‰＝18.50(元/t)

（4）钢筋预算价格＝（原价＋运杂费）×（1＋采购及保管费率）＋运输保险费＝(2312.50＋65.05)×(1＋2.2%)＋18.50＝2448.36(元/t)

四、材料预算价格汇总表

用以上方法计算出各种材料预算价格后，便可将各计算结果对应地填入表3-7、表3-8的材料汇总表中，以备计算建筑和安装工程单价时使用。需要说明的是，对有规定基价的材料，应注明基价和预算价，然后计算填入材料价差。

表3-7　　主要材料预算价格汇总表

序号	名称和规格	单位	预算价格/元	其中/元				基价/元	价差/元
				原价	运杂费	运输保险费	采购及保管费		
1	水泥32.5级	t	324.93	296.00	15.68	2.96	10.29	255	69.93
2	柴油	kg	5.75	5.2	0.43	0.00	0.12	2.99	2.76
3	钢筋	t	2448.36	2312.5	65.05	18.50	52.31	2560	

表3-8　　其他材料预算价格汇总表

序号	名称和规格	单位	原价/元	运杂费/元	预算价格/元
1	混凝土管D50	m	50.00	2.50	52.50
2	铁钉	kg	6.00	0.30	6.30
3	电焊条	kg	7.00	0.35	7.35

第三节　施工机械台时费

我国水利工程的建设实践证明，水利工程的建设从某种程度上说依赖于施工机械的发展。随着水利工程施工机械化程度的不断提高，施工机械购置费和使用费在水利工程建筑安装工程造价中所占的比例将不断上升，因此，正确计算施工机械使用费对合理确定工程造价就显得十分重要。

一、施工机械和施工机械费用定额

1. 水利工程施工机械的分类

水利工程施工机械种类很多，按设备的功能分为土石方机械、混凝土机械、运输机械、起重机械、砂石料加工机械、钻孔灌浆机械、工程船舶、动力机械和其他机械9大类。按设备动力分为风动、油动、电动三类机械。

2. 施工机械费用定额

我国在水利工程概预算编制中的施工机械费用定额主要有水利部颁发的《水利工程施工机械台时费定额》(2002)，适用于大、中型水利工程。另外还有一些省（直辖市、自治区）颁发的水利工程施工机械台时费补充定额。在编制施工机械费用时，一定要根据工程规模和资金来源正确选用施工机械费用定额。

二、施工机械台时费的概念

施工机械台时费指施工机械在一个小时内正常运行所损耗和分摊的各项费用之和。台时是指施工机械工作运转时间，即施工机械运转时计费，非运转时不计费。非工作运转时间的自然损耗，已在总寿命台时中考虑。施工机械台时费根据施工机械台时费定额进行编制，它是计算建筑和安装工程单价中施工机械使用费的基础单价。

三、施工机械台时费的组成

施工机械台时费由三类费用组成。

（一）第一类费用

第一类费用包括折旧费、修理及替换设备费（含大修理费、经常性修理费）、安装拆卸及场外运输费和保管费。现行定额中按 2000 年度价格水平计算并用金额表示，根据《调整办法》规定，施工机械台时费定额在现行计算标准上，折旧费除以 1.15 调整系数，修理及替换设备费除以 1.11 调整系数。第一类费用包括下列费用。

1. 折旧费

指施工机械在规定寿命期（使用年限或机械经济寿命总台时）内，陆续收回原值的费用及支付贷款利息的费用。计算公式为

$$台时折旧费=\frac{机械预算价格\times(1-残值率)\times贷款利息系数}{机械经济寿命总台时} \tag{3-10}$$

$$机械预算价格=机械市场价+运杂费 \tag{3-11}$$

$$残值率=\frac{机械残值-清理费}{机械预算价格}\times100\% \tag{3-12}$$

$$机械经济寿命总台时=经济使用年限\times年工作台时 \tag{3-13}$$

式中　运杂费——一般按原价的 5%～7%计算，若有实际资料则按实际资料计算；

残值率——机械达到使用寿命需要报废时的残值扣除清理费后占机械预算价格的百分率，残值率一般可取 4%～5%；《全国统一施工机械台班费用定额》根据有关规定，结合施工机械残值回收实际情况，将各类施工机械残值率确定如下：运输机械 2%，特大型机械 3%，中小型机械 4%，掘进机械 5%；

机械经济寿命总台时——也称机械耐用总台时，指机械在经济使用期内所运转的总台时数；

经济使用年限 n——国家规定的该种机械从使用到报废的平均工作年数（在经济使用年限内该种机械花费的年费用最少）；

年工作台时——该种机械在经济使用期内平均每年运行的台时数；

贷款利息系数——计算公式为贷款利息系数$=1+\frac{n+1}{2}i$，i 为设备更新贷款年利率。

2. 修理及替换设备费

修理费指机械使用过程中，为了使机械保持正常功能而进行修理所需的摊销费用和机械正常运转及日常保养所需润滑油料费、擦拭用品费以及机械保管费。替换设备费指施工机械正常运转时所耗用的替换设备及随机使用的工具、附具等所需的台时摊销费用。

（1）大修理费的计算。即

$$台时大修理费=\frac{一次大修理费\times大修理次数}{机械经济寿命总台时} \tag{3-14}$$

大修理次数是指机械在经济使用期限内需大修理的次数，计算公式为

$$大修理次数=\frac{机械经济寿命总台时}{大修理间隔台时}-1 \quad (3-15)$$

一次大修理费用可按一次大修理所需人工、材料、机械等进行计算，也可参照实际资料按占机械预算价格的百分数计算。

（2）经常性修理费的计算。经常性修理费包括修理费、润滑及擦拭材料费。

1）修理费。

修理费包括中修和各级保养费。计算公式为

$$修理费=\frac{中修费用+各级保养费}{大修间隔台时} \quad (3-16)$$

中修和各级保养费的计算可以大修理消耗工时、材料为基数，按资料确定出中修和各级保养所耗用台时和材料所占的比例。

2）润滑及擦拭材料费。

$$台时润滑及擦拭材料费=\frac{机械年润滑及擦拭材料费}{年工作台时} \quad (3-17)$$

其中，润滑油脂的耗用量按机械台时耗用燃料油量的百分比计算，柴油机械按6%，汽油机械按5%，棉纱头及其他油耗用量按实际计算。

在实际计算中，一些单位据统计资料按下列公式计算：

$$台时经常性修理费=台时大修理费\times经常性修理费率 \quad (3-18)$$

$$经常性修理费率=\frac{典型机械台时经常修理费}{典型机械台时大修理费}\times100\% \quad (3-19)$$

3）替换设备及工具、附具摊销费的计算。

$$台时替换设备及工具、附具摊销费=\frac{年替换设备及工具、附具费}{年工作台时} \quad (3-20)$$

在实际中，也可按占大修理费的百分比的方法计算。

表3-9是几种施工机械替换设备及工具、附具的参考数量。

表3-9　　施工机械替换设备及工具、附具的参考数量表

机械名称	替换设备及工具、附具名称	年需要数量/m
空压机	胶皮管	50
电焊机	橡皮软线50mm^2	100
对焊机	橡皮软线50mm^2	20
混凝土振捣器	软线	30
凿岩机	高压胶皮管	20
水泵	弹簧软管	8
塔式起重机（2～6t）	电缆线	80
塔式起重机（15t）	电缆线	120
塔式起重机（25t）	电缆线	140
塔式起重机（40t）	电缆线	150
自升塔式起重机（10t）	电缆线	200
龙门起重机	电缆线	200
电动机	电缆线	10

(3) 保管费的计算。

$$台式保管费=\frac{机械预算价格}{机械年工作台时}\times 保管费率 \tag{3-21}$$

保管费率的高低与机械预算价格有直接关系。机械预算价格越高，保管费率越低。保管费率一般为0.15%～1.5%。

3. 安装拆卸费

指施工机械进出工地的安装、拆卸、试运转和场内转移及辅助设施的摊销费用。计算公式为

$$台时安装拆卸费=台时大修费\times 安拆卸费率 \tag{3-22}$$

$$安装拆卸费率=\frac{典型机械安装拆卸费}{典型机械台时大修理费}\times 100\% \tag{3-23}$$

需要说明的是，现行施工机械台时费定额中，凡备注栏中有“*”的大型机械安装拆卸费用，列入临时工程中的“其他大型临时工程”项内。凡台时费定额中列有安装拆卸费的施工机械，其安装拆卸费均应计入台时费，不要在临时工程中单独列项。

(二) 第二类费用

第二类费用分为人工、动力、燃料或消耗材料等费用。现行施工机械台时费定额中的第二类费用以工时数量和实物消耗量表示，其费用按国家规定的人工工资计算办法和工程所在地的物价水平分别计算。

1. 人工

指机械使用时机上操作人员的工时消耗。包括机械运转时间、辅助时间、用餐、交接班以及必要的机械正常中断时间。台时费中人工费按中级工标准计算。

2. 动力、燃料或消耗材料

指机械正常运转所需的风（压缩空气）、水、电、油及煤等。其中，机械消耗电量包括机械本身和最后一级降压变压器低压侧至施工用电点之间的线路损耗，风、水消耗包括机械本身和移动支管的损耗。

(1) 内燃机械台时燃料消耗量。计算公式为

$$\begin{aligned}台时燃料消耗量(kg)=&1(h)\times 额定耗油量[kg/(kW\cdot h)]\times 额定功率(kW)\\&\times 发动机综合利用系数\end{aligned} \tag{3-24}$$

$$\begin{aligned}发动机综合利用系数=&发动机时间利用系数\times 发动机能量利用系数\\&\times 单位油耗修正系数\times 油耗损耗增加系数\end{aligned} \tag{3-25}$$

发动机综合利用系数一般为0.20～0.40。

(2) 电动机械台时电力消耗量。计算公式为

$$台时电力消耗量(kW\cdot h)=1(h)\times 电动机综合利用系数 K\times 电动机额定功率 N(kW)$$

其中：

$$K=\frac{K_1K_2}{K_3K_4} \tag{3-26}$$

式中 K——电动机综合利用系数；

K_1——电动机时间利用系数，一般取0.40～0.60；

K_2——电动机能量利用系数，一般取0.50～0.70；

K_3——低压线路电力损耗系数，一般取 0.95；

K_4——平均负荷时电动机有效利用系数，一般取 0.78～0.88；

N——电动机额定功率，kW。

（3）蒸汽机械台时水、煤消耗量。计算公式为

台时水(煤)消耗量(kg)=1(h)×蒸汽机额定功率(kW)×额定水(煤)单位耗用量[kg/(kW·h)]

×蒸汽机综合利用系数　　　　(3-27)

式中　综合利用系数——机车取 0.14～0.80，锅炉、打桩机取 0.55～0.75。

（4）风动机械台时压气消耗量。计算公式为

台时压气消耗量(m^3)=60(min)×风动机械压气消耗量(m^3/min)×风动机械综合利用系数　　　　(3-28)

式中综合利用系数一般可取 0.60～0.70。

（三）第三类费用

第三类费用是指施工机械每台时所摊销的牌照税、车船使用税、养路费、保险费等。按各省、自治区、直辖市现行规定收费标准计算。不领取牌照、不交纳养路费的非车船类施工机械不计算第三类费用。

四、施工机械台时费的计算

施工机械台时费根据施工机械台时费定额进行编制，现执行的是水利部水总〔2002〕116 号文颁发的《水利工程施工机械台时定额》。对于定额中没有的施工机械，按上述公式及有关规定编制补充台时费并计算其费用；对定额中列出的施工机械，计算公式为

施工机械台时费=第一类费用+第二类费用+第三类费用　　　　(3-29)

1. 第一类费用

根据施工机械的型号和规格，查阅台时费定额，并按照《调整办法》调整计算，得到第一类费用。则

第一类费用=第一类费用×K　　　　(3-30)

式中　K——物价变化影响系数，一般由行业定额管理部门文件公布。目前，K=1.0。

2. 第二类费用

查阅台时费定额得人工工时、燃料、动力消耗量，用式（3-31）计算：

第二类费用=定额人工工时×中级工人工预算价格

+∑(定额材料消耗量×材料预算单价)　　　　(3-31)

《编制规定》及《调整办法》中对油料（汽油、柴油）规定有基价。编制时，式（3-31）的材料预算价应改为材料基价，价差应计入施工机械台时费价差。

3. 第三类费用

第三类费用根据实际计算。一般机械无第三类费用，但施工机械如果需要通过公共道路时，按工程所在地政府现行的收费标准计算车船使用税和养路费。

车船使用税(元/台时)=车船使用税标准(元/(年·t))×吨位(t)

÷年工作台时(台时/年)　　　　(3-32)

养路费(元/台时)=养路费标准(元/(月·t))×吨位(t)×12(月/年)

÷年工作台时(台时/年)　　　　(3-33)

【例 3-5】 某大型水利枢纽工程，位于四类工资区。该地的汽油和柴油预算价格分别为 6.1 元/kg 和 5.2 元/kg，施工用电的预算价格为 0.8 元/(kW·h)，根据现行部颁定额计算 3.5t 散装水泥车、15t 塔式起重机、522kW 推土机的台时费。

解： 四类工资区的中级工的人工预算单价为 10.12 元/工时。

根据《调整办法》的规定，折旧费除以 1.15 调整系数，修理及替换设备费除以 1.11 调整系数。汽油和柴油的基价分别为 3.075 元/kg、2.99 元/kg，则材料价差别为 3.025 元/kg，2.21 元/kg。

机械台时费的计算结果见表 3-10。

表 3-10　　　　施工机械台时费计算表

编号				1		2		3	
名称				3.5t 散装水泥车		15t 塔式起重机		522kW 推土机	
定额依据				部颁〔2002〕3064		部颁〔2002〕4031		部颁〔2002〕1055	
一类费用	折旧费/元			9.67		45.43		313.34	
	修理及替换设备费/元			8.84		17.85		168.81	
	安装拆卸费/元					3.77		4.29	
	小计/元			18.51		67.05		486.44	
二类费用	类别	价格/元		定额数量	价格/元	定额数量	价格/元	定额数量	价格/元
	人工/工时	预算价	10.12	1.30	13.16	2.70	27.32	2.40	24.29
	汽油/kg	基价	3.075	5.9	18.14				
	柴油/kg	基价	2.99					74.9	223.95
	电/(kW·h)	预算价	0.80			45.4	36.32		
	小计/元				31.3		63.64		248.24
三类费用									
施工机械台时费/(元/台时)				49.81		130.69		734.68	
材料价差	汽油	价差	3.025	5.9	17.85				
	柴油	价差	2.21					74.9	165.53

依据上述计算方法，计算出工程所需的所有施工机械的台时费，将计算结果整理填入"施工机械台时费汇总表"，见表 3-11，以备编制建筑工程单价使用。

表 3-11　　　　施工机械台时费汇总表

序号	名称及规格	台时费/元	其中/元					价差/元
			折旧费	修理及替换设备费	安拆费	人工费	动力燃料费	
1	3.5t 散装水泥车	49.81	9.67	8.84		13.16	18.14	17.85
2	15t 塔式起重机	130.69	45.43	17.85	3.77	27.32	36.32	
3	522kW 推土机	734.68	313.34	168.81	4.29	24.29	223.95	165.53

第四节　施工用电、风、水预算价格

在水利工程施工过程中，风、水、电的耗用量非常大。作为特殊耗材，其定价的确定是提高工程概预算准确性的重要环节。在编制施工用风、水、电预算单价时，要按照施工组织设计确定的施工用风、水、电的布置方式、供应形式、设备供应情况或施工企业的实际资料等分别计算其单价。

一、施工用电预算价格

1. 施工用电分类

水利工程施工用电，一般有两种供电方式，即由国家或地方电网及其他电厂供电的外购电和由施工企业自建发电厂供电的自发电。

施工用电按用途可分为生产用电和生活用电两部分。生产用电是指直接计入工程成本的生产过程用电，包括施工机械用电、施工照明用电和其他生产用电；生活用电是指生活文化福利建筑的室内、外照明和其他生活用电。生活用电不直接用于生产，应在间接费内开支或由职工负担，不在施工用电电价计算范围内。水利工程概算中的电价计算范围仅指生产用电。

2. 外购电电价的计算

电网供电由于电源可靠，电价低廉，是水利工程施工的首选和主要电源。外购电价格由基本电价、电能损耗摊销费和供电设施维修摊销费组成。根据施工组织设计确定的供电方式以及不同电源的电量所占比例，按国家或工程所在省（自治区、直辖市）规定的电网电价和规定的加价进行计算。

（1）基本电价。指按国家或工程所在地规定由供电部门收取的供电价格。包括电网电价、电力建设基金及各种按规定的加价。基本电价按国家及各省（自治区、直辖市）物价主管部门规定的电价确定。

（2）电能损耗摊销费。指从施工企业与供电部门的产权分界处（供电单位收费计量点）起到现场各施工点最后一级降压变压器低压侧止，所有变配电设备和输配电线路上所发生的电能损耗摊销费。包括由高压电网到施工主变压器高压侧之间的高压输电线路损耗和由主变压器高压侧至现场各施工点最后一级降压变压器低压侧之间的变配电设备及配电线路损耗两部分。需要说明的是，从最后一级降压变压器低压侧至施工用电点的配电设备和输配电线路损耗，已包括在各施工设备、工器具的台时耗电定额内，电价中不再考虑。

电能损耗的计算方法有两种：一是按月平均总供电量（或典型月总供电量）用近似公式计算。这种方法从理论上讲有一定的科学性，但计算较复杂，在初步设计阶段，繁多的计算参数也不易确定，故一般不采用。二是按占供电量的百分率（即损耗率）计算。这种方法虽不够严谨，但因其建立在实际资料的基础上，因而比较可靠。一般高压输电线路损耗率可取3%～5%，变配电设备及配电线路损耗率可按4%～7%计取。线路短、用电负荷集中的取小值，反之取大值。

（3）供电设施维修摊销费。指摊入电价的变配电设备的大修理费、安装拆卸费、设备及输配电线路的运行维护费。

摊销费用的计算较繁琐，初步设计阶段的施工组织设计深度往往难于满足计算要求，故一般情况下都采用经验指标直接摊入电价的方法计算。一般供电设施维修摊销费取0.04～0.05元/(kW·h)。

综上所述，外购电电价计算公式为

$$\begin{aligned}\text{电网供电价格}&=\text{基本电价}+\text{电能损耗摊销费}+\text{供电设施维修摊销费}\\&=\text{基本电价}\div(1-\text{高压输电线路损耗率})\\&\quad\div(1-35\text{kV以下变配电设备及配电线路损耗率})\\&\quad+\text{供电设施维修摊销费(变配电设备除外)}\end{aligned}\tag{3-34}$$

3. 自发电电价的计算

自发电一般为柴油发电机组供电。供电成本较高，是远离电网的施工工地供电的主要方式，一般作为施工的备用电源或高峰用电时使用。

自发电价格由基本电价、电能损耗摊销费和供电设施维修摊销费组成。自发电的基本电价是指柴油发电机的发电成本。自发电的电能损耗摊销费是指从施工企业自建发电厂的出线侧至现场各施工点最后一级降压变压器低压侧，所有变配电设备和输配电线路上发生的电能损耗费用。同时，从最后一级降压变压器低压侧至施工用电点的施工设备和低压配电线路损耗，已包括在各施工设备、工器具的台时耗电定额内，电价中不再考虑。供电设施维修摊销费计算同外购电。

因为柴油发电机组供冷却水的方式有两种，其电价计算公式也不同。

(1) 当柴油发电机组用自设水泵供冷却水时，电价计算公式为

$$\begin{aligned}\text{柴油发电机供电价格}&=\frac{\text{柴油发电机组(台)时总费用}+\text{水泵组(台)时总费用}}{\text{柴油发电机额定容量之和}\times K}\\&\quad\div(1-\text{厂用电率})\div(1-\text{变配电设备及配电线路损耗率})\\&\quad+\text{供电设施维修摊销费}\end{aligned}\tag{3-35}$$

(2) 当柴油发电机组采用循环冷却水，不用水泵时，电价计算公式为

$$\begin{aligned}\text{柴油发电机供电价格}&=\frac{\text{柴油发电机组(台)时总费用}}{\text{柴油发电机额定容量之和}\times K}\div(1-\text{厂用电率})\\&\quad\div(1-\text{变配电设备及配电线路损耗率})\\&\quad+\text{单位循环冷却水费}+\text{供电设施维修摊销费}\end{aligned}\tag{3-36}$$

式中 K——发电机出力系数，一般取0.8～0.85。

式(3-36)中厂用电率取3%～5%；高压输电线路损耗率取3%～5%；变配电设备及配电线路损耗率取4%～7%；供电设施维修摊销费取0.04～0.05元/(kW·h)；单位循环冷却水费取0.05～0.07元/(kW·h)。

4. 综合电价的计算

若工程同时采用两种和两种以上供电电源，各用电量比例按施工组织设计确定，综合电价可由加权平均法求得。

$$\text{综合电价}=\text{电网电价}\times\text{供电比例}(A\%)+\text{柴油发电机供电价格}\times\text{供电比例}(1-A\%)\tag{3-37}$$

【例3-6】 某水利工程施工用电95%由电网供电，5%自备柴油发电机发电。已知电

网供电基本电价为 0.56 元/(kW·h)；损耗率高压线路取 4%，变配电设备和输电线路损耗率取 7%，供电设施摊销费为 0.05 元/(kW·h)，厂用电率取 4%。柴油发电机总容量为 1000kW，其中 1 台 200kW，2 台 400kW，并配备 3 台 3.7kW 水泵，供给冷却水；以上三种机械台时费分别为 140 元/台时、248 元/台时和 12 元/台时。试计算电网供电、自发电电价和综合施工用电预算价格。

解：(1) 电网供电价格。即

$$
\begin{aligned}
\text{电网供电价格} &= \text{基本电价} \div (1-\text{高压输电线路损耗率}) \\
&\quad \div (\text{变配电设备及配电线路损耗率}) + \text{供电设施维修摊销费} \\
&= 0.56 \div (1-4\%) \div (1-7\%) + 0.05 \\
&= 0.68[\text{元}/(\text{kW} \cdot \text{h})]
\end{aligned}
$$

(2) 自发电电价。K 取 0.83，则

$$
\begin{aligned}
\text{柴油发电机供电价格} &= \frac{\text{柴油发电机组(台)时总费用}+\text{水泵组(台)时总费用}}{\text{柴油发电机额定容量之和}\times K} \\
&\quad \div (1-\text{厂用电率}) \div (1-\text{变配电设备及配电线路损耗率}) \\
&\quad + \text{供电设施维修摊销费} \\
&= \frac{(140+248\times 2)+12\times 3}{1000\times 0.83} \div (1-4\%) \div (1-7\%) + 0.05 \\
&= 0.96[\text{元}/(\text{kW} \cdot \text{h})]
\end{aligned}
$$

(3) 综合施工用电预算价格。即

$$
\begin{aligned}
\text{综合施工用电预算价格} &= \text{电网供电价格} \times 95\% + \text{自发电电价} \times 5\% \\
&= 0.68 \times 95\% + 0.96 \times 5\% \\
&= 0.69[\text{元}/(\text{kW} \cdot \text{h})]
\end{aligned}
$$

二、施工用风预算价格

1. 施工用风分类

施工用风主要指在水利工程施工过程中用于开挖石方、混凝土、基础处理、设备安装等工程施工机械所需的压缩空气，如风钻、潜孔钻、风镐、凿岩台车、混凝土喷射机、风水枪等。

压缩空气一般由自建压缩系统供给。常用的有移动式空压机和固定式空压机。在大中型工程中，采用多台固定式空压机集中组成压气系统为主要风源，以移动式空压机为辅助风源。对于工程量小、布局分散的工程，常采用移动式空压机供风，此时可将其与不同施工机械配套，以空压机台时费乘以台时使用量直接计入工程单价，不再单独计算风价，相应风动机械台时费中不再计算台时耗风价。

2. 施工用风预算价格的计算

施工用风预算价格由基本风价、供风损耗摊销费和供风设施维修摊销费组成。其中，基本风价是根据施工组织设计所配置的供风系统设备，按台时总费用除以台时总供风量计算的单位风量价格；供风损耗摊销费是指由压气站至用风工作面的固定供风管道，在输送压气过程中所发生的风量损耗摊销费用。其大小与管路敷设质量好坏、管道直径、长短等有关。损耗率可按总用风量的 15%～20%计算，供风管路短的取小值，长的取大值。但风

动机械本身的用风及移动的供风管道损耗已包括在该机械的台时耗风定额内，不在风价中计算；供风设施维修摊销费指摊入风价的供风管道的维护修理费用。因该项费用数值较小，初步设计阶段常不进行具体计算，而采用经验指标值。因为空压机系统供冷却水的方式有两种，其施工用风价格的计算公式也不同。

（1）当空压机系统用自设水泵供冷却水时，风价计算公式为

$$\text{施工用风预算价格}=\frac{\text{空气压缩机组(台)时总费用}+\text{水泵组(台)时总费用}}{\text{空气压缩机额定容量之和}\times 60\text{min}\times K}\div(1-\text{供风损耗率})+\text{供风设施维修摊销费} \quad (3-38)$$

（2）当空压机系统采用循环冷却水，不用水泵时，风价计算公式为

$$\text{施工用风预算价格}=\frac{\text{空气压缩机组(台)时总费用}}{\text{空气压缩机额定容量之和}\times 60\text{min}\times K}\div(1-\text{供风损耗率})+\text{单位循环冷却水费}+\text{供风设施维修摊销费} \quad (3-39)$$

式中　K——能量利用系数，一般取0.70～0.85。式（3-38）中供风损耗率取6%～10%；单位循环冷却水费取0.007元/m^3；供风设施维修摊销费取0.004～0.005元/m^3。

【例3-7】 某水库大坝施工用风，共设置左坝区和右坝区两个压气系统，总容量为187m^3/min，配置40m^3/min的固定式空压机1台，台班预算价格为991.94元/台班，20m^3/min的固定式空压机6台，台班预算价格为601.06元/台班；9m^3/min的移动式空压机3台，台班预算价格为304.41元/台班，冷却用水泵7kW的2台，台班预算价格为59.20元/台班。其他资料：空气压缩机能量利用系数0.85，风量损耗率8%。供风设施维修摊销率0.004元/m^3，试计算施工用风预算价格。

解：（1）台时总费用：

$$(991.94+601.06\times 6+304.41\times 3+59.20\times 2)\div 8=703.74(\text{元/台时})$$

（2）施工用风预算价格：

$$\text{施工用风预算价格}=\frac{\text{空气压缩机组(台)时总费用}+\text{水泵组(台)时总费用}}{\text{空气压缩机额定容量之和}\times 60\text{min}\times K}\div(1-\text{供风损耗率})+\text{供风设施维修摊销费}$$

$$=\frac{703.74}{187\times 60\times 0.85}\div(1-8\%)+0.004=0.08\ (\text{元/m}^3)$$

三、施工用水预算价格

1. 施工用水分类

水利工程施工用水包括生产用水和生活用水。生产用水主要包括施工机械用水、砂石料筛洗用水、混凝土拌制养护用水、土石坝砂石料压实用水、钻孔灌浆用水等。生产用水水价是计算各种用水施工机械台时费用和工程单价的基础。生活用水指职工、家属的饮用水和洗涤用水，在间接费内开支或由职工自行负担，不计入施工用水水价之内。如果生产、生活用水采用同一系统供水，凡为生活用水而增加的费用（如净化药品费等）不应摊入生产用水的单价内。

2. 施工用水预算价格的计算

施工用水预算价格由基本水价、供水损耗摊销费和供水设施维修摊销费组成，根据施

工组织设计所配置的供水系统设备组（台）时总费用和组（台）时总有效供水量计算。

基本水价是根据施工组织设计确定的按施工高峰用水所配置的供水系统设备（不含备用设备），按台时产量计算的单位水量价格。基本水价大小与生产用水的工艺要求以及施工布置有关，如用水需作沉淀处理，扬程高等，则水价高，反之水价就低。

供水设施维修摊销费是指摊入水价的储水池、供水管路的单位维护修理费用。一般工程中生产用水与生活用水的摊销费难以分清，可按 0.04～0.05 元/m^3 摊入水价，大型工程或一、二级供水系统可取大值、中小型工程多级供水系统可取小值。

供水损耗摊销费是指施工用水在储存、输送、处理过程中造成的水量损失，用损耗率表示。蓄水池及输水管路的设计、施工质量和维修管理水平的高低对损耗率有直接影响，一般取 6%～10%。

施工用水预算价格计算公式为

$$\text{施工用水预算价格}=\frac{\text{水泵组(台)时总费用}}{\text{水泵额定容量之和}\times K}\div(1-\text{供水损耗率})+\text{供水设施维修摊销费} \tag{3-40}$$

式中 K——能量利用系数，一般取 0.75～0.85。式（3-40）中供水损耗率取 6%～10%；供水设施维修摊销费取 0.04～0.05 元/m^3。

施工用水预算价格计算中应注意下列问题。

（1）施工用水有循环用水时，预算价格要根据施工组织设计的供水工艺流程计算。

（2）供水系统为一级供水，台时总出水量按全部工作水泵的总出水量计。

（3）供水系统为多级供水时，供水全部通过最后一级水泵，台时总出水量按最后一级的出水量计，而台时总费用应包括所有各级工作水泵的台时费。

（4）供水系统为多级供水时，但供水量中有部分不通过最后一级水泵，而由其他各级分别供出，其台时总出水量为各级出水量之和。

（5）在生产、生活采用同一多级水泵系统供水时，如最后一级全部供生活用水，则最后一级的水泵台时费不应计算在台时总费用内，但台时总出水量应包括最后一级出水量。

（6）在计算台时总出水量和总费用时，在总出水量中如不包括备用水泵的出水量，则台时费中也不应包括备用水泵的台时费；反之，如计入备用水泵的出水量，在台时总费用中也应计入备用水泵的台时费。一般不计备用水泵。

（7）计算水泵台时的总出水量，宜根据施工组织设计配备的水泵型号、系统的实际扬程和水泵性能曲线确定。对施工组织设计提出的台时出水量，也应按上述方法进行验证，如相差较远，应在出水量或设备型号、数量上作适当调整，使之基本一致、合理。

【例 3-8】 某水利工程施工用水为二级泵站供水，一级泵站设 5 台 4DA8×5 水泵（其中备用一台），包括管道损失在内的扬程为 80m；二级泵站设 4 台 4DA8×8 水泵（其中备用一台），包括管道损失在内的扬程为 120m。按设计要求，一级泵站每班直接供给用户的水量为 100m^3，二级泵站每班供水量为 930m^3。已知水泵的出力系数为 0.80，损耗率 8%，摊销费 0.04 元/m^3，4DA8×5 水泵台班费 35.90 元，4DA8×8 水泵台班费 52.10 元。试计算该工程施工用水预算价格。

解： 台时总费用＝(35.90×4＋52.10×3)÷8＝37.49(元/台时)

$$台时总出水量=(100+930)\div 8=128.75(m^3)$$

$$施工用水预算价格=\frac{水泵组(台)时总费用}{水泵额定容量之和\times K}\div(1-供水损耗率)+供水设施维修摊销费$$

$$=\frac{37.49}{128.75\times 0.8}\div(1-8\%)+0.04=0.44(元/m^3)$$

第五节 砂石料预算价格

一、砂石料概念及分类

广义的砂石料是砂、卵（砾）石、碎石、块石、条石、料石等的统称。本节所说的砂石料是指砂砾料、砂、砾石、碎石等骨料的统称。按其来源不同可分为天然砂石料和人工砂石料两种。天然砂石料是经岩石风化和水流冲刷而形成的，经开采、筛分、冲洗而得的砂和石子。有河砂、山砂、海砂及河卵石、山卵石和海卵石等。人工砂石料是采用爆破等方式，开采岩体经加工而成的碎石和人工砂（机制砂）。大中型工程的砂石料一般由施工单位自行采备，小型工程一般可就近在市场上采购。外购砂石料的单价可按材料预算价格的编制方法进行编制。自行采备的砂石料必须单独编制单价。

二、自采砂石料价格计算的基础工作

1. 基本资料的收集

砂石料的采备方案是根据料场的具体情况、施工单位的设备情况和工程的施工组织等条件确定的，因此，选取砂石料生产工艺前，必须深入现场，调查研究。调查的主要内容包括以下几个方面。

（1）料场的位置、分布、地形条件、工程地质和水文地质特点、岩石种类及物理特性等。

（2）料场的储量及可开采量，设计砂石料用量。

（3）砂石料场的天然级配与设计级配，级配平衡计算成果。

（4）各料场覆盖层清理厚度、数量及其占毛料开采量的比例和清理方法。

（5）毛料的开采、运输、堆存方式。

（6）砂石料加工工序流程、成品堆放、运输方式及废渣处理方法。

2. 砂石料的主要生产工艺

（1）覆盖层清除。天然砂石料场表层的杂草、树木、腐殖土或风化及半风化岩石等覆盖物，在毛料开采前必须清理干净。

（2）毛料开采运输。指毛料从料场开采、运输到毛料暂存处（预筛分车间受料仓）的整个过程。

（3）原料堆存。储备料场砂砾料堆存待用，旨在调节砂砾料开采运输与加工之间的不平衡，也有因其他因素大量储备原料堆存待用的情况，具体储备料场设置位置、储备时间、储备数量应由施工组织设计确定。

（4）毛料的破碎、筛分、冲洗加工。天然砂石料的破碎、筛分、冲洗加工包括预筛分、超径石破碎、筛洗、中间破碎、二次筛分、堆存及废料清除等工序。人工砂石料的加工包括破碎（一般分粗碎、中碎，细碎）、筛分（一般分预筛、初筛，复筛）、清洗等过程，最终得到5种成品骨料，即砂和5～20mm、20～40mm、40～80mm、80～150mm 4组粒径的粗骨料。

（5）成品的运输。经过筛洗加工后的成品料，运至混凝土生产系统的储料场堆存。

三、自采砂石料预算价格的计算

水利工程砂石料由施工单位自行采备时，砂石料单价应根据料源情况、开采条件和工艺流程计算，并计取间接费、利润及税金。砂石料预算价格指从覆盖层清除、毛料开采、运输、堆存、破碎、筛分、冲洗、成品料运输、堆存到弃料处理等全部工序流程所发生的费用。

1. 计算方法

自采砂石料预算价格计算比较复杂，方法也较多，但常用的方法有三种，即系统单价法、工序单价法和典型相近的代表性设备配制法。

（1）系统单价法。系统单价法是以整个砂石料生产系统［从料源开采运输起到骨料运至拌和楼（场）骨料料仓（堆）的生产全过程］为计算单元，用系统的时（或班）生产总费用除以系统时（或班）骨料产量求得骨料单价。计算公式为

骨料预算价格＝系统的时(班)生产总费用÷系统时(班)骨料产量　　(3－41)

系统生产总费用中人工费按施工组织设计确定的劳动组合计算的人工数量乘以相应的人工单价求得；机械使用费按施工组织设计确定的机械组合所需机械型号、数量分别乘以相应的机械台时（班）预算价格（可用部颁施工机械台时费定额计算）；材料费可按有关定额计算。

系统产量应考虑施工期不同时期（初期、中期、末期）的生产不均匀性等因素，经分析计算后确定。系统单价法避免了影响计算成果准确性的损耗和体积变化这两个微妙问题，计算原理相对科学。但要求施工组织设计应达到一定的深度，系统的时（班）生产总费用计算才能准确；砂石生产系统时（班）平均产量值的确定难度较大，有一定程度的任意性。所以，该方法实用性不强。

（2）工序单价法。工序单价法是将砂石料生产系统，分解成若干个工序，以工序为计算单元，先计算工序单价，再计入施工损耗求得骨料单价。按计入损耗的方式，又可分为两种。

1）综合系数法。按各工序计算出骨料单价后，一次计入损耗，即各工序单价之和乘以综合系数。则

骨料预算价格＝覆盖层清除摊销费＋弃料处理摊销费＋各工序单价之和×综合系数　　(3－42)

综合系数法计算简捷方便，但这种笼统地以综合系数来简化处理复杂的损耗问题，难以反映工程实际。

2）单价系数法。将各工序的损耗和体积变化，以工序流程单价系数的形式计入各工序单价。该方法概念明确，结构科学，易于结合工程实际。

骨料预算价格＝覆盖层清除摊销费＋弃料处理摊销费＋$\sum$(工序单价×单价系数)　　(3－43)

3）典型相近的代表性设备配制法。水利部2002年定额按不同规模，列出了通用工艺设备。砂石的加工工艺可进行模块化组合，根据组合情况进行计算。考虑市场因素，自采砂石料的某些生产过程若委托给别的企业，则预算价格可包括间接费、利润和税金等，但注意计算工程单价时不能重复计算间接费、利润和税金等费用。用“典型相近的代表性设备配制法”计算砂石料的预算价格是目前水利部2002年定额推荐采用的方法。

2. 几项基本系数

（1）松实系数：砂石料的自然容重与堆方容重之比称为松实系数。土石方工程的定额计量单位有自然方、松方、实方，其三者转换系数称为土石方的松实系数（块石实方是堆石坝坝体方，块石松方是块石堆方）。土石方工程的定额计量见表3-12。

表3-12　　土石方工程的定额计量

项目	自然方	松方	实方	码方
土方	1	1.33	0.85	
石方	1	1.53	1.31	
砂方	1	1.07	0.94	
混合料	1	1.19	0.88	
块石	1	1.75	1.43	1.67

（2）获得率：从天然砂石料场开采的砂石料，由于含有杂质、泥土以及级配组合与设计要求不相同而有部分不能利用，成品骨料总量与毛开采量之比称为获得率。

（3）施工损耗率：施工损耗包括运输、加工和堆存过程中的损耗。砂石在开采过程中的损耗已包括在获得率中，因此施工损耗率中不包括开采过程中的损耗。施工损耗率就是上述各损耗量占成品骨料总量的比例。

3. 计算参数的确定

（1）覆盖层清除摊销率。

$$覆盖层清除摊销率=覆盖层清除量\div成品骨料总量\times100\% \tag{3-44}$$

（2）弃料处理摊销率。砂石料加工过程中，不可避免会产生部分不合格或不能用的弃料，包括级配弃料、超径弃料以及施工损耗。其中施工损耗在工序单价系数中考虑，级配弃料和超径弃料用弃料处理摊销率表示。计算公式为

$$弃料处理摊销率=弃料量\div成品骨料总量\times100\% \tag{3-45}$$

4. 各工序价格的计算

根据自采砂石料的生产工艺流程，确定各工序的价格。

（1）覆盖层清除费用。该工序单价应根据施工组织设计确定的开挖方式，套用概预算定额计算，然后根据覆盖层清除摊销率摊入砂石料成品预算价格中。

（2）毛料开采运输费用。该工序费用计算应根据施工组织设计确定的施工方法及选用的机械规格和型号，选用概预算定额计算。

（3）毛料的破碎、筛分、冲洗加工费用。应根据施工组织设计确定的施工机械、施工方法，套用概预算定额进行计算。

（4）成品的运输费用。运输方式根据施工组织设计确定，运输单价采用概预算相应的

子目计算。当砂石料运输机械通过公共道路向交通部门交纳养路费时，其费用应计入砂石料的预算价格中。

（5）弃料处理费用。应根据施工组织设计确定的施工机械、施工方法，套用概预算定额进行弃料处理的单价计算。然后根据弃料处理摊销率摊入成品骨料单价中。

5. 计算步骤

（1）砂石料级配平衡计算。根据地质勘探资料，编制砂砾料天然级配表；根据混凝土、砂浆的配比列表计算骨料需要量；然后根据天然级配表、骨料需要量进行砂石料级配平衡计算。若骨料级配供求不平衡，则需进行调整。如砾石多而缺砂时，可用砾石制砂，中小石不足时可用超径石或大石破碎补充。

（2）拟定砂石生产流程和工厂规模。砂石生产流程可根据具体情况拟定，砂石加工厂规模由施工组织设计确定。根据水利水电工程施工组织设计规范规定，砂石加工厂的生产能力应按混凝土高峰时段（3～5 个月）月平均骨料需用量及其他砂石需用量计算。工厂生产时间，通常为每日二班制，高峰时为三班制，每月有效工作小时可按 360 小时计。小型工程的砂石加工厂按一班制生产时，每月有效工作小时按 180 小时计。计算求得需要成品的小时生产能力后，即可求得按进料量计的小时处理能力，据此套用相应定额。

（3）选用定额计算工序单价，确定单价系数，各工序单价乘单价系数之和组成基本单价。

（4）选用合适定额计算覆盖层清除单价、弃料处理单价，并计算覆盖层清除摊销率和弃料处理摊销率；单价和相应的摊销率相乘之和即为附加单价。

（5）砂石料的基本单价与附加单价之和组成砂石料的预算价格。

一般情况下，砂石料作为一种材料，在用定额计算工序单价时，只计算人工费、材料费和机械费，不计算别的费用。若某些生产过程委托给别的企业，则可计算其他费用，但在编制工程单价时，注意不要重复计算。

【例 3－9】 某施工企业自行采备砂石料，①采取的工艺流程如下：覆盖层清除-毛料开采运输-预筛分、超径破碎运输-筛洗、运输-成品骨料运输；②工序单价为：覆盖层清除单价 11 元/m^3，弃料运输单价 12.5 元/m^3，粗骨料加工：毛料开采运输单价 10.9 元/m^3，预筛分、超径破碎运输单价 7.56 元/m^3，筛洗、运输单价 9.3 元/m^3，成品骨料运输单价 7.78 元/m^3，砂制备：毛料开采运输单价 14 元/m^3，预筛分、超径破碎运输单价 7.15 元/m^3，筛洗、运输单价 8.21 元/m^3，成品骨料运输单价 15.06 元/m^3；③设计砂石料用量 140 万 m^3，其中粗骨料 98 万 m^3，砂 42 万 m^3，料场覆盖层 16 万 m^3，成品储备量 148 万 m^3，超径弃料 3.5 万 m^3，粗骨料级配弃料 23.5 万 m^3，砂级配弃料 5.15 万 m^3，求该工程的砂石料单价。

解：（1）基本单价计算：

$$粗骨料基本单价=10.9+7.56+9.3+7.78=35.54(元/m^3)$$

$$砂基本单价=14+7.15+8.21+15.06=44.42(元/m^3)$$

（2）附加单价计算：

$$覆盖层清除单价=11\times16/148=1.19(元/m^3)$$

$$超径石处理单价=(10.9+7.56+12.5)\times3.5/98=1.11(元/m^3)$$

$$粗骨料级配处理单价=(10.9+7.56+9.3+12.5)\times23.5/98=9.65(元/m^3)$$

砂级配处理单价＝(14＋7.15＋8.21＋12.5)×5.15/42＝5.13(元/m^3)

(3) 粗骨料预算价格＝35.54＋1.19＋1.11＋9.65＝47.49(元/m^3)

(4) 砂预算价格＝44.42＋1.19＋5.13＝50.74(元/m^3)

四、外购砂石料预算价格

对于一些工程，因当地砂石料缺乏或料场储量不能满足工程需要，或者因砂石料用量较少，不宜自采砂石料时，可从附近砂石料场采购。

外购砂石料预算价格按材料预算价格计算办法，根据市场实际情况和有关规定计算。它包括原价、运杂费、损耗、采购保管费4项费用，其计算公式为

外购砂石预算价格＝(原价＋运杂费)×(1＋损耗率)×(1＋采购保管费率)　　(3-46)

原价指砂石料产地的销售价。运杂费指由砂石料产地运至工地砂石料堆料场所发生的运输费、装卸费等。据统计，每转运一次的运输损耗率为：砂子1.5%，石子1%。

堆存损耗率＝砂(石)料仓(堆)的容积×4%(石子用2%)

÷通过砂(石)料仓(堆)的总堆存量×100%　　(3-47)

根据《编制规定》，砂石料的采购保管费为3%，根据《调整办法》的规定，在此计算标准上乘以1.1的调整系数。

五、材料补差

根据《编制规定》，外购砂、碎石（砾石）、块石、料石等材料预算价格超过70元/m^3时，应按基价70元/m^3计入工程单价参与取费，预算价格与基价的差额以材料补差形式进行计算，材料补差列入单价表中并计取税金。

第六节　水泥砂浆与混凝土材料预算价格

一、混凝土、砂浆配合比及材料用量

(一) 混凝土、砂浆配合比

在计算混凝土、砂浆材料单价时，首先要根据设计情况，考虑采购、管理等方便正确地选用混凝土、砂浆的配合比。参见《水利建筑工程概算定额》附录“混凝土、砂浆配合比及材料用量表”。

1. 纯混凝土材料配合比及材料用量

纯混凝土材料配合比及材料用量见表3-13。

表3-13　　纯混凝土材料配合比及材料用量

序号	混凝土强度等级	水泥强度等级	水灰比	级配	最大粒径/mm	配合比			预算量					
						水泥	砂	石子	水泥/kg	粗砂		卵石		水/m^3
										kg	m^3	kg	m^3	
1	C10	32.5	0.75	1	20	1	3.69	5.05	237	877	0.58	1218	0.72	0.170
				2	40	1	3.92	6.45	208	819	0.55	1360	0.79	0.150
				3	80	1	3.78	9.33	172	653	0.44	1630	0.95	0.125
				4	150	1	3.64	11.65	152	555	0.37	1792	1.05	0.110

续表

序号	混凝土强度等级	水泥强度等级	水灰比	级配	最大粒径/mm	配合比			预算量					
						水泥	砂	石子	水泥/kg	粗砂		卵石		水/m^3
										kg	m^3	kg	m^3	
2	C15	32.5	0.65	1	20	1	3.15	4.41	270	853	0.57	1206	0.70	0.170
				2	40	1	3.20	5.57	242	777	0.52	1367	0.81	0.150
				3	80	1	3.09	8.03	201	623	0.42	1635	0.96	0.125
				4	150	1	2.92	9.89	179	527	0.36	1799	1.06	0.110
3	C20	32.5	0.55	1	20	1	2.48	3.78	321	798	0.54	1227	0.72	0.170
				2	40	1	2.53	4.72	289	733	0.49	1382	0.81	0.150
				3	80	1	2.49	6.80	238	594	0.40	1637	0.96	0.125
				4	150	1	2.38	8.55	208	498	0.34	1803	1.06	0.110
		42.5	0.6	1	20	1	2.80	4.08	294	827	0.56	1218	0.71	0.170
				2	40	1	2.89	5.20	261	757	0.51	1376	0.81	0.150
				3	80	1	2.82	7.37	218	618	0.42	1627	0.95	0.125
				4	150	1	2.73	9.29	191	522	0.35	1791	1.05	0.110

注 本表仅摘录了定额附录的一部分。

2. 水泥砂浆材料配合比

水泥砂浆材料配合比见表3-14和表3-15。

表3-14 砌筑砂浆材料配合比表

序号	强度等级	32.5#水泥/kg	砂/m^3	水/m^3
1	M5	211	1.13	0.127
2	M7.5	261	1.11	0.157
3	M10	305	1.10	0.183
4	M12.5	352	1.08	0.211
5	M15	405	1.07	0.243
6	M20	457	1.06	0.274
7	M25	522	1.05	0.313
8	M30	606	0.99	0.364
9	M40	740	0.97	0.444

表3-15 接缝砂浆配合比表

编号	砂浆等级	体积配合比		矿渣大坝水泥		纯大坝水泥		砂/m^3	水/m^3
		水泥	砂	强度等级	数量/kg	强度等级	数量/kg		
1	M10	1	3.1	32.5	406			1.08	0.27
2	M15	1	2.6	32.5	469			1.05	0.27
3	M20	1	2.1	32.5	554			1	0.27

续表

编号	砂浆等级	体积配合比		矿渣大坝水泥		纯大坝水泥		砂 /m^3	水 /m^3
		水泥	砂	强度等级	数量/kg	强度等级	数量/kg		
4	M25	1	1.9	32.5	633			0.94	0.27
5	M30	1	1.8			42.5	625	0.98	0.266
6	M35	1	1.5			42.5	730	0.93	0.266
7	M40	1	1.3			42.5	789	0.9	0.266

（二）混凝土、砂浆配合比有关说明

（1）除碾压混凝土材料配合比参考表（见概算定额附录部分）外，水泥混凝土强度等级均以28d龄期用标准试验方法测得的具有95%保证率的抗压强度标准值确定，如设计龄期超过28d，按表3-16系数换算。计算结果如介于两种强度等级之间，应选用高一级的强度等级。

表3-16　　混凝土各龄期强度等级折算系数

设计龄期/d	28	60	90	180
强度等级折算系数	1	0.83	0.77	0.71

（2）混凝土配合比表系卵石、粗砂混凝土，如改用碎石或细砂，按表3-17系数换算。

表3-17　　骨料不同混凝土配合比换算系数

项　目	水泥	砂	石子	水
卵石换为碎石	1.10	1.10	1.06	1.10
粗砂换为中砂	1.07	0.98	0.98	1.07
粗砂换为细砂	1.10	0.96	0.97	1.10
粗砂换为特细砂	1.16	0.90	0.95	1.16

注　水泥按重量计，砂、石子、水按体积计。

（3）混凝土细骨料的划分标准为

细度模数3.19～3.85（或平均粒径1.2～2.5mm）为粗砂；

细度模数2.5～3.19（或平均粒径0.6～1.2mm）为中砂；

细度模数1.78～2.5（或平均粒径0.3～0.6mm）为细砂；

细度模数0.9～1.78（或平均粒径0.15～0.3mm）为特细砂。

（4）埋块石混凝土，应按配合比表的材料用量，扣除埋块石实体的数量计算。

1）埋块石混凝土材料量＝配合表列材料用量×(1－埋块石率%)

$$1\text{块石实体方}=1.67\text{码方} \tag{3-48}$$

2）因埋块石增加的人工见表3-18。

表 3-18　　**埋块石混凝土增加的工时表**

埋块石率/%	5	10	15	20
每 100m^3埋块石混凝土增加的人工工时	24.0	32.0	42.4	56.8

注　不包括块石运输及影响浇筑的工时。

(5) 有抗渗抗冻要求时，按表 3-19 水灰比选用混凝土强度等级。

表 3-19　　**抗渗（冻）等级与水灰比关系表**

抗渗等级	水灰比	抗冻等级	水灰比
W4	0.60～0.65	F50	<0.58
W6	0.55～0.60	F100	<0.55
W8	0.50～0.55	F150	<0.52
W12	<0.50	F200	<0.50
		F300	<0.45

(6) 除碾压混凝土材料配合比参考表外，混凝土配合比表的预算量包括场内运输及操作损耗在内。不包括搅拌后（熟料）的运输和浇筑损耗，搅拌后的运输和浇筑损耗已根据不同浇筑部位计入定额内。

(7) 水泥用量按机械拌和拟定，若采用人工拌和，水泥用量增加 5%。

(8) 按照国际标准 ISO3893 的规定，且为了与其他规范相协调，将原规范混凝土及砂浆标号的名称改为混凝土或砂浆强度等级。新强度等级与原标号对照见表 3-20 和表 3-21。

表 3-20　　**混凝土新强度等级与原标号对照表**

原用标号/(kgf/cm^2)	100	150	200	250	300	350	400
新强度等级 C	C10	C15	C20	C25	C30	C35	C40

表 3-21　　**砂浆新强度等级与原标号对照表**

原标号/(kgf/cm^2)	30	50	75	100	125	150	200	250	300	350	400
新强度等级 M	M3	M5	M7.5	M10	M12.5	M15	M20	M25	M30	M35	M40

(9) 在计算砂浆材料单价时，若采用的水泥强度等级与表 3-14、表 3-15 不同，可按表 3-22 的系数进行换算。

表 3-22　　**水泥强度等级换算系数参考表**

强度等级	32.5	42.5	52.5
32.5	1.00	0.86	0.76
42.5	1.16	1.00	0.88
52.5	1.31	1.13	1.00

二、混凝土材料预算价格计算

混凝土材料预算价格是指按级配计算的砂、水泥、水、掺合料和外加剂等每立方米混凝土的材料费用的价格。不包括拌制、运输、浇筑等工序的费用，也不包括除搅拌损耗外的施工操作损耗及超填量等。

在计算混凝土材料预算价格时，应根据设计确定的不同工程部位的混凝土强度等级、级配和龄期，分别计算出每立方米混凝土材料单价，计入相应的混凝土工程概算单价内。其混凝土配合比的各项材料用量，应根据工程试验提供的资料计算。若无试验资料时，可参照《水利建筑工程概算定额》附录 7“混凝土、砂浆配合比及材料用量表”及混凝土配合比的调整规定计算。若砂石料的预算价格超过 70 元/m³，水泥的预算价格超过 255 元/t，还应算出每方混凝土的价差。

当采用商用混凝土时，其材料单价应按基价 200 元/m³ 计入工程单价参与取费，预算价格与基价的差额以材料补差形式进行计算，材料补差列入单价表中并计取税金。

【例 3-10】 某水利工程设计采用 C20 混凝土闸墩，若当地材料预算价为①42.5 水泥 300 元/t，卵石 45 元/m³，粗砂 50 元/m³，水 0.75 元/m³；②42.5 水泥 300 元/t，碎石 72 元/m³，中砂 60 元/m³，水 0.75 元/m³。试分别计算混凝土材料单价。

解：（1）混凝土最大粒径取 40mm。查表 3-13，水泥用量为 261kg，水泥的单价应按基价 255 元/t 计算，水泥的材差为 300－255＝45 元/t。则混凝土材料基价＝261×0.255＋0.81×45＋0.51×50＋0.15×0.75＝128.62 元/m³；价差＝261×0.045＝11.75 元/m³。混凝土材料单价计算见表 3-23。

表 3-23　混凝土材料单价计算表

混凝土强度等级	水泥标号	级配	水泥		石子		砂		水		基价/(元/m³)	价差/(元/m³)
			预算量/kg	价格/元	预算量/m³	价格/元	预算量/m³	价格/元	预算量/m³	价格/元		
C20	42.5	2	261	66.56	0.81	36.45	0.51	25.50	0.15	0.11	128.62	11.75

（2）混凝土最大粒径取 40mm。水泥的单价应按基价 255 元/t 计算，水泥的价差为 300－255＝45 元/t。碎石的单价应按限价 70 元/m³ 计算，碎石的价差为 72－70＝2 元/m³。另外，卵石换为碎石，粗砂换为中砂，混凝土配合比按表 3-17 调整，调整系数为：水泥 1.1×1.07＝1.177，砂 1.1×0.98＝1.078，石子 1.06×0.98＝1.039，水 1.1×1.07＝1.177。对 C20 混凝土，每 m³ 混凝土各材料预算量分别为：水泥 261×1.177＝307kg，石子 0.81×1.039＝0.84m³，砂 0.51×1.078＝0.55m³，水 0.15×1.177＝0.18m³。则混凝土材料基价＝307×0.255＋0.84×70＋0.55×60＋0.18×0.75＝170.23 元/m³；价差＝307×0.045＋0.84×2＝15.50 元/m³。将各计算数据填入表 3-24 中。

表 3-24　混凝土材料单价计算表

混凝土强度等级	水泥标号	级配	水泥		石子		砂		水		基价/(元/m³)	价差/(元/m³)
			预算量/kg	价格/元	预算量/m³	价格/元	预算量/m³	价格/元	预算量/m³	价格/元		
C20	42.5	2	307	78.29	0.84	58.80	0.55	33	0.18	0.14	170.23	15.50

三、砂浆材料预算价格计算

砂浆材料预算价格计算方法除配合比中无粗骨料，配合比参考表3-14和表3-15外，其他完全同混凝土，在此不再赘述。

习 题

1. 按现行《编制规定》计算当地建一河道工程的各级（工长、高级工、中级工、初级工）人工预算单价。

2. 某一大坝工程，其中级工的人工预算单价6.45元/工时，柴油预算单价为6.32元/kg，依据《水利工程施工机械台时费定额》及《调整办法》的规定得出，32t自卸汽车的一类费用为205.08元/台时，二类费用中，人工为1.3工时，柴油耗量为25.5kg/台时，试计算上述机械的台时费。

3. 某水利工程施工用电96%由电网供电，4%自备柴油发电机发电。已知电网供电基本电价为0.56元/(kW·h)；损耗率高压线路取6%，变配电设备和输电线路损耗率取10%，供电设施维修摊销费取0.035元/(kW·h)，厂用电率取5%；柴油发电机发电的基本电价为0.92元/(kW·h)，变配电设备和输电线路损耗率取10%，供电设施摊销费取0.035元/(kW·h)，厂用电率取5%；试计算电网供电、自发电电价和综合施工用电预算价格。

第四章　工 程 单 价 编 制

水利工程概预算项目划分为工程部分、建设征地移民补偿、环境保护工程、水土保持工程4部分。工程部分包括建筑工程、机电设备及安装工程、金属结构设备及安装工程、施工临时工程、独立费用5大部分。其中，建筑、安装工程概预算构成项目划分中工程部分的前三部分，是概预算文件的重要组成部分。

第一节　工程单价的概念、内容

一、工程单价的概念

建筑、安装工程单价，简称工程单价，是指完成建筑工程单位工程量（如1 m^3、100 m^3、1t等）所耗用的直接费、间接费、利润、材料补差和税金5部分的总和。工程单价是编制水利建筑、安装工程投资的基础，它直接影响工程总投资的准确程度。建筑、安装工程的主要项目均应计算概预算单价，据此编制工程概预算。

在初步设计阶段使用概算定额查定人工、材料、机械台时消耗量，最终算得工程概算单价；在施工图设计阶段使用预算定额查定人工、材料、机械台时消耗量，最终算得工程预算单价。也可以说工程单价是指以价格形式表示的完成单位工程量所耗用的全部费用。工程概算单价和工程预算单价统称为工程单价。

水利工程建设项目中建筑工程项目较多，例如大坝、船闸、泵站、渠道、隧洞等建筑物、构筑物，同时也比较复杂，但就其工程内容和工种类别而言，都有其共同点，它的内容包括有：土方工程、石方工程、堆砌石工程、混凝土浇筑工程、模板工程、基础处理工程、其他建筑工程等。这就为我们编制概预算提供了可遵循的一般规律。

二、工程单价的内容

工程单价由“量、价、费”三要素组成。“量”是指完成单位建筑工程量、完成一定数量合格建筑或安装工程产品所消耗的人工、材料和施工机械台时数量；“价”是指人工预算单价、材料预算价格和施工机械台时费等基础单价；“费”是指按规定计人工程单价的其他直接费、间接费、利润和税金等；根据《编制规定》还应考虑材料补差。其中人工、材料和施工机械台时的数量应当根据设计图纸、施工组织设计等资料，选用合适的概预算定额确定。

第二节　建筑工程单价的编制方法

建筑工程单价是工程概预算的一个特有的概念，由于建筑产品的特殊性及其定价的特点，没有相同的建筑产品及其价格，无法对整个建筑产品定价，但不同的建筑产品经过分解可以得到比较简单而相同的基本构成要素，完成相同基本构成要素的人工、材料、机械台时消耗量相同。因此，施工方法或工艺确定后，可以从确定其基本构成要素的费用入手，由工程定额查定完成单位（如 $1m^3$、1 台、1t）基本构成要素的人工、材料、机械台时消耗量，查定的各种基本构成要素的消耗量与各自的预算价格（基础单价）相乘再加起来就是单位基本构成要素的基本直接费（如元/m^3、元/台、元/t）；再按有关取费费率可计算其他直接费、间接费、利润；然后根据材料预算价格和材料基价的差价乘以材料消耗量得到材料补差；再以直接费（包括基本直接费和其他直接费）、间接费、利润和材料补差为基础计算税金；最后将求得的直接费（包括基本直接费和其他直接费）、间接费、利润、材料补差和税金相加，即得单位基本构成要素的价格，亦称为建筑、安装工程单价。上述计算工作称为工程单价的编制，也称为单价分析或单位估价。

一、建筑工程单价编制依据

（1）国家及省、市、自治区颁发的有关法令、法规、制度、规程。

（2）已批准的设计文件，包括初步设计书、技术设计书和设计图纸等。

（3）现行水利工程概预算定额、有关水利工程设计概（估）算费用构成及计算标准。

（4）工程所在地区施工企业的工人工资标准及有关文件政策。

（5）本工程使用的材料预算价格及电、水、风、砂、石料等基础单价。

（6）各种有关的合同、协议、决定及资金筹措方案等。

二、建筑工程单价编制步骤

（1）了解工程概况，收集基本资料、熟悉设计图纸，弄清工程地质条件，确定取费标准。

编制工程单价要对工程情况进行充分了解。首先，要熟悉设计图纸，将工程项目内容、工程部位搞清楚，了解设计意图；其次，要深入工程现场了解工程现场情况，收集与工程概算有关的基本资料；第三，还要对施工组织设计（包括施工导流等主要施工技术措施）进行充分研究，了解施工方法、措施、运输距离、机械设备、劳动力配备等情况，以便正确合理编制工程单价。

（2）根据工程特征和施工组织设计确定的施工条件、施工方法及设备情况，正确选用定额子目。

（3）根据本工程的基础单价和有关费用标准，计算工程直接费、间接费、利润、材料补差和税金，并加以汇总。

三、建筑工程单价编制的方法

建筑工程单价的编制通常采用列表法，所得表格称为建筑工程单价表。编制工程单价有规定的表格格式。水利部现行编制规定的建筑工程单价计算程序见表 4－1。按下列方法编制建筑工程单价表。

(1) 按定额编号、工程名称、定额单位等分别填入表中相应栏内。其中：“名称及规格”一栏，应填写详细和具体，如施工机械的型号、混凝土的标号等。

(2) 将定额中的人工、材料、机械台时消耗量，以及相应的人工预算单价、材料预算价格和机械台时费分别填入表中各栏。

(3) 按“消耗量×单价”得出相应的人工费、材料费和机械使用费，相加得出基本直接费。

(4) 根据规定的取费基数和费率标准，计算其他直接费、间接费和利润。

(5) 按照《营改增》的规定，根据材料预算价格和材料基价之间的差价乘以材料消耗量计算材料补差。

(6) 以直接费（包括基本直接费和其他直接费）、间接费、利润和材料补差为基础计算税金。（税金指应计入建筑安装费用内的增值税销项税额，税率为11%。自采砂石料税率为3%）。

(7) 将计算出的直接费、间接费、利润、材料补差和税金汇总即得出该工程单位产品的价格，即工程单价。

表4-1　　建筑工程单价计算程序表

序号	名称及规格	计算方法
(一)	直接费	(1)+(2)
(1)	基本直接费	①+②+③
①	人工费	定额劳动量（工时）×人工预算单价
②	材料费	定额材料用量×材料预算单价
③	机械使用费	定额机械（台时）×施工机械台时费
(2)	其他直接费	(1)×其他直接费费率之和
(二)	间接费	(一)×间接费费率
(三)	利润	[(一)+(二)]×利润率
(四)	材料补差	（材料预算价格−材料基价）×材料消耗量
(五)	税金	[(一)+(二)+(三)+(四)]×税率
(六)	建筑工程单价	(一)+(二)+(三)+(四)+(五)

注　建筑工程单价含有未计价材料（如输水管道）时，其格式参照安装工程单价。

四、编制建筑工程概算单价时应注意的问题

(1) 使用现行《水利建筑工程概算定额》时，必须熟悉定额的总说明、章节说明及定额表附注，根据设计所确定的有关技术条件（如石方开挖工程的岩石等级、断面尺寸、开挖与出渣方式、开挖与运输设备的型号及规格、弃渣运距等），选用《水利建筑工程概算定额》的相应子目。

(2) 现行《水利建筑工程概算定额》中没有的工程项目，可编制补充定额。对于非水利专业工程，按照专业专用的原则，执行有关专业部颁发的相应定额，如公路工程执行交通部《公路工程设计概算定额》、铁路工程执行铁道部《铁路工程设计概算定额》等。

(3) 现行《水利建筑工程概算定额》虽有类似定额，但其技术条件有较大差异时，应编制补充定额，作为编制概算单价的依据。

(4) 现行《水利建筑工程概算定额》各定额子目中，已按现行施工规范和有关规定，计入了不构成建筑工程单位实体的各种施工操作损耗、允许的超挖及超填量、合理的施工附加量及体积变化等所需增加的人工、材料及机械台时消耗量，编制设计概算时，应一律

按设计结构工程量（按设计几何轮廓尺寸计算的工程量）作为编制建筑工程概算的依据。

（5）现行《水利建筑工程概算定额》中的材料及其他材料费，按目前水利工程平均消耗水平列量；定额中的施工机械台（组）时（班）数量及其他机械使用费，按水利工程常用施工机械和典型施工方法的平均水平列量。编制概算单价时，除定额中规定允许调整外，均不得对定额中的人工、材料、施工机械台（组）时（班）数量及施工机械的名称、规格、型号进行调整。

（6）如定额参数（建筑物尺寸、运距等）介于概算定额两子目之间，可用插入法调整定额。调整方法如下：

$$A=(C-B)\times(a-b)/(c-b)+B \tag{4-1}$$

式中 A——所求定额数；

B——小于 A 而接近 A 的定额数；

C——大于 A 而接近 A 的定额数；

a——A 项定额参数；

b——B 项定额参数；

c——C 项定额参数。

（7）定额中有关共同性的规定。

1）土壤、岩石分类。土壤和岩石的性质，根据勘探资料确定。编制土石方工程单价时，应按地质专业提供的资料，确定相应的土石方级别。在概预算定额中，土质级别及岩石级别均按土石 16 类分级法划分。土质级别划分见表 4－2，岩石级别划分见表 4－3。

表 4－2　　　　一般工程土类分级表

土质级别	土质名称	自然湿密度/(kg/m³)	外形特征	开挖方法
Ⅰ	1. 砂土 2. 种植土	1650～1750	疏松，黏着力差，或易透水，略有黏性	用锹或略加脚踩开挖
Ⅱ	1. 壤土 2. 淤泥 3. 含壤种植土	1750～1850	开挖时能成块，并易打碎	用锹且需脚踩开挖
Ⅲ	1. 黏土 2. 干燥黄土 3. 干淤泥 4. 含少量砾石黏土	1800～1950	黏手，看不见砂粒，或干硬	用镐、三齿耙开挖或用锹需用力加脚踩开挖
Ⅳ	1. 坚硬黏土 2. 砾质黏土 3. 含卵石黏土	1900～2100	土壤结构坚硬，将土分裂后成块状或含黏粒砾石较多	用镐、三齿耙开挖

2）石方松实系数。土石方工程的计量单位，分别为自然方、松方和实方。这三者之间的体积换算关系通常称为土石方松实系数。其中，自然方是指未经扰动的自然状态下的体积，松方是指经过开挖松动了的体积，实方则指经过回填压实的体积。编制概算单价时，宜按设计提供的干密度、空隙率等有关资料进行换算。

表 4-3　　岩石类别分级表

岩石级别	岩石名称	实体岩石自然湿度时的平均容重/(kg/m³)	净钻时间/(min/m) 用直径 30mm 合金钻头，凿岩机打眼（工作气压为 4.5 气压）	净钻时间/(min/m) 用直径 30mm 淬火钻头，凿岩机打眼（工作气压为 4.5 气压）	净钻时间/(min/m) 用直径 25mm 钻杆，人工单人打眼	极限抗压强度/(kg/cm²)	强度系数 f
Ⅴ	1. 砂藻土及软的白垩岩	1500		≤3.5	≤30	≤200	1.5～2
	2. 硬的石炭纪的黏土	1950					
	3. 胶结不紧的砾岩	1900～2200					
	4. 各种不坚实的页岩	2000					
Ⅵ	1. 软的有孔隙的节理多的石灰岩及贝壳石灰岩	2200		4 (3.5～4.5)	45 (30～60)	200～400	2～4
	2. 密实的白垩	2600					
	3. 中等坚实的页岩	2700					
	4. 中等坚实的泥灰岩	2300					
Ⅶ	1. 水成岩卵石经石灰质胶结而成的砾石	2200		6 (4.5～7)	78 (61～95)	400～600	4～6
	2. 风化的节理多的黏土质砂岩	2200					
	3. 坚硬的泥质页岩	2800					
	4. 坚实的泥灰岩	2500					
Ⅷ	1. 角砾状花岗岩	2300	6.8 (5.7～7.7)	8.5 (7.1～10)	115 (96～135)	600～800	6～8
	2. 泥灰质石灰岩	2300					
	3. 黏土质砂岩	2200					
	4. 云母页岩及砂质页岩	2300					
	5. 硬石膏	2900					
Ⅸ	1. 软的风化较甚的花岗岩、片麻岩及正常岩	2500	8.5 (7.8～9.2)	11.5 (10.1～13)	157 (136～175)	800～1000	8～10
	2. 滑石质的蛇纹岩	2400					
	3. 密实的石灰岩	2500					
	4. 水成岩卵石经硅质胶结的砾岩	2500					
	5. 砂岩	2500					
	6. 砂质石灰质的页岩	2500					
Ⅹ	1. 白云岩	2700	10 (9.3～10.8)	15 (13.1～17)	195 (176～215)	1000～1200	10～12
	2. 坚实的石灰岩	2700					
	3. 大理石	2700					
	4. 石灰质胶结的致密的砂岩	2600					
	5. 坚硬的砂质页岩	2600					

续表

岩石级别	岩石名称	实体岩石自然湿度时的平均容重/(kg/m³)	净钻时间/(min/m)			极限抗压强度/(kg/cm²)	强度系数 *f*
			用直径 30mm 合金钻头，凿岩机打眼（工作气压为 4.5 气压）	用直径 30mm 淬火钻头，凿岩机打眼（工作气压为 4.5 气压）	用直径 25mm 钻杆，人工单人打眼		
Ⅺ	1. 粗粒花岗岩	2800	11.2 (10.9～11.5)	18.5 (17.1～20)	240 (216～260)	1200～1400	12～14
	2. 特别坚实的白云岩	2900					
	3. 蛇纹岩	2600					
	4. 火成岩卵石经石灰质胶结的砾岩	2800					
	5. 石灰质胶结的坚实的砂岩	2700					
	6. 粗粒正长岩	2700					
Ⅻ	1. 有风化痕迹的安山岩及玄武岩	2700	12.2 (11.6～13.3)	22 (20.1～25)	290 (261～320)	1400～1600	14～16
	2. 片麻岩、粗面岩	2600					
	3. 特别坚实的石灰岩	2900					
	4. 火成岩卵石经硅质胶结的砾岩	2600					
XIII	1. 中粒花岗岩	3100	14.1 (13.4～14.8)	27.5 (25.1～30)	360 (321～400)	1600～1800	16～18
	2. 坚实的片麻岩	2800					
	3. 辉绿岩	2700					
	4. 玢岩	2500					
	5. 坚实的粗面岩	2800					
	6. 中粒正常岩	2800					
XIV	1. 特别坚实的细粒花岗岩	3300	15.5 (14.9～18.2)	32.5 (30.1～40)		1800～2000	18～20
	2. 花岗片麻岩	2900					
	3. 闪长岩	2900					
	4. 最坚实的石灰岩	3100					
	5. 坚实的玢岩	2700					
XV	1. 安山岩、玄武岩、坚实的角闪岩	3100	20 (18.3～24)	32.5 (40.1～60)		2000～2500	20～25
	2. 最坚实的辉绿岩及闪长岩	2900					
	3. 坚实的辉长岩及石英岩	2800					
XVI	1. 钙钠长石质橄榄石质玄武岩	3300	>24	>60		>2500	>25
	2. 特别坚实的辉长岩、辉绿岩、石英岩及玢岩	3000					

3）地区定额调整系数。在海拔比较高的地区施工时，效率会受到一定影响。水利工程定额是按海拔小于或等于 2000m 地区条件确定的，在超过海拔 2000m 的地区施工时，应根据工程所在地的高程及规定的调整系数计算。高原地区定额调整系数见表 4-4。

表 4-4　　高原地区定额调整系数

项 目	高　程/m					
	2000～2500	2500～3000	3000～3500	3500～4000	4000～4500	4500～5000
人工	1.10	1.15	1.20	1.25	1.30	1.35
机械	1.25	1.35	1.45	1.55	1.65	1.75

第三节　建筑工程单价的计算

建筑工程概算是指枢纽工程和其他永久建筑物以货币表现的投资额，构成水利水电基本建设工程项目划分的第一部分建筑工程，是工程总投资的主要组成部分。建筑工程概算编制的主要方法为单价法，就是以工程量乘以工程单价来计算工程投资的方法。

一、土方工程单价编制

（一）使用定额应注意的问题

编制土方工程概算单价时应注意以下几个主要问题。

（1）定额计算单位有自然方、松方、实方三种类型，工序主要包括土方开挖、运输、备料、回填压实等。

（2）机械定额中，在一种机械名称之后，同时并列几种型号规格的，如压实机械中的羊足碾，运输定额中的自卸汽车等，表示这种机械只能选用其中一种型号规格的机械定额进行计价。凡一种机械分几种型号规格与机械名称同时并列的，表示这些名称相同规格不同的机械定额都应同时进行计价。

（3）挖掘机及装载机挖装土自卸汽车运输定额，根据不同运距，定额选用及计算方法如下：

1）运距小于 5km，且又是整数运距时，如 1km、2km、3km，直接按表中定额子目选用。若遇到 0.6km、1.5km、3.4km、4.3km 时，按下列公式计算其定额值。

$$\text{定额值(运距 0.6km)}=\text{1km 值}-(\text{2 km 值}-\text{1 km 值})\times(1-0.6) \qquad (4-2)$$

运距 1.5km、3.4km、4.3km，采用插入法计算即可。

2）运距 5～10km 时：

$$\text{定额值}=\text{5km 值}+(\text{运距}-5)\times\text{增运 1km 值} \qquad (4-3)$$

3）运距大于 10 km 时：

$$\text{定额值}=\text{5km 值}+5\times\text{增运 1km 值}+(\text{运距}-10)\times\text{增运 1km 值}\times0.75 \qquad (4-4)$$

4）定额中其他材料费、零星材料费、其他机械费均以费率表示，其计算基数如下：其他材料费以主要材料费之和为计算基数；零星材料费以人工费、机械费之和为计算基数；其他机械费以主要机械费之和为计算基数。

（二）土方工程的分类

土方工程包括土方开挖和土方填筑两大类。土方工程按施工方法可分为机械化施工、半机械化施工和人力施工三种。其中，人力施工和半机械化施工适用工程数量较少的土方工程或地方水利工程。影响土方工程工效的主要因素有：土的级别、取（运）土的距离、施工方法、施工条件和质量要求等。因此，土方定额大多按上述影响工效的参数来划分节和子目，所以正确确定这些参数和合理使用定额是编制土方工程单价的关键。

（三）土方开挖

土方开挖由“挖”“运”两个主要工序组成。

土方开挖、运输单价是指从场地清理到将土运输到指定地点所需的各项费用。

1. 挖土

影响“挖”这个工序工效的主要因素有以下几点。

(1) 土的级别。从开挖的角度看，土的类别分为4级，详见表4-2。一般情况下，土的级别越高，开挖的阻力越大，工效越低，相应单价越高。

(2) 设计要求的开挖形状。设计有形状要求的沟、渠、坑等都会影响开挖的工效，尤其是当断面较小、深度较深时，更会降低机械开挖的正常效率。因此，定额往往按沟、渠、坑等分节，各节再分别按其宽度、深度、面积等划分子目。

(3) 施工条件。施工条件不同，开挖的工效也就不同，如水下开挖施工难度大于水上开挖施工难度，冰冻等都将严重影响开挖的工效。

2. 运土

土方的运输包括集料、装土、运土、卸土、卸土场整理等工序。影响该工序的主要因素有以下几点。

(1) 运土的距离。运土的距离越长，所需时间也越长，但在一定起始范围内，不是直线反比关系，而是对数曲线关系。合理的运输距离应为挖土区的平面中心位置至弃土区（堆土区）的中心位置之间的距离。

(2) 土的级别。从运输的角度看，土的级别越高，其密度（t/m^3）也越大。由于土石方都习惯采用体积作单位，所以土的级别越高，运每1 m^3的产量越低。

(3) 施工条件。装卸车的条件、道路状况、卸土场的条件等都影响运土的工效。

（四）土方填筑

水利工程的大坝、渠堤、道路、围堰等都有大量的土方要填筑、压实。土方填筑主要由取土、压实两大工序组成。

1. 取土

(1) 料场覆盖层清理。根据填筑土料的质量要求，料场上的树木及表面覆盖的乱石、杂草及不合格的表土等必须予以清除。清除所需的人工、材料、机械台时的数量和费用，应按相应比例摊入土方填筑单价内。

$$\begin{aligned}\text{覆盖层清除摊销费} &= \text{覆盖层清除总费用/设计成品方量}\\ &= \text{覆盖层清除单价}\times\text{覆盖层清除量/设计成品方量}\\ &= \text{覆盖层清除单价}\times\text{覆盖层清除摊销率}\end{aligned} \tag{4-5}$$

(2) 土料开采运输。土料的开采运输，应根据工程规模，尽量采用大料场、大设备，以提高机械生产效率，降低土料成本。土料开采单价的编制与土方开挖、运输单价相同，只是当土料含水量不符合规定时将增加处理费用，同时须考虑土料的损耗和体积变化因素。

(3) 土料处理费用计算。当土料的含水量不符合规定标准时，应先采取挖排水沟、扩大取土面积、分层取土等施工措施。如仍不能满足设计要求，则应采取降低含水量（翻晒、分区集中堆存等）或加水处理措施。

(4) 土料损耗和体积变化。土料损耗包括开采、运输、雨后清理、削坡、沉陷等的损耗，以及超填和施工附加量。体积变化指设计干密度和天然干密度之间的不同。

如设计要求的坝体干密度为 $1.650t/m^3$，而天然干密度为 $1.403t/m^3$，则折实系数为 $1.650/1.403=1.176$，亦即该设计要求的 $1m^3$ 坝体的实方，需 $1.176\ m^3$ 自然方才能满足。从定额（或单价）的意义来讲，土方开挖、运输的人工、材料、机械台时的数量（或单价）应扩大 1.176 倍。现行概算定额的综合定额，已计入了各项施工损耗、超填及施工附加量，体积变化也已在定额中考虑。凡施工方法适用于综合定额的，应采用综合定额，并不得加计任何系数或费用。当施工措施不是挖掘机、装载机挖装自卸汽车运输时，可以套用单项定额。此时，可根据不同施工方法的相应定额，按下式计算取土备料和运输土料的定额数量：

$$成品实方定额数=自然方定额数\times(1+A)\times设计干容重/天然干容重 \qquad (4-6)$$

式中 A——综合系数（%），包括开采、上坝运输、雨后清理、边坡削坡、接缝削坡、施工沉陷、试验坑和不可避免的压坏、超填及施工附加量等损耗因素。综台系数 A 可根据不同施工方法与坝型和坝体填料按定额规定选取。

2. 压实

(1) 土方压实的常用施工方法及压实机械有：

1) 碾压法：靠碾磙本身重量的作用，使土粒相互移动而达到密实。采用羊足碾、气胎碾、平碾等机械。适用范围较广。

2) 夯实法：靠夯体下落的动荷重的作用，使土粒位置重新排列而达到密实。采用打夯机（人力打夯时，采用木石夯、石硪等工具)。适用于无黏性土，能压实较厚的土层，所需工作面较小。

3) 振动法：借振动机械的振动作用，使土粒发生相对位移而得到压实。主要机械为振动碾，适用于无黏性土和砂砾石等土质及设计干密度要求较高的情况。

(2) 影响压实工效的主要因素有：

1) 土料种类、级别。土料种类一般有土料、砂砾料、土石渣料等。土料的种类、级别对土方压实工效有较大的影响。

2) 设计要求。设计时填筑体的质量要求主要反映在压实后的干密度。干密度的高低直接影响到碾压参数（如铺土厚度、碾压次数)，也直接影响压实工序的工效。

3) 碾压工作面。较小的碾压工作面（如反滤体、堤等）使机械不能正常发挥机械效率。

（五）计算土方工程单价要注意的问题

土石方工程，尽量利用开挖出的渣料用于填筑工程，对降低工程造价十分有利。但在计算工程单价时，要注意以下问题：

（1）对于开挖料直接运至填筑工作面的，以开挖为主的工程，出渣运输宜计入开挖单价。对以填筑为主的工程，宜计入填筑工程单价中，但一定要注意，不得在开挖和填筑单价中重复或遗漏计算土方运输工序单价。

（2）在确定利用料数量时，应充分考虑开挖和填筑在施工进度安排上的时差，一般不可能完全衔接，二次转运（即开挖料卸至某堆料场，填筑时再从某堆料场取土）是经常发生的。对于需要二次转运的，土方出渣运输、取土运输应分别计入开挖和填筑工程单价中。

（3）需注意开挖与填筑的单位不同，前者是自然方，后者是压实方，故要计入前述的体积变化和各种损耗。

（4）土方工程单价计算按照挖、运不同施工工序，既可采用综合定额计算法，也可采用综合单价计算法。所谓综合定额计算法就是先将选定的挖、运不同定额子目进行综合，得到一个挖、运综合定额，而后根据综合定额进行单价计算。综合单价计算法，就是按照不同的施工工序选取不同的定额子目，然后计算出不同工序的分项单价，最后将各工序单价进行综合。可根据工程的具体情况灵活使用两种计算方法，对于某道工序重复较多时，可采用综合单价法，这样可以避免每次计算该道工序单价的重复性。如挖土定额相同，只是运输定额不同，这样就可以计算一个挖土单价，与不同的运输单价组合，而得到不同的挖、运单价。采用综合定额计算单价优点比较突出，由于其人工、材料、机械使用数量都是综合用量，这对以后进行工料分析计算带来很大方便。

【例 4-1】 云南某水电站挡水工程为黏土心墙坝，坝长 2000m，心墙设计工程量为 150 万 m^3，设计干密度 1.70t/m^3，天然干密度 1.55t/m^3。土料场中心位于坝址左岸坝头 8km 处，翻晒场中心位于坝址左岸坝头 5km 处，土类级别Ⅲ类。已知：覆盖层清除量 6 万 m^3，单价 3.6 元/m^3（自然方）；土料开采运输至翻晒场单价 12.80 元/m^3（自然方）；土料翻晒单价 2.96 元/m^3（自然方）；取土备料及运输计入施工损耗的综合系数 $A=6.7\%$。初级工 6.55 元/工时，中级工 9.33 元/工时，柴油单价 6.5 元/kg，电价 1.7 元/(kW·h)。试计算：

（1）翻晒后用 5m^3挖载机配 25t 自卸汽车运至坝上的工程单价；

（2）74kW 拖拉机碾压工程单价；

（3）黏土心墙的综合工程单价。

解： 根据现行的水总〔2014〕429 号文和水总〔2016〕132 号文的有关规定，查《水利建筑工程概算定额》《水利工程施工机械台时费定额》，列表计算施工机械台时费见表 4-5，其他直接费费率为 7%，间接费费率为 8.5%，利润率为 7%，税率为 11%。

表 4-5　施工机械台时费　单位：元

定额编号	名称及规格	台时费		其中：折旧费	其中：修理及替换设备费	其中：安拆费	其中：人工费	其中：动力燃料费
1044	推土机 88kW	基价	124.12	30.73	32.27	1.06	22.39	37.67
		预算价	168.35	30.73	32.27	1.06	22.39	81.90
		价差	44.23					

续表

定额编号	名称及规格	台时费		其中				
				折旧费	修理及替换设备费	安拆费	人工费	动力燃料费
1032	装载机 $5m^3$	基价	409.68	176.48	93.01		22.39	117.81
		预算价	547.98	176.48	93.01		22.39	256.10
		价差	138.29					
3020	自卸汽车 25t	基价	220.77	98.77	47.67		12.13	62.19
		预算价	293.78	98.77	47.67		12.13	135.20
		价差	73.01					
1062	拖拉机 74kW	基价	76.26	11.10	12.63	0.54	22.39	29.60
		预算价	111.01	11.10	12.63	0.54	22.39	64.35
		价差	34.75					
1043	推土机 74kW	基价	102.12	21.85	25.32	0.86	22.39	31.69
		预算价	139.32	21.85	25.32	0.86	22.39	68.90
		价差	37.21					
1095	蛙式打夯机 2.8kW	基价	24.23	0.20	1.12		18.66	4.25
		预算价	24.23	0.20	1.12		18.66	4.25
		价差	0					
1094	刨毛机	基价	66.59	9.61	12.07	0.39	22.39	22.13
		预算价	92.56	9.61	12.07	0.39	22.39	48.10
		价差	25.97					

（1）计算翻晒后用 $5m^3$ 装载机配 25t 自卸汽车运至坝上的工程单价。

已知坝长 2000m，翻晒场中心位于坝址左岸坝头 5km，故自卸汽车运距取平均运距为 6km。根据《水利建筑工程概算定额》，列表计算工程单价见表 4－6，其中人工及装载机数量应乘 0.85 系数。

表 4－6　　建筑工程单价表

单价编号		项目名称	土料运输工程		
定额编号	10788＋10789		定额单位	$100m^3$（自然方）	
施工方法	$5m^3$ 装载机挖装，25t 自卸汽车运输，运距 6km，Ⅲ类土				
编号	名称及规格	单位	数量	单价/元	合计/元
1	直接费				1674.59
（1）	基本直接费				1565.04
①	人工费				12.81
	初级工	工时	1.955	6.55	12.81
②	材料费				30.69
	零星材料费	%	2	1534.35	30.69

续表

编号	名称及规格	单位	数量	单价/元	合计/元
③	施工机械使用费				1521.54
	装载机 $5m^3$ 推土机 88kW 自卸汽车 25t	台时 台时 台时	0.3655 0.22 6.09	409.68 124.12 220.77	149.74 27.31 1344.49
(2)	其他直接费	%	7	1565.04	109.55
2	间接费	%	8.5	1674.59	142.34
3	利润	%	7	1816.93	127.19
4	材料补差				504.90
	装载机 $5m^3$ 推土机 88kW 自卸汽车 25t	台时 台时 台时	0.3655 0.22 6.09	138.29 44.23 73.01	50.54 9.73 444.63
5	税金	%	11	2449.02	269.39
6	单价合计				2718.41

(2) 计算土料压实工程单价。根据《水利建筑工程概算定额》，列表计算工程单价见表4-7。

(3) 计算黏土心墙综合工程单价。

1) 覆盖层清除单价为3.6元/m^3（自然方），清除摊销率为6/150=4%；

2) 土料开采、运输单价为12.80元/m^3（自然方）；

3) 土料翻晒单价为2.96元/m^3（自然方）；

4) 翻晒后挖装、运输上坝单价为27.18元/m^3（自然方）；

5) 土料压实单价为7.56元/m^3（压实方）；

6) 定额换算系数：

$$\begin{aligned}\text{折算成品方综合系数} &= (1+A)\times\text{设计干密度}\div\text{天然干密度}\\ &= (1+6.7\%)\times 1.70\div 1.55\\ &= 1.17\end{aligned}$$

7) 黏土心墙综合单价：

$(12.80+2.96+27.18)\times 1.17+3.6\times 4\%+7.56=57.95$（元/$m^3$）（压实方）

表4-7　　建筑工程单价表

单价编号		项目名称	土料压实工程		
定额编号	30075		定额单位	100m^3（压实方）	
施工方法	拖拉机压实，干密度：1.70t/m^3				
编号	名称及规格	单位	数量	单价/元	合计/元
1	直接费				496.51
(1)	基本直接费				464.03
①	人工费				142.79

续表

编号	名称及规格	单位	数量	单价/元	合计/元
	初级工	工时	21.8	6.55	142.79
②	材料费				42.18
	零星材料费	%	10	421.85	42.18
③	施工机械使用费				279.06
	拖拉机 74kW	台时	2.06	76.26	157.10
	推土机 74kW	台时	0.55	102.12	56.17
	蛙式打夯机 2.8kW	台时	1.09	24.23	26.41
	刨毛机	台时	0.55	66.59	36.62
	其他机械费	%	1	276.29	2.76
(2)	其他直接费	%	7	464.03	32.48
2	间接费	%	8.5	496.51	42.20
3	利润	%	7	538.71	37.71
4	材料补差				104.89
	拖拉机 74kW	台时	2.06	34.05	70.14
	推土机 74kW	台时	0.55	37.21	20.47
	蛙式打夯机 2.8kW	台时	1.09	0	0
	刨毛机	台时	0.55	25.97	14.28
5	税金	%	11	681.31	74.94
6	单价合计				756.25

二、石方工程单价编制

石方工程单价包括开挖、运输和支护等工序的费用，开挖及运输均以自然方为计量单位。

（一）石方开挖

1. 石方开挖分类

按施工条件分为明挖石方和暗挖石方两大类。按施工方法可分人工硬打、钻孔爆破法和掘进机开挖等几种。人工硬打耗工费时，适用于有特殊要求的开挖部位。钻孔爆破法一般有浅孔爆破法、深孔爆破法、洞室爆破法和控制爆破法（定向、光面、预裂、静态爆破等）。钻爆法是一种传统的石方开挖方法，在水利工程施工中使用十分广泛，故以下将重点介绍这种方法。掘进机是一种新型的开挖专用设备，与传统的钻孔爆破法的区别，在于掘进机开挖改钻孔爆破为对岩石进行纯机械的切割或挤压破碎，并使掘进与出渣、支护等作业能平行连续地进行，施工安全、工效较高。但掘进机一次性投入大，费用高。

2. 影响开挖工序的因素

开挖工序由钻孔、装药、爆破、出渣、清理等工序组成。影响开挖工序的主要有以下因素。

(1) 岩石级别。岩石按其成分、性质划分级别，现行部颁定额将岩、土划分成16级，其中Ⅴ至ⅩⅥ级为岩石。岩石级别越高，其强度越高，钻孔的阻力越大，钻孔工效越低，岩石级别越高，对爆破的抵抗力也越大，所需炸药也越多。所以，岩石级别是影响开挖工序的主要因素之一。

（2）设计对开挖形状及开挖面的要求。设计对有形状要求的开挖，如沟、槽、坑、洞、井等，其爆破系数（每平方米工作面上的炮孔数）较没有形状要求的一般石方开挖要大得多，对于小断面的开挖尤甚。爆破系数越大，爆破效率越低，耗用爆破器材（炸药、雷管、导线）也越多。设计对开挖面有要求（如爆破对建基面的损伤限制、对开挖面平整度的要求等）时，为了满足这些要求，对钻孔、爆破、清理等工序必须在施工方法和工艺上采取措施。例如，为了限制爆破对建基面的损伤，往往在建基面以上设置一定厚度的保护层，保护层开挖大多采用浅孔小炮，爆破系数很高，爆破效率很低，有的甚至不允许放炮，采用人工开挖。例如，有的为了满足开挖面平整度的要求，须在开挖面进行专门的预裂爆破。综上所述，设计对开挖形状及开挖面的要求，也是影响开挖工序的主要因素。因此，石方开挖定额大多按开挖形状及部位分节，各节再按岩石级别分子目。

现将现行部颁石方定额分节简介如下。

1）一般石方开挖：指一般明挖石方、底宽超过 7m 的沟槽石方、上口面积大于 160m^2 的坑挖石方，以及倾角小于或等于 20°并垂直于设计开挖面的平均厚度大于 5m 的坡面石方等开挖工程。

2）一般坡面石方开挖：指倾角大于 20°、垂直于设计开挖面的平均厚度小于或等于 5m 的石方开挖工程。这是由于坡度大、开挖层薄时要影响工效，且未含保护层的因素，故坡面石方开挖应单列项目。

3）沟槽石方开挖：指底宽小于或等于 7m，两侧垂直或有边坡的长条形石方开挖工程，如渠道、排水沟、地槽、截水槽等。

4）坡面沟槽石方开挖：指槽底轴线与水平夹角大于 20°的沟槽石方开挖工程。

5）坑挖石方：指上口面积小于或等于 160m^2，深度小于或等于上口短边长度（或直径）的石方开挖工程。如机座基础、墩柱基础、混凝土基坑、集水坑等。

6）基础石方开挖：指不同开挖深度的基础石方开挖工程。如混凝土坝、水闸、厂房、溢洪道、消力池等不同开挖深度的基础石方开挖工程。

7）平洞石方开挖：指水平夹角小于或等于 6°的洞挖工程。

8）斜井石方开挖：指水平夹角为 6°～75°的井挖工程。现行定额适用于水平夹角为 45°～75°的井挖工程，水平夹角 6°～45°的斜井，按斜井石方开挖定额乘以 0.9 系数计算。

9）竖井石方开挖：指水平夹角大于 75°，上口面积大于 5m^2，深度大于上口短边长度（或直径）的洞挖工程。如调压井、闸门井等。

10）地下厂房石方开挖：指地下厂房或窑洞式厂房的开挖工程。

3. 使用现行概算定额编制开挖单价时应注意的问题

（1）石方开挖各节定额中，均包括了允许的超挖量和合理的施工附加量所增加的人工、材料及机械台时消耗量，使用本定额时，不得在工程量计算中另行计取超挖量和施工附加量。

（2）各节石方开挖定额，均已按各部位的不同要求，根据规范的规定，分别考虑了保护层开挖等措施。如预裂爆破、光面爆破等，编制概算单价时一律不做调整。

（3）石方开挖定额中的其他材料费，包括：脚手架、排架、操作平台、棚架、漏斗等的搭拆摊销费，冲击器、钻杆、空心钢的摊销费，炮泥、燃香、火柴等次要材料费。

(4) 石方开挖定额中的炸药，一般情况应根据不同施工条件和开挖部位按下述品种、规格选取：一般石方开挖，按2号岩石铵锑炸药选取；露天石方开挖（基础、坡面、沟槽、坑），按2号岩石铵锑炸药和4号抗水岩石铵锑炸药各半选取；洞挖石方（平洞、斜井、竖井、地下厂房等），按4号抗水岩石铵锑炸药选取。

(5) 洞井石方开挖定额中的通风机台时量是按一个工作面长度400m拟定。如工作面长度超过400m，应按表4-8（用插值法计算）系数调整通风机台时定额量。

表4-8　通风机台时调整系数

工作面长度/m	系数	工作面长度/m	系数	工作面长度/m	系数
400	1.00	1000	1.80	1600	2.50
500	1.20	1100	1.91	1700	2.65
600	1.33	1200	2.00	1800	2.78
700	1.43	1300	2.15	1900	2.90
800	1.50	1400	2.29	2000	3.00
900	1.67	1500	2.40		

【例4-2】 某平洞开挖断面$15m^2$，X级岩石，手持式风钻钻孔。洞长650 m，一个工作面（单边掘进）。试调整通风机台时量。

解： 先计算调整系数K

$$K=1.33+(1.43-1.33)\times(650-600)\div(700-600)=1.38$$

套用设备安装工程概算定额20214子目，37kW轴流式通风机为26.48台时/$100m^3$，则：调整后的通风机台时量$=26.48\times1.38=36.54$台时/$100m^3$。

（二）*石方运输*

(1) 运输方案的选择。施工组织设计应根据施工工期、运输数量、运距远近等因素，选择既能满足施工强度要求，又能做到费用最省的最优方案。人力运输（挑抬、双胶轮车、轻轨斗车）适用于工作面狭小、运距短、施工强度低的工程或工程部位；自卸汽车运输的适应性较大，故一般工程都可采用；电瓶机车可用于洞井出渣，而内燃机车适于较长距离的运输。在做方案和单价分析时，应充分注意所采用方案的全部工程投资的比较。如内燃机车运输单价较低，但其轨道的建造、运行管理（道口、道岔）、维护等费用支出较大，须经过全面分析后方可确定，以取得最佳的经济效益。

(2) 影响石方运输工序的主要因素。影响石方运输工序的主要因素与土方工程基本相同，不再赘述。

(3) 使用定额应注意的问题。

1) 石方运输单价与开挖综合单价。在概算中，石方运输费用不单独表示，而是在开挖费用中体现。反映在概算定额中，则是石方开挖各节定额子目中均列有“石渣运输”项目。该项目的数量，已包括完成每一定额单位有效实体所需增加的超挖量、施工附加量的数量。编制概算单价时，按定额石渣运输量乘以石方运输单价（仅计算基本直接费）计算开挖综合单价。

2）洞内运输与洞外运输。各节运输定额，一般都有“露天”、“洞内”两部分内容。当有洞内外运输时，应分别套用。洞内运输部分，套用“洞内”定额基本运距（装运卸）及“增运”子目；洞外运输部分，套用“露天”定额及“增运”子目（仅有运输工序）。

（三）支撑与支护

为防止隧洞或边坡在开挖过程中，因山岩压力变化而发生软弱破碎地层的坍塌，避免个别石块跌落，确保施工安全，必须对开挖后的空间进行必要的临时支撑或支护，以确保施工顺利进行。

(1) 临时支撑。包括木支撑、钢支撑及预制混凝土或钢筋混凝土支撑。木支撑重量轻，加工及架立方便，损坏前有显著变形面，不会突然折断，因此应用较广泛。在破碎或不稳定岩层中，山岩压力巨大，木支撑不能承受，或支撑不能拆下须留在衬砌层内时，常采用钢支撑，但钢支撑费用较高。当围岩不稳定，支撑又必须留在衬砌层内时，可采用预制混凝土或钢筋混凝土支撑，这种支撑刚性大，能承受较大的山岩压力，耐久性好，但构件重量大，运输安装不方便。

(2) 支护。支护的方式有锚杆支护、喷混凝土支护、喷混凝土与锚杆或钢筋网联台支护等。适用于各种跨度的洞室和高边坡保护，既可作临时支撑，又可作永久支护。使用锚杆支护定额要注意锚定方法（机械、药卷、砂浆）、作业条件（洞内、露天）、锚杆的长度和直径、岩石级别等影响因素。

【例 4-3】 某枢纽工程一般石方开挖，采用手风钻钻孔爆破，1m^{3}油动挖掘机装 8t 自卸汽车运 2km 弃渣，岩石类别为Ⅹ级，试计算石方开挖运输综合概算单价。基本资料：人工预算单价：初级工 6.84 元/工时，中级工 9.62 元/工时，工长 12.26 元/工时；材料预算单价：合金钻头 70 元/个，炸药综合价 7.4 元/kg，电雷管 1.8 元/个，导电线 1.2 元/m；施工机械台时费：手风钻 29.73 元/台时，1m^{3}油动挖掘机 194.24 元/台时，88 kW 推土机 169.04 元/台时，8t 自卸汽车 119.83 元/台时；其他直接费费率为 7.5%，间接费费率为 12.5%，利润率为 7%，税率为 11%。

解： 根据现行的水总〔2014〕429 号文和水总〔2016〕132 号文的有关规定，查《水利建筑工程概算定额》石方开挖定额采用 20002 子目，石渣运输采用 20458 子目，计算过程见表 4-9 和表 4-10。由表 4-9 可得石方开挖运输综合单价为 63.69 元/m^3。

表 4-9　　　　建筑工程单价表

单价编号		项目名称	石渣运输工程		
定额编号	20458		定额单位	100m^3（自然方）	
施工方法	1m^{3}挖掘机挖装，8t 自卸汽车运输，运距 2km				
编号	名称及规格	单位	数量	单价/元	合计/元
1	直接费				
(1)	基本直接费				2661.8
①	人工费				127.91
	初级工	工时	18.7	6.84	127.91

续表

编号	名称及规格	单位	数量	单价/元	合计/元
②	材料费				52.19
	零星材料费	%	2	2609.61	52.19
③	施工机械使用费				2481.70
	挖掘机 $1m^3$ 推土机 88kW 自卸汽车 8t	台时 台时 台时	2.82 1.41 14.15	194.24 169.04 119.83	547.76 238.35 1695.59

表 4-10　　建筑工程单价表

单价编号		项目名称	一般石方开挖		
定额编号	20002		定额单位	$100m^3$（自然方）	
施工方法	手风钻钻孔爆破，岩石级别Ⅹ级				
编号	名称及规格	单位	数量	单价/元	合计/元
1	直接费				4703.29
(1)	基本直接费				4375.15
①	人工费				706.17
	工长 中级工 初级工	工时 工时 工时	2 18.1 74.2	12.26 9.62 6.84	24.52 174.12 507.53
②	材料费				635.67
	合金钻头 炸药 雷管 导线 其他材料费	个 kg 个 m %	1.74 34 31 155 18	70 5.15 1.8 1.2 538.7	121.80 175.10 55.80 186.00 96.97
③	施工机械使用费				265.87
	手持式风钻 其他机械费	台时 %	8.13 10	29.73 241.70	241.70 24.17
④	石渣运输	m^3	104	26.61	2767.44
(2)	其他直接费	%	7.5	4375.15	328.14
2	间接费	%	12.5	4703.29	587.91
3	利润	%	7	5291.20	370.38
4	材料补差				76.50
	炸药	kg	34	2.25	76.50
5	税金	%	11	5738.08	631.19
6	单价合计				6369.27

三、混凝土工程单价编制

混凝土具有强度高、抗渗性好、耐久性好等优点，在水利工程建设中应用十分广泛。混凝土工程投资在水利工程总投资中常常占有很大的比重。混凝土按施工工艺可分为现浇和预制两大类。现浇混凝土又可分为常规混凝土和碾压混凝土两种。包括常态混凝土浇筑、碾压混凝土、预制混凝土、沥青混凝土以及与混凝土结构相关的钢筋制安、止水、伸缩缝等内容。

现浇混凝土的主要生产工序有模板的制作、安装、拆除、混凝土的拌制、运输、入仓、浇筑、养护、凿毛等。对于预制混凝土，还要增加预制混凝土构件的运输、安装工序。

（一）现浇混凝土单价编制

1. 混凝土材料单价

混凝土定额中的混凝土材料，指完成单位产品所需的混凝土成品量，其中包括干缩、运输、浇筑和超填等损耗量在内。混凝土材料单价指按级配计算的砂、石、水泥、水、掺合料及外加剂等每一立方米混凝土的材料费用的价格。不包括拌制、运输、浇筑等工序的人工、材料和机械费用，也不包含除搅拌损耗外的施工操作损耗及超填量等。

在计算混凝土浇筑单价之前，首先要计算混凝土材料单价。混凝土材料单价在混凝土工程单价中占有较大比重，编制概算单价时，配制混凝土所需各项材料的用量，应按试验资料来计算，如无试验资料，可参照定额附录混凝土级配表计算混凝土材料单价。为节省工程材料消耗，降低工程投资，使用现行《水利建筑工程概算定额》时，须注意下列问题。

（1）编制拦河坝等大体积混凝土概算单价时，须掺加适量的粉煤灰以节省水泥用量，其掺量比例应根据设计对混凝土的温度控制要求或试验资料选取。如无试验资料，可根据一般工程实际掺用比例情况，按现行《水利建筑工程概算定额》附录 7 “掺粉煤灰混凝土材料配合表”选取。

（2）现浇水工混凝土标号的选取，应根据设计对不同水工建筑物的不同运用要求，尽可能利用混凝土的后期强度（60d、90d、180d、360d），以降低混凝土标号，节省水泥用量。现行定额中，不同混凝土配合比所对应的混凝土强度等级均以 28d 龄期的抗压强度为准，如设计龄期超过 28d，应进行换算。

2. 混凝土拌制单价

混凝土的拌制包括配料、运输、搅拌、出料等工序。混凝土搅拌系统布置视工程规模大小、工期长短、混凝土数量多少，以及地形位置条件、施工技术要求和设备拥有情况，采用简单的混凝土搅拌站（一台或数台搅拌机组成），或设置规模较大的搅拌系统（由拌和楼和骨料、水泥系统组成的一个或数个系统）。一般定额中，混凝土拌制所需人工、机械都已在浇筑定额的相应项目中体现。如浇筑定额中未列混凝土搅拌机械，则须套用拌制定额编制混凝土拌制单价。在使用定额时，要注意以下两点：

（1）混凝土拌制定额按拌制常态混凝土拟定，若拌制加冰、加掺合料等其他混凝土，则应按定额说明中的系数对混凝土拌制定额进行调整。

（2）各节用拌和楼拌制现浇混凝土定额子目中，以组时表示的“骨料系统”和“水泥系统”是指骨料、水泥进入拌和楼之前与拌和楼相衔接而必须配备的有关机械设备，包括自拌和骨料仓下廊道内接料斗开始的胶带输送机及其供料设备；自水泥罐开始的水泥提升机械或空气输送设备，胶带运输机和吸尘设备，以及袋装水泥的拆包机械等。其组时费用根据施工组织设计选定的施工工艺和设备配备数自行计算。当不同容量搅拌机械代换时，骨料和水泥系统也应乘相应系数进行换算。

3．混凝土运输单价

混凝土运输是指混凝土自拌和机（楼）出料口至浇筑现场工作面的运输，是混凝土工程施工的一个重要环节，包括水平运输和垂直运输两部分。由于混凝土拌制后不能久存，运输过程又对外界影响十分敏感，工作量大，涉及面广，故常成为制约施工进度和工程质量的关键。

水利工程多采用数种运输设备相互配合的运输方案。不同的施工阶段，不同的浇筑部位，可能采用不同的运输方式。在大体积混凝土施工中，垂直运输常起决定性作用，定额编制时，都将混凝土水平运输和垂直运输单列章节，以供灵活选用。但使用现行概算定额时须注意：

（1）由于混凝土入仓与混凝土垂直运输这两道工序，大多采用同一机械连续完成，很难分开，因此在一般情况下，大多将混凝土垂直运输并入混凝土浇筑定额内，使用时不要重复计列混凝土垂直运输。

（2）各节现浇混凝土定额中“混凝土运输”的数量，包括完成每一定额单位有效实体所需增加的超填量和施工附加量等的数量。为统一表现形式，编制概算单价时，一般应根据施工设计选定的运输方式，按混凝土运输数量乘以每立方米混凝土运输费用基本直接费计入单价。

4．混凝土浇筑单价

混凝土的浇筑主要工序包括基础面清理、施工缝处理、入仓、平仓、振捣、养护、凿毛等。

影响浇筑工序的主要因素有仓面面积、施工条件等。仓面面积大，便于发挥人工及机械效率，工效高。施工条件对混凝土浇筑工序的影响很大。例如，隧洞混凝土浇筑的入仓、平仓、振捣的难度较露天浇筑混凝土要大得多，工效也低得多。

（1）现行混凝土浇筑定额中包括浇筑和工作面运输（不含浇筑现场垂直运输）所需全部人工、材料和机械的数量和费用。

（2）混凝土浇筑仓面清洗用水，地下工程混凝土浇筑施工照明用电，已分别计入浇筑定额的用水量及其他材料费中。

（3）平洞、竖井、地下厂房、渠道等混凝土衬砌定额中所列示的开挖断面和衬砌厚度按设计尺寸选取。定额与设计厚度不符，可用插入法计算。

以上介绍的是现浇常规混凝土。碾压混凝土在工艺和工序上与常规混凝土不同，碾压混凝土的主要工序有：刷毛、冲洗、清仓、铺水泥砂浆、模板制作、安装、拆除、修整、混凝土配料、拌制、运输、平仓、碾压、切缝、养护等，与常规混凝土有较大差异，故定额中碾压混凝土单独成节。

（二）混凝土温度控制措施费用的计算

为防止拦河坝等大体积混凝土由于温度应力而产生裂缝和坝体接缝灌浆后接缝再度开裂，根据现行设计规程和混凝土设计及施工规范的要求，高、中拦河坝等大体积混凝土工程的施工，都必须进行混凝土温控设计，提出温控标准和降温防裂措施。根据不同地区的气温条件、不同坝体结构的温控要求、不同工程的特定施工条件及建筑材料的要求等综合因素，分别采取风或水预冷骨料，加冰或加冷水拌制混凝土，对坝体混凝土进行一、二期通水冷却及表面保护等措施。

1. 编制原则及依据

为统一温控措施费用标准，简化费用计算办法，提高概算的准确性，在计算温控费用时，应根据坝址区月平均气温、设计要求温控标准、混凝土冷却降温后的降温幅度和混凝土浇筑温度，参照下列原则计算和确定混凝土温控措施费用。

(1) 月平均气温在20℃以下。当混凝土拌合物的自然出机口温度能满足设计要求，不需采用特殊降温措施时，不计算温控措施费用。对个别气温较高时段，设计有降温要求的，可考虑一定比例的加冰或加冷水拌制混凝土的费用，其占混凝土总量的比例一般不超过20%。当设计要求的降温幅度为5℃左右，混凝土浇筑温度约18℃时，浇筑前须采用加冰或加冷水拌制混凝土的温控措施，其占混凝土总量的比例一般不超过35%；浇筑后尚须采用坝体预埋冷却水管，对坝体混凝土进行一、二期通水冷却及混凝土表面保护等措施。

(2) 月平均气温为20～25℃。当设计要求降温幅度为5～10℃时，浇筑前须采用风或水预冷大骨料、加冰或加冷水拌制混凝土等温控措施，其占混凝土总量的比例，一般不超过40%；浇筑后须采用坝体预埋冷却水管，对坝体混凝土进行一、二期通低温水冷却及混凝土表面保护等措施。当设计要求降温幅度大于10℃时，除将风或水预冷大骨料改为风冷大、中骨料外，其余措施同上。

(3) 月平均气温在25℃及以上。当设计要求降温幅度为10～20℃时，浇筑前须采用风和水预冷大、中、小骨料，加冰或加冷水拌制混凝土等措施，其占混凝土总量的比例，一般不超过50%；浇筑后必须采用坝体预埋冷却水管，对坝体混凝土进行一、二期通低温水冷却及混凝土表面保护等措施。

2. 混凝土温控措施费用的计算步骤

(1) 基本参数的选定。

1) 工程所在地区的多年月平均气温、水温、设计要求的降温幅度及混凝土的浇筑温度和坝体容许温差。

2) 拌制每立方米混凝土需加冰或加冷水的数量、时间及相应措施的混凝土数量。

3) 混凝土骨料预冷的方式，平均预冷每立方米骨料所需消耗冷风、冷水的数量，温度与预冷时间，每立方米混凝土需预冷骨料的数量，需进行骨料预冷的混凝土数量。

4) 设计的稳定温度，坝体混凝土一、二期通水冷却的时间、数量及冷水温度。

5) 各制冷或冷冻系统的工艺流程，配置设备的名称、规格、型号和数量及制冷剂消耗指标等。

6) 混凝土表面保护材料的品种、规格与保护方式及应摊入每立方米混凝土的保护材料数量。

(2) 温控措施费用计算。

1) 温控措施单价的计算。包括风或水预冷骨料，制片冰，制冷水，坝体混凝土一期、二期通低温水和坝体混凝土表面保护等温控措施的单价。一般可按各系统不同温控要求所配置设备的台时总费用除以相应系统的台时净产量计算，从而可得各种温控措施费用单价。当计算条件不具备或计算有困难时，亦可参照《水利建筑工程概算定额》附录10“混凝土温控费用计算参考资料”计算。

2）混凝土温控措施综合费用的计算。混凝土温控措施综合费用，可按每立方米坝体或大体积混凝土应摊销的温控费计算。根据不同温控要求，按工程所需预冷骨料、加冰或加冷水拌制混凝土、坝体混凝土通水冷却及进行混凝土表面保护等温控措施的混凝土量占坝体等大体积混凝土总量的比例，乘以相应温控措施单价再相加，即为每立方米坝体或大体积混凝土应摊销的温控措施综合费用。其各种温控措施的混凝土量占坝体等大体积混凝土总量的比例，应根据工程施工进度、混凝土月平均浇筑强度、温控时段的长短等具体条件确定。其具体计算方法与参数的选用，亦可参照《水利建筑工程概算定额》附录10“混凝土温控费用计算参考资料”确定。

（三）预制混凝土单价

预制混凝土有混凝土预制、构件运输、安装三个工序。混凝土预制的工序与现浇混凝土基本相同。

混凝土预制构件运输包括装车、运输、卸车，应按施工组织设计确定的运输方式、装卸和运输机械、运输距离选择定额。

混凝土预制构件安装与构件重量、设计要求安装有关的准确度以及构件是否分段等有关。当混凝土构件单位重量超过定额中起重机械起重量时，可用相应起重机械替换，但台时量不变。

（四）钢筋制作安装单价编制

钢筋是水利工程的主要建筑材料，由普通碳素钢（Q235）或普通低合金钢加热到塑性，再热轧而成，故又称热轧钢筋。常用钢筋多为直径6～40mm。建筑物或构筑物所用钢筋，一般须先按设计图纸在加工场内加工成型，然后运到施工现场绑扎安装。

1. 钢筋制作安装的内容

钢筋制作安装包括钢筋加工、绑扎、焊接及场内运输等工序。

(1) 钢筋加工：加工工序主要为调直、除锈、画线、切断、弯制、整理等。采用手工或调直机、除锈机、切断机及弯曲机等进行。

(2) 绑扎、焊接：绑扎是将弯曲成型的钢筋，按设计要求组成钢筋骨架。一般用18～22号铅丝人工绑扎。人工绑扎简单方便，无需机械和动力，是水利工程钢筋连接的主要方法。

由于人工绑扎劳动量大，质量不易保证，因而大型工程多用焊接方法连接钢筋。焊接有电弧焊（即通常称的电焊）和接触焊两类。电弧焊主要用于焊接钢筋骨架。接触焊包括对焊和点焊，对焊用于接长钢筋，点焊用于制作钢筋网。

钢筋安装方法有散装法和整装法两种。散装法是将加工成型的散钢筋运到工地，再逐根绑扎或焊接。整装法是在钢筋加工厂内制作好钢筋骨架，再运至工地安装就位。水利工程因结构复杂，断面庞大，多采用散装法。

2. 钢筋制作安装单价计算

水利工程除施工定额按上述各工序内容分部位编有加工、绑扎、焊接等定额外，概预算定额及估算指标大多不分工程部位和钢筋规格型号综合成一节“钢筋制作与安装”

定额。

现行概算定额该节适用于现浇及预制混凝土的各部位，以“t”为计量单位。定额包括切断及焊接损耗、截余短头废料损耗，以及搭接帮条等附加量。

（五）编制混凝土工程单价应注意的问题

混凝土施工的一般工序为支立模板→拌制混凝土→运输混凝土至仓面→平仓→振捣（碾压）→养护→拆模等。在定额中，各个子目所含的内容不同，在使用时要注意分析清楚定额所包含的工作内容，不要遗漏或重算内容。

现浇混凝土定额浇筑定额包括冲（凿）毛、冲洗、清仓、铺水泥砂浆、平仓、振捣、养护，工作面运输及辅助工作等。混凝土的拌制、水平和垂直运输、模板安拆和模板材料的摊销费用并不包含在浇筑定额中。其中混凝土的拌制、水平和垂直运输按施工组织设计选定的定额计算基本直接费作为单价，根据浇筑定额中的拌制和运输数量计算费用计入混凝土浇筑单价的基本直接费再计取其他直接费等各种费用。而模板的安拆和材料周转摊销费用要另行计算单价，工程量根据混凝土浇筑施工的仓面划分计算立模面积，作为三级项目计入概算中。

碾压混凝土的混凝土材料和施工工艺与常态混凝土有很大不同，但是单价的计算基本相同，其中定额中RCC法为全部采用碾压施工的混凝土，其中已经综合了部分常态混凝土的施工，RCD法为外部为常态混凝土，中心为碾压混凝土，该定额为两种混凝土的综合定额。

预制混凝土包括的工作内容有预制场地的冲洗、清理、配料、拌制、浇筑、振捣、养护、模板的制作安装和拆除、现场的冲洗、拌浆、吊装、砌筑、勾缝以及预制厂和安装现场场内运输及辅助工作。在使用预制定额时不用再计算混凝土的拌制和运输，也不用计算模板工程量和单价。但是预制定额中不包括预制构件从预制厂至安装现场的运输，安装用混凝土的运输。需要按施工组织设计确定的运输方式和距离计算。

混凝土的拌制定额以拌制合格的成品方为计量单位，不含任何损耗。定额中的水泥系统是水泥在进入拌和楼前与拌和楼相衔接的输送水泥的设备系统。骨料系统是指骨料从拌和楼前的成品料堆起输送到拌和楼接料斗的供料设备系统。

混凝土的拌制定额是以拌制常态常规混凝土拟定的，如为了温控需要加冰或拌加掺合料混凝土时，搅拌机械台时定额要进行调整。

混凝土运输也不含任何损耗，浇筑定额中虽然只列出了一项运输，但在计算时需要根据施工组织设计分别计算混凝土水平和垂直运输的费用计入浇筑的基本直接费中。

平洞混凝土衬砌适用于水平夹角小于或等于6°，单独作业的隧洞衬砌混凝土施工。如果开挖和衬砌交叉作业，人工和机械乘以1.1系数，水平夹角大于6°的斜井衬砌，按平洞定额人工、机械乘以1.23系数计算。

沥青混凝土的开级配和密级配是按密实度即孔隙率划分的，孔隙率大于5%为开级配，小于5%为密级配。

沥青混凝土面板定额未包括沥青混凝土运输，沥青混凝土心墙铺筑和其他沥青混凝土定额已经包含了运输工序的内容。其中沥青混凝土心墙机械摊铺碾压定额中的过渡料填筑，只适用于和该型号摊铺机同时摊铺碾压的过渡层的填筑。

钢筋制作安装定额中的钢筋材料为 1.07t，已经包含了加工损耗、搭接损耗及施工架立筋附加量，使用时不需要根据具体部位进行调整。

（六）混凝土工程单价计算步骤

（1）根据混凝土的标号级配计算混凝土材料单价。

（2）根据施工组织设计计算混凝土的拌和单价（现浇混凝土）。

（3）计算混凝土的运输单价。如果有水平和垂直运输，要分别计算。预制混凝土构件要计算从预制厂至安装现场的运输单价。洞内运输，人工和机械要乘以 1.25 系数调整。

（4）根据工程参数选用合适的定额。其中洞井衬砌的开挖断面同石方开挖的开挖断面。

（5）把拌制、运输计入浇筑基本直接费中，综合取费计算。

【例 4-4】 某水电站地下厂房混凝土顶拱衬砌厚度 1.0m，厂房宽 22m，采用普通硅酸盐水泥、水灰比 0.44 的 C25 二级配泵用掺外加剂混凝土，用 $2\times1.5m^3$ 混凝土搅拌楼拌制，10t 自卸汽车露天运 500m，洞内运 500m，转 $30m^3/h$ 混凝土泵入仓浇注。已知人工、材料、机械台时费及有关费率见表 4-11。计算该混凝土浇筑概算工程单价。

表 4-11　人工、材料、机械台时单价、费率汇总表

序号	名称及规格	单位	预算单价/元	序号	名称及规格	单位	预算单价/元
1	工长	工时	12.26	12	风水枪	台时	64.62
2	高级工	工时	11.38	13	自卸汽车 10t 基价	台时	87.80
3	中级工	工时	9.62	14	自卸汽车 10t 价差	台时	32.51
4	初级工	工时	6.84	15	搅拌楼 $2\times1.5m^3$	台时	300.26
5	32.5（R）水泥	t	360.00	16	骨料系统	组时	157.90
6	粗砂	m^3	28.00	17	水泥系统	组时	194.40
7	碎石	m^3	30.00	18	其他直接费费率	%	7.5
8	外加剂	kg	4.00	19	间接费费率	%	9.5
9	水	m^3	0.80	20	利润率	%	7
10	混凝土泵 $30m^3/h$	台时	110.33	21	税率	%	11
11	振动器 1.1kW	台时	2.58				

解：（1）根据现行的水总〔2014〕429 号文和水总〔2016〕132 号文的有关规定，计算 C25 二级配掺外加剂泵用混凝土材料单价见表 4-12。

表 4-12　混凝土材料单价计算表

编号	名称及规格		单位	预算量	调整系数	材料单价	合价（基价）	合价（预算价）	合价（价差）
	C25 泵用二级配	32.5（R）水泥	t	0.366	1.1	360.00	148.13	190.4	42.27
		粗砂	m^3	0.54	1.1	28.00			
		碎石	m^3	0.81	1.06	30.00			
		外加剂	kg	0.73		4.00			
		水	m^3	0.173	1.1	0.80			

(2) 计算混凝土拌制单价。选用《水利建筑工程概算定额》40174 子目计算见表 4-13。

(3) 计算混凝土运输单价。本项混凝土运输只需计算水平运输，选用《水利建筑工程概算定额》40203（露天）+40207 调×1（洞内）子目计算见表 4-14。

(4) 计算平洞混凝土衬砌概算工程单价。选用《水利建筑工程概算定额》40025 子目，并将以上计得的混凝土材料单价、混凝土拌制单价及混凝土运输单价代入计算见表 4-15。

地下厂房顶拱混凝土衬砌概算工程单价为 458.20 元/m^3。

表 4-13　　建筑工程单价表

单价编号		项目名称	混凝土拌制		
定额编号	40174		定额单位	100m^3	
施工方法	2×1.5m^3搅拌楼拌制混凝土				
编号	名称及规格	单位	数量	单价/元	合计/元
1	直接费				
(1)	基本直接费				1752.81
①	人工费				298.96
	工长	工时	1.8	12.26	22.07
	高级工	工时	1.8	11.38	20.48
	中级工	工时	13.5	9.62	129.87
	初级工	工时	18.5	6.84	126.54
②	材料费				83.47
	零星材料费	%	5.0	1669.34	83.47
③	施工机械使用费				1370.38
	搅拌楼 2×1.5m^3	台时	2.1	300.26	630.55
	骨料系统	组时	2.1	157.90	331.59
	水泥系统	组时	2.1	194.40	408.24

表 4-14　　建筑工程单价表

单价编号		项目名称	混凝土水平运输		
定额编号	40203+40207 调×1		定额单位	100m^3	
施工方法	10t 自卸汽车洞外运 500m、洞内增运 500m，洞内运输人工、机械定额×1.25 调整系数				
编号	名称及规格	单位	数量	单价/元	合计/元
1	直接费				
(1)	基本直接费				1167.65
①	人工费				189.27
	中级工	工时	14.2	9.62	136.6
	初级工	工时	7.7	6.84	52.67
②	材料费				55.60
	零星材料费	%	5.0	1112.05	55.60
③	施工机械使用费				922.78
	自卸汽车 10t	台时	10.51	87.80	922.78

表 4-15　　　　建筑工程单价表

单价编号		项目名称	地下厂房混凝土衬砌 C25		
定额编号	40025		定额单位	100m³	
施工方法	地下厂房混凝土衬砌，厂房宽 22m，混凝土衬砌厚度 1.0m，2×1.5m³搅拌楼拌制混凝土，10t 自卸汽车露天运 500m，洞内运 500m，转 30m³/h 混凝土泵入仓浇筑				
编号	名称及规格	单位	数量	单价/元	合计/元
1	直接费				30436.06
(1)	基本直接费				28312.61
①	人工费				3297.64
	工长	工时	11.3	12.26	138.54
	高级工	工时	18.9	11.38	215.08
	中级工	工时	204	9.62	1962.48
	初级工	工时	143.5	6.84	981.54
②	材料费				18608.87
	泵用混凝土 C25	m³	123	148.13	18219.99
	水	m³	30	0.8	24
	其他材料费	%	2	18243.99	364.88
③	施工机械使用费				2814.50
	混凝土泵 30m³/h	台时	12.7	110.33	1401.19
	振动器 1.1kW	台时	38.07	2.58	98.22
	风水枪	台时	14.67	64.62	947.98
	其他机械费	%	15	2447.39	367.11
④	混凝土拌制	m³	123	17.53	2156.19
⑤	混凝土运输	m³	123	11.67	1435.41
(2)	其他直接费	%	7.5	28312.61	2123.45
2	间接费	%	9.5	30436.06	2891.43
3	利润	%	7	33327.49	2332.92
4	材料补差				5619.24
	泵用混凝土 C25	m³	123	42.27	5199.21
	混凝土运输	台时	12.92	32.51	420.03
5	税金	%	11	41279.65	4540.76
6	单价合计				45820.41

四、堆砌石工程单价编制

堆砌石工程包括堆石、砌石、抛石等。因其能就地取材、施工技术简单、造价低而在我国应用较普遍。

（一）堆石坝

堆石坝填筑受气候影响小，能大量利用开挖石渣筑坝，利于大型机械作业，工程进度快、投资省。随着设计理论的发展、施工机械化程度的提高和新型压实机械的采用，国内外的堆石坝从数量和高度上都有了很大的进展。

1. 堆石坝施工

堆石坝施工主要为备料作业和坝上作业两部分。

(1) 备料作业。指堆石料的开采运输。石料开采前先清理料场覆盖层，开采时一般采用探孔阶梯微差挤压爆破。缺乏大型钻孔设备，又要大规模开采时，也可进行洞室大爆破。要重视堆石料级配，按设计要求控制坝体各部位的石料粒（块）径，以保证堆石体的密实程度。

石料运输同土坝填筑。由于堆石坝的铺填厚度大，填筑强度高，挖运应尽可能采用大容量、大吨位的机械。挖掘机或装载机装自卸汽车运输直接上坝方法是目前最为常用的一种堆石坝施工方法。

(2) 坝上作业。包括基础开挖处理、工作场地准备、铺料、填筑等。堆石铺填厚度，视不同碾压机具，一般为 0.5～1.5m。振动碾是堆石坝的主要压实机械，一般重 3.5～17t。碾压遍数视机具及层厚通过压实试验确定，一般为 4～10 遍。

2. 堆石单价

堆石单价包括备料单价、压实单价和综合单价。

(1) 备料单价，堆石坝的石料备料单价计算，同一般块石开采一样，包括覆盖层清理、石料钻孔爆破和工作面废渣处理。覆盖层的清理费用，以占堆石料的百分率，摊入计算。石料钻孔爆破施工工艺同石方工程。堆石坝分区填筑对石料有级配要求，主、次堆石区石料最大粒（块）径可达 1.0m 及以上，而垫层料、过渡层料仅为 0.08m、0.3m 左右，虽在爆破设计中尽可能一次获得级配良好的堆石料，但不少石料还须分级处理（如轧制加工等）。因此，各区所耗工料相去甚远，而一般石方开挖定额很难体现这一因素，单价编制时要注意这一问题。

石料运输，根据不同的施工方法，套用相应的定额计算。现行概算定额的综合定额，其堆石料运输所需的人工、机械等数量，已计入压实工序的相应项目中，不在备料单价中体现。爆破、运输采用石方工程开挖定额时，须加计损耗和进行定额单位换算。石方开挖单位为自然方，填筑为坝体压实方。

(2) 压实单价。压实单价包括平整、洒水、压实等费用。同土方工程，压实定额中均包括了体积换算、施工损耗等因素，考虑到各区堆石料粒（块）径大小、层厚尺寸、碾压遍数的不同，压实单价应按过渡料、堆石料等分别编制。

(3) 综合单价。堆石单价计算有以下两种形式：①综合定额：采用现行概算定额编制堆石单价时，一般应按综合定额计算。这时，将备料单价视作堆石料（包括反滤料、过渡料）材料预算价格，计入填筑单价即可。②单项定额：采用其他定额，或施工方式与现行概算综合定额不同，须套用单项定额时，其备料单价换算方法与前述土方填筑相同。

（二）砌筑工程

水利工程中的护坡、墩墙、洞涵等均有用块石、条石或料石砌筑的，地方工程中应用尤为广泛。砌筑单价包括干砌石和浆砌石两种。

1. 砌筑材料

砌筑材料包括石材、填充胶结材料等。

(1) 石材。

1) 卵石。指最小粒径在 20cm 以上的河滩卵石，呈不规则圆形。卵石较坚硬，强度高，常用其砌筑护坡或墩墙，定额以码方计量。

2) 块石。指厚度大于 20cm，长、宽各为厚度的 2～3 倍，上下两面平行且大致平整，无尖角、薄边的石块，定额以码方计量。

3) 片石。指厚度大于 15cm，长、宽各为厚度的 3 倍以上，无一定规则形状的石块，定额以码方计量。

4) 条料石。包括条石和料石。人工开采、形状规则、未经加工的称毛条石。料石根据其表面加工的精度，又可分为粗料石和细料石。定额计量单位为清料方。

(2) 填充胶结材料。

1) 水泥砂浆。强度高，防水性能好，多用于重要建筑物及建筑物的水下部位。

2) 混合砂浆。在水泥砂浆中掺入一定数量的石灰膏、黏土或壳灰（蛎贝壳烧制），适用于强度要求不高的小型工程或次要建筑物的水上部位。

3) 细骨料混凝土。用水泥、砂、水和 40mm 以下的骨料按规定级配配合而成，可节省水泥，提高砌体强度。

2. 砌筑单价

砌筑单价编制步骤如下。

(1) 计算备料单价。覆盖层及废渣清除费用计算同堆石料。套用砂石备料工程定额相应开采、运输定额子目计算（仅计算定额基本直接费）。如因施工方法不同，采用石方开挖工程定额计算块石备料单价时，须进行自然方与码方的体积换算。如为外购块石、条石或料石时，按材料预算价格计算。

(2) 计算胶结材料价格。如为浆砌石或混凝土砌石，则需先计算胶结材料的半成品价格。

(3) 计算砌筑单价。套用相应定额计算。砌筑定额中的石料数量，均已考虑了施工操作损耗和体积变化（码方、清料方与实方间的体积变化）因素。

(三) 编制堆砌石工程单价应注意的问题

(1) 自料场至施工现场堆放点的运输费用应包括在石料单价内。施工现场堆放点至工作面的场内运输已包括在砌石工程定额内。编制砌石工程概算单价时，不得重复计算石料运输费。

(2) 编制堆砌石工程概算单价时，应考虑在开挖石渣中检集块（片）石的可能性，以节省开采费用，其利用数量应根据开挖石渣的多少和岩石质量情况合理确定。

(3) 浆砌石定额中已计入了一般要求的勾缝，如设计有防渗要求的开槽勾缝，应增加相应的人工费和材料费。

(4) 料石砌筑定额包括了砌体外露面的一般修凿，如设计要求作装饰性修凿，应另行增加修凿所需的人工费。

(5) 对于浆砌石拱圈和隧洞砌石定额，要注意是否包括拱架及支撑的制作、安装、拆除、移设的费用。

【例 4-5】 某河道节制闸 M7.5 浆砌块石挡土墙，所有砂石材料均需外购，计算节制闸 M7.5 浆砌块石挡土墙工程概算单价。基本资料：M7.5 砌筑砂浆配合比（每立方米）：32.5 级普通硅酸盐水泥 261.00kg，砂 1.11m^3，水 0.157 m^3；人工预算单价：初级工 4.43 元/工时，中级工 6.33 元/工时，工长 8.19 元/工时；材料预算价格：32.5 级普通硅酸盐水泥 380 元/t，砂 40 元/m^3，块石 75 元/m^3，施工用水 0.40 元/m^3，电价 1.5 元/(kW·h)；施工机械台时费：0.4m^3砂浆拌和机 31.91 元/台时，胶轮车 1.01 元/台时；其他直接费费率为 4.5%，间接费费率为 9%，利润率为 7%，税率为 11%。

解：根据砂浆材料配合比计算砂浆预算单价为

预算单价 261.00×0.38+1.11×40+0.157×0.40=143.64(元/m^3)

基价单价 261.00×0.255+1.11×40+0.157×0.40=111.02(元/m^3)

差价 143.64−111.02=32.62(元/m^3)

根据现行的水总〔2014〕429 号文和水总〔2016〕132 号文的有关规定，查《水利建筑工程概算定额》，浆砌块石挡土墙定额子目应采用 30033。列表计算浆砌块石挡土墙工程单价见表 4-16。

由表 4-16 可知，浆砌块石挡土墙工程单价为 237.71 元/m^3。

表 4-16　　建筑工程单价表

单价编号		项目名称	浆砌块石挡土墙		
定额编号	30033		定额单位	100m^3（砌体方）	
施工方法	选石、修石、冲洗、拌制砂浆、砌筑、勾缝				
编号	名称及规格	单位	数量	单价/元	合计/元
1	直接费				16936.64
(1)	基本直接费				16207.31
①	人工费				4404.94
	工长	工时	16.7	8.19	138.78
	中级工	工时	339.4	6.33	2148.40
	初级工	工时	478.5	4.43	2119.76
②	材料费				11435.99
	块石	m^3	108	70	7560.00
	砂浆	m^3	34.4	111.02	3819.09
	其他材料费	%	0.5	11379.09	56.90
③	施工机械使用费				366.38
	砂浆拌和机 0.4m^3	台时	6.38	31.91	203.59
	胶轮车	台时	161.18	1.01	162.79
(2)	其他直接费	%	4.5	16207.31	729.33
2	间接费	%	9	16936.64	1524.30
3	利润	%	7	18460.94	1292.27
4	材料补差				1662.13
	块石	m^3	108	5	540.00
	砂浆	m^3	34.4	32.62	1122.13
5	税金	%	11	21415.34	2355.69
6	单价合计				23771.03

五、模板工程单价编制

模板用于支撑具有塑流性质的混凝土拌合物的重量和侧压力，使之按设计要求的形状凝固成型。模板工程是指混凝土浇筑工程中使用的平面模板、曲面模板、异形模板、滑模等模板的安装、拆除及制作等。模板定额的计量面积为混凝土与模板的接触面积，即建筑物体形及施工分缝要求所需的立模面积。混凝土浇筑立模的工作量很大，其费用和耗用的人工较多，故模板作业对混凝土质量、进度、造价影响较大。

为满足国际招标工程的需要和向实物量法过渡，现行定额单独列出一章模板工程定额，因此可根据不同工程的实际计算模板工程单价。

（一）模板类型

模板按型式可分为平面模板、曲面模板、异形模板（如渐变段、厂房蜗壳及尾水管等）、针梁模板、滑模、钢模台车。

模板按材质可分为木模板、钢模板、预制混凝土模板。木模板的周转次数少、成本高、易于加工，大多用于异形模板。钢模板的周转次数多，成本低，广泛用于水利工程建设中。预制混凝土模板的优点是不需拆模，与浇筑混凝土构成整体，因成本较高，一般用于闸墩、廊道等特殊部位。

模板按安装性质可分为固定模板和移动模板。固定模板每使用一次，就拆除一次；移动模板与支撑结构构成整体，使用后整体移动，如隧洞中常用的钢模台车或针梁模板，使用这种模板能大大缩短模板安拆的时间和人工、机械费用，也提高了模板的周转次数，故广泛应用于较长的隧洞中。对于边浇筑边移动的模板称滑动模板或简称带模，采用滑模浇筑具有进度快、浇筑质量高、整体性好等优点，故广泛应用于大坝及溢洪道的溢流面、闸（桥）墩、竖井、闸门井等部位。

模扳按使用性质可分为通用模板和专用模板，通用模板制作成标准形状，经组合安装至浇筑仓面，是水利工程建设中最常用的一种模板。专用模板按需要制成后，不再改变形状，如上述钢模台车、滑模。专用模板成本较高，可使用次数多，故广泛应用于工厂化生产的混凝土预制厂。

（二）模板工程量计算

模板工程量应根据设计图纸及混凝土浇筑分缝图计算，在初步设计之前没有详细图纸时，可参考现行概算定额附录 9“水利工程混凝土建筑物立模面系数参考表”进行估算。立模面系数是指每单位混凝土（$100m^3$）所需的立模面积（m^2）。立模面系数与混凝土的体积、形状有关，也就是与建筑物的类型和混凝土的工程部位有关。

（三）采用模板定额编制模板工程单价应注意的问题

模板单价包括模板及其支撑结构的制作、安装、拆除、场内运输及修理等全部工序的人工、材料和机械费用。

（1）模板制作与安装拆除定额的计量单位均为 $100m^2$ 立模面积。

（2）模板材料均按预算消耗量计算，包括制作、安装、拆除、维修的损耗和消耗，并考虑周转和回收。

（3）模板定额中的材料，除模板本身外，还包括支撑模板的立柱、围令、桁（排）架及铁件等。对于悬空建筑物（如渡槽槽身）的模板，计算到支撑模板结构的承重梁为止，承重梁以下的支撑结构应包括在其他施工临时工程中。

（4）隧洞衬砌钢模台车、针梁模板台车、竖井衬砌的滑模台车及混凝土面板滑模台车中，包括行走机构、构架、模板及支撑型钢、电动机、卷扬机、千斤顶等动力设备，均作为整体设备，以工作台时计入定额。滑模台车定额中的材料包括台车轨道及安装轨道所用埋件、支架和铁件。针梁模板台车和钢模台车轨道及安装轨道所用的铁件应计入其他施工临时工程。

（5）坝体廊道预制混凝土模板，按混凝土工程中有关定额子目计算。

（6）概算定额中列有模板制作定额，并将模板安装拆除定额子目中嵌套模板制作数量 $100m^2$，这样便于计算模板综合工程单价。而预算定额中将模板制作和安装拆除定额分别计列，使用预算定额时将模板制作及安装拆除工程单价算出后再相加，即为模板综合单价。

（7）使用概算定额计算模板综合单价时，模板制作单价有两种计算方法：

若施工企业自制模板，按模板制作定额计算出基本直接费（不计入其他直接费、间接费、利润和税金），作为模板的预算价格代入安装拆除定额，统一计算模板综合单价。如果采用外购的模板，预算价格要考虑周转次数，即定额中所用的模板价格为

$$模板预算价格=(外购模板预算价格-残值)\div 周转次数\times 综合系数 \qquad (4-7)$$

式中　残值——10%；

周转次数——50 次；

综合系数——1.15（含露明系数及维修损耗系数）。

（8）概算定额中凡嵌套有模板 $100m^2$ 的子目，计算“其他材料费”时，计算基数不包括模板本身的价值。

【例 4-6】 某混凝土挡土墙工程，用标准钢模板施工，试计算其模板工程概算单价。基本资料：人工预算单价：初级工 6.84 元/工时，中级工 9.62 元/工时，高级工 11.38 元/工时，工长 12.26 元/工时；材料预算价格：组合钢模板 5.5 元/kg，型钢 4.2 元/kg，卡扣件 5.5 元/kg，铁件 3.8 元/kg，电焊条 3.5 元/kg，预制混凝土块 350 元/m^3，汽油单价 6.7 元/kg，电价 1.5 元/(kW·h)；其他直接费费率为 7.5%，间接费费率为 9.5%，利润率为 7%，税率为 11%。

解： 根据现行的水总〔2014〕429 号文和水总〔2016〕132 号文的有关规定，查《水利建筑工程概算定额》《水利工程施工机械台时费定额》，列表计算施工机械台时费见表 4-17。

查《水利建筑工程概算定额》《水利工程概预算补充定额》，选用定额 50062 子目普通模板制作及定额 50001 子目普通模板，计算见表 4-18，表 4-19。

该挡土墙的模板工程概算单价为 58.60 元/m^2。

六、沥青混凝土工程单价编制

沥青是一种能溶于有机溶剂，常温下呈固体、半固体或液体状态的有机胶结材料。沥青具有良好的黏结性、塑性和不透水性，且有加热后融化、冷却后黏性增大等特点，因而被广泛用于建筑物的防水、防潮、防渗、防腐等工程中。在水利工程中，沥青常用于防水层、伸缩缝、止水及坝体防渗工程。

沥青有地沥青（包括天然沥青和石油沥青）和焦油沥青（烟煤炼制焦炭后的副产品，俗称“柏油”）两类。按针入度，道路石油沥青分为 200 号、180 号、140 号、100 甲、100 乙、60 甲、60 乙等 7 个牌号，建筑石油沥青分为 30 甲、30 乙、10 号等 3 个牌号。

表 4-17　　**施工机械台时费**　　单位：元

定额编号	名称及规格	台时费		其中				
				折旧费	修理及替换设备费	安拆费	人工费	动力燃料费
9146	钢筋切断机	预算	41.15	1.03	1.54	0.28	12.51	25.80
3004	载重汽车 5t	基价	51.19	3.76	9.78		12.51	22.14
		预算价	77.29	6.76	9.78		12.51	48.24
		价差	26.10					
9126	交流电焊机	预算价	22.40	0.29	0.27	0.09	0.00	21.75
4085	汽车起重机 5t	基价	66.23	11.23	11.19		25.97	17.84
		预算价	87.26	11.23	11.19		25.97	38.86
		价差	21.03					

表 4-18　　**建筑工程单价表**

单价编号		项目名称	标准钢模板制作		
定额编号	50062		定额单位	100m²	
施工方法	铁件制作、模板运输				
编号	名称及规格	单位	数量	单价/元	合计/元
1	直接费				
(1)	基本直接费				947.12
①	人工费				108.61
	工长	工时	1.2	12.26	14.71
	高级工	工时	3.8	11.38	43.24
	中级工	工时	4.2	9.62	40.40
	初级工	工时	1.5	6.84	10.26
②	材料费				798.66
	组合钢模板	kg	81	5.5	445.50
	型钢	kg	44	4.2	184.80
	卡扣件	kg	26	5.5	143.00
	铁件	kg	2	3.8	7.60
	电焊条	kg	0.6	3.5	2.1
	其他材料费	%	2	783.0	15.66
③	施工机械使用费				39.85
	钢筋切断机 20kW	台时	0.07	41.15	2.88
	载重汽车 5t	台时	0.37	51.19	18.94
	电焊机 25kVA	台时	0.72	22.40	16.13
	其他机械费	%	5	37.95	1.90

表 4-19　　**建筑工程单价表**

单价编号		项目名称	标准钢模板安装拆卸		
定额编号	50001		定额单位	100m²	
施工方法	钢模板安装、拆除、除灰、刷脱模剂、维修、倒仓				
编号	名称及规格	单位	数量	单价/元	合计/元
1	直接费				4340.27
(1)	基本直接费				4037.46
①	人工费				1819.73
	工长	工时	14.6	12.26	179.00
	高级工	工时	49.5	11.38	563.31
	中级工	工时	83.7	9.62	805.19
	初级工	工时	39.8	6.84	272.23
②	材料费				1560.80
	模板	m²	100	9.47	947.00
	铁件	kg	124	3.8	471.20
	预制混凝土柱	m³	0.3	350	105.00
	电焊条	kg	2	3.5	7.00
	其他材料费	%	2	1530.32	30.60
③	施工机械使用费				656.93
	汽车起重机 5t	台时	8.75	66.23	579.51
	交流电焊机 25kVA	台时	2.06	22.40	46.14
	其他机械费	%	5	625.65	31.28
(2)	其他直接费	%	7.5	4037.46	302.81
2	间接费	%	9.5	4340.27	412.33
3	利润	%	7	4752.60	332.68
4	材料补差				193.67
	载重汽车 5t	台时	0.37	26.10	9.66
	汽车起重机 5t	台时	8.75	21.03	184.01
5	税金	%	11	5278.95	580.68
6	单价合计				5859.63

（一）沥青混凝土的分类

沥青混凝土是由粗骨料（碎石、卵石）、细骨料（砂、石屑）、填充料（矿粉）和沥青按适当比例配制的。水工常用的沥青混凝土为碾压式沥青混凝土，分开级配和密级配。

1. 按骨料粒径划分

(1) 粗粒式沥青混凝土（最大粒径 35mm）。

(2) 中粒式沥青混凝土（最大粒径 25mm）。

(3) 细粒式沥青混凝土（最大粒径 15mm）。

(4) 砂质沥青混凝土（最大粒径 5mm）。

2. 按施工方法划分

(1) 碾（夯）压式沥青混凝土（混合料流动性小）。

(2) 灌注式沥青混凝土（混合料流动性大）。

3. 按密实程度划分

(1) 开级配沥青混凝土，孔隙率大于 5%，含少量或不含矿粉。适用于防渗斜墙的整平胶结层和排水层。

(2) 密级配沥青混凝土，孔隙率小于 5%，级配良好，含一定量的矿粉。适用于防渗斜墙的防渗层沥青混凝土和岸边接头沥青混凝土。

（二）沥青混凝土单价

1. 半成品单价

沥青混凝土半成品单价，是指组成沥青混凝土配合比的多种材料的价格。其组成主要为：

(1) 沥青。按施工规范要求，北方地区采用低温抗裂性能较好的 100 甲沥青，南方地区可用 60 甲沥青。

(2) 粗骨料。须采用石灰石、大理石、白云石等轧制的碱性骨料。

(3) 细骨料。可用天然砂或人工砂。

(4) 石屑、矿粉。石屑为碱性料。矿粉指小于 0.075 mm 的石灰石粉、磨细的矿渣、粉煤灰、滑石粉等。

应根据设计要求、工程部位选取配合比计算半成品单价。配合比的各项材料用量，应按试验资料计算。如无试验资料时，可参照现行《水利建筑工程概算定额》附录 8“沥青混凝土材料配合表”确定。

2. 沥青混凝土运输单价

沥青混凝土运输单价计算同普通混凝土。根据施工组织设计选定的施工方案，分别计算水平运输和垂直运输单价，再按沥青混凝土运输数量乘以每立方米沥青混凝土运输费用计入沥青混凝土单价。这里，应注意包括垂直运输单价的计算（普通混凝土在现行概算浇筑定额中已含垂直运输因素，不单独计算），水平和垂直运输单价都只能计算基本直接费，以免重复。

3. 沥青混凝土铺筑单价

(1) 沥青混凝土心墙。沥青混凝土心墙铺筑内容，包括模板制作、安装、拆除、修理，配料、加温、拌和、铺筑、夯压及施工层铺筑前处理等工作。现行概算定额按心墙厚度、施工方法（夯压或灌注）、立模型式（木模或干砌石模）分列子目，以成品方为计量单位。

(2) 沥青混凝土斜墙。斜墙铺筑包括配料、加温、拌制、摊铺、碾压、接缝加热等工作内容。定额按开级配、密级配、岸边接头、人工摊铺和机械摊铺分列子目。

七、基础处理工程单价的编制

基础处理工程指为提高地基承载能力、改善和加强其抗渗性能及整体性所采取的处理措施。从施工角度讲，主要是开挖、回填、灌浆或桩（井）墙等几种方法的组合应用。其中灌浆是水利工程基础处理中最常用的有效手段，包括钻灌浆孔、帷幕灌浆、固结灌浆、土坝劈裂灌浆、高压喷射灌浆、接缝灌浆、防渗墙造孔及浇筑、振冲桩、冲击钻造灌注桩孔、灌注混凝土桩、减压井、锚杆支护、预应力锚索、喷混凝土、喷浆、挂钢筋网等。下面重点介绍几种。

（一）钻孔灌浆

灌浆就是利用灌浆机施加一定的压力，将浆液通过预先设置的钻孔或灌浆管，灌入岩石、土或建筑物中，使其胶结成坚固、密实而不透水的整体。钻孔灌浆工程是指水工建筑物为了加强地基基础及结构本身的坚固整体性所采取的工程措施。

1. 灌浆的分类

按照灌浆材料分类，主要有水泥灌浆、水泥黏土灌浆、黏土灌浆、沥青灌浆和化学灌浆四类。

按灌浆作用分类，主要有以下几种。

（1）帷幕灌浆。为在坝基形成一道阻水帷幕以防止坝基及绕坝渗漏，降低坝底扬压力而进行的深孔灌浆。

（2）固结灌浆。为提高地基整体性、均匀性和承载能力而进行的灌浆。

（3）接触灌浆。为加强坝体混凝土和基岩接触面的结合能力，使其有效传递应力，提高坝体的抗滑稳定性而进行的灌浆。接触灌浆多在坝体下部混凝土固化收缩基本稳定进行。

（4）坝体接缝灌浆。大体积混凝土由于施工需要而形成了许多施工缝，为了恢复建筑物的整体性，利用预埋的灌浆系统，对这些缝进行的灌浆。

（5）回填灌浆。一是指隧洞衬砌混凝土与岩石接触面空腔部位的灌浆处理，按顶拱120°拱背面积计算工程量。二是指高压钢管与混凝土接触面之间的灌浆处理。按钢管外径面积计算工程量。

（6）土坝的劈裂灌浆。指利用水力劈裂原理，在土坝内部形成与坝轴线平行的裂缝，并在其中充填灌浆材料的灌浆工艺。

（7）高喷灌浆。利用预先的钻孔或钻喷一体化施工，以30～40MPa，最高可达60MPa的压力，从特制的喷嘴中喷出极高流速的水—气—浆或气—浆流束，以切削破坏土体，将一部分细颗粒土砂扬出地面，另一部分较粗颗粒就地与水泥浆凝结成墙的施工工艺。分定喷、摆喷和旋喷三种方式。

2. 钻孔灌浆常用的施工机具

（1）钻孔机械。分为冲击钻机、冲击回转式钻机（通称凿岩机）、回转式钻机（通称岩心钻机）。

（2）灌浆机械。分为水泥灌浆机、计量泵（又称比例泵）、浆液搅拌机。

（3）钻孔灌浆器材。分为钻杆、岩心管、钻头。

3. 岩石基础灌浆

（1）灌浆工艺流程

一般为：施工准备→钻孔→冲洗→表面处理→压水试验→灌浆→封孔→质量检查。

1）施工准备。包括场地清理、布置交通线路、材料准备、孔位放样、电风水管路布置、机具设备就位、检查等工作内容。

2）钻孔。采用手风钻、回转式钻机和冲击钻等钻孔机械进行。

3）冲洗。用水将残存在孔内的岩粉和铁砂末冲出孔外，并将裂隙中的充填物冲洗干净，以保证灌浆效果。

4）基础面处理。为防止有压情况下浆液沿裂隙冒出地面而采取的塞缝、浇盖面混凝土等措施。

5）压水试验。压水试验目的是确定地层的渗透特性，为岩基处理设计和施工提供依据。压水试验是在一定压力下将水压入壁四周缝隙，根据压入流量和压力，计算出代表岩层渗透特性的技术参数。规范规定，渗透特性用透水率表示。透水率［Lu，单位：L/(min・mm)］即岩石的单位吸水率，指1m的钻孔段，在压力为1MPa的条件下，每分钟压入的水量，以L为单位。

6）灌浆。按照灌浆时浆液灌注和流动的特点，可分为纯压式灌浆和循环式两种。

纯压式灌浆：单纯地把浆液沿灌浆管路压入钻孔，再扩张到岩层裂隙中。适用于裂隙较大、吸浆量多和孔深不超过15m的岩层。这种方式设备简单，操作方便，当吃浆量逐渐变小时，浆液流动慢，易沉淀，影响灌浆效果。

循环式灌浆：浆液通过进浆管进入钻孔后，一部分被压入裂隙，另一部分由回浆管返回拌浆筒。这样可使浆液始终保持流动状态，防止水泥沉淀，保证了浆液的稳定和均匀，提高灌浆效果。

7）封孔。分人工封孔和机械封孔，常用砂浆封填孔口。

8）质量检查。质量检查方法较多，最常用的是打检查孔检查，取岩心、做压水试验检查透水率是否符合设计和规范要求。检查孔的数量，一般帷幕灌浆为灌浆孔的10%，固结灌浆为5%。

(2) 施工工序。帷幕灌浆应遵循先固结后帷幕、先边排后中排、先下游后上游的原则进行。固结灌浆宜在有混凝土覆盖的情况下进行，灌浆次序应先灌外围区，后灌中间，逐渐插孔加密。

(3) 施工方法。按照灌浆顺序，灌浆施工方法分一次灌浆法和分段灌浆法。后者又可分为自上而下分段、自下而上分段及综合灌浆法。

钻孔一次灌浆法：将孔一次钻到设计深度，再沿全孔一次灌浆。施工简便，多用于孔深10m内、基岩较完整、透水性不大的地层。

分段灌浆法：①自上而下分段灌浆法：自上而下钻一段（一般不超过5 m）后，冲洗、压水试验、灌浆。待上一段浆液凝结24h后，再进行下一段钻灌工作。如此钻灌交替，直至设计深度。此法灌浆压力较大，质量好，但钻、灌工序交叉，工效低。多用于岩层破碎、竖向节理裂隙发育地层。②自下而上分段灌浆法：一次将孔钻到设计深度，然后自下而上利用灌浆塞逐段灌浆。这种方法钻灌连续，速度较快，但不能采用较高压力，质量不易保证。一般适用于岩层较完整坚固的地层。③综合灌浆法：通常接近地表的岩层较破碎，越往下则越完整，上部采用自上而下分段，下部采用自下而上分段，使之既能保证质量，又可加快速度。

4. 影响灌浆工效的主要因素

(1) 岩石（地层）级别。岩石（地层）级别是钻孔工序的主要影响因素。岩石级别越高，对钻进的阻力越大，钻进工效越低，钻具消耗越多。

(2) 岩石（地层）的透水性。透水性是灌浆工序的主要影响因素。透水性强（透水率高）的地层可灌性好，吃浆量大，单位灌浆长度的耗浆量大。反之，灌注每吨浆液干料所需的人工、机械台时用量越少。

(3) 施工方法。前述一次灌浆法和自下而上分段灌浆法的钻孔和灌浆两大工序互不干扰，工效高。自上而下分段灌浆法钻孔与灌浆相互交替，干扰大、工效低。

(4) 施工条件。露天作业，机械的效率能正常发挥。隧洞（或廊道）内作业影响机械效率的正常发挥，尤其是对较小的隧洞（或廊道），限制了钻杆的长度，增加了接换钻杆次数，降低了工效。

（二）混凝土防渗墙

在水利工程施工中，建筑在冲积层上的挡水建筑物，设置混凝土防渗墙是一种有效的防渗处理措施。防渗墙施工工艺一般包括造孔和浇筑混凝土两部分内容。

1. 造孔

防渗墙的造孔成槽方式一般采用槽孔法。造孔施工常使用冲击钻机、反循环钻、液压开槽机、射水成槽机等机械进行。冲击钻钻孔成槽是利用钢丝绳将冲击钻头提升到一定高度后，让钻头靠重力自由下落，冲击、破碎岩层土体，泥浆固壁，用捞渣桶把碎渣排出的施工工艺。冲击反循环钻钻孔成槽原理类似冲击钻钻孔成槽，不同是的排渣方式是用泵排。射水成槽机成槽是利用附设在成形器上喷嘴中喷出极高流速的水束或泥浆来破坏土层结构，将土渣混合物排出槽外，同时利用成形器下的刀具修整成槽。液压开槽机开槽是用液压铣开槽机进行开槽。

一般用冲击钻较多，其施工程序包括造孔前的准备、泥浆制备、造孔、终孔验收、清孔换浆等。冲击钻造孔工效不仅受地层土石类别影响，而且与钻孔深度大有关系。随着孔深的增加，钻孔效率下降较大。

2. 浇筑

防渗墙采用导管法浇筑水下混凝土。其施工工艺为浇筑前的准备、配料拌和、浇筑混凝土、质量验收。由于防渗墙混凝土不经振捣，因而混凝土应具有良好的和易性。要求入孔时混凝土的坍落度为18～22cm，扩散度34～38cm，最大骨料粒径不大于4cm。

3. 定额表现形式

一般都将造孔和浇筑分列，概算定额均以阻水面积（$100m^2$）为单位，按墙厚分列子目，而预算定额中，造孔成槽定额单位为100折算米或$100m^2$，防渗墙浇筑定额单位为$100m^3$，混凝土用量均在浇筑定额中列示。

（三）桩基工程

桩基工程是地基加固的主要方法之一，目的是提高地基承载力、抗剪强度和稳定性。

1. 振冲桩

软弱地基中，利用能产生水平向振动的管状振冲器，在高压水流下边振边冲成孔，再在孔内填入碎石和水泥、碎石等坚硬材料成桩，使桩体和原来的土体构成复合地基，这种加固技术称振冲桩法。

（1）施工机具：振冲桩主要机具为振冲器、吊机（或专用平车）和水泵。振冲器是利用一个偏心体的旋转产生一定频率和振幅的水平向振动力进行振冲挤密或置换施工的专用机械。我国用于施工的振冲器型号主要有 ZCQ－30、ZCQ－55、ZCQ－75、ZCQ－150 等，其潜水电机功率分别为 30kW、55kW、75kW 和 150kW。起吊机械包括履带或轮胎吊机、自行井架或专用平车等。吊机的起吊能力须大于 100～200kN。水泵规格为出口水压 0.4～0.6MPa，流量 20～30m^3/h，每台振冲器配一台水泵。

（2）制桩步骤：①振冲器对准桩位，开水、开电；②启动吊机，使振冲器徐徐下沉，并记录振冲器经各深度的电流值和时间；③当达设计深度以上 30～50cm 时，将振冲器提到孔口，再下沉，提起进行清孔；④往孔内倒填料，将振冲器沉到填料中振实，当电流达规定值时，认为该深度已振密，并记录深度、填料量、振密时间和电流量；再提出振冲器，准备做上一深度桩体；重复上述步骤，自下而上制桩，直到孔口；⑤关振冲器，关水、关电，移位。

（3）单价编制：振冲桩单价按地层不同分别采用定额相应子目。由于不同地层对孔壁的约束力不同，所以形成的桩径不同，因此耗用的填料（碎石或碎石、水泥）数量也不相同。

2. 灌注桩

灌注桩施工工艺类似于防渗墙的圆孔法，主要采用泥浆固壁成孔（另外还有干作业成孔、套管法成孔等）。

造孔设备有推钻、冲抓钻、冲击钻、回旋钻等。灌注混凝土一般采用导管法浇筑水下混凝土，定额一般按造孔和灌注分节。灌注孔口管是指坝基砂砾石灌浆在表面一定的深度钻孔下入孔口套管后，在管外壁的孔壁之间填入稠浆，形成孔口封闭灌浆用的孔口管。

（四）编制基础单价应注意的问题

1. 基础处理工程的项目及工程量

基础处理工程的工程量计算相对比较复杂，其项目设置、工程量数量及其单位均必须与概算定额的设置、规定相一致，如不一致，应进行科学的换算，才不致出现差错。

（1）钻孔。有的定额按全孔计量，有的定额将不灌浆孔段（建筑物段）以钻灌比的形式摊入灌浆孔段，使用这种定额，就只能计算灌浆段长度，否则就会重复计量。

（2）灌浆。有的定额以灌浆孔的长度（m）为计量单位，有的定额以灌入水泥量（t）为计量单位，前者的工程量与后者显然是不一样的。

（3）混凝土防渗墙。概算定额用阻水面积（100m^2）为单位，概算定额造孔用折算进尺（100 折算米）为单位，防渗墙混凝土用 100m^3 为单位，所以一定要按科学的换算方式进行换算。

2. 检查孔

钻孔灌浆属隐蔽工程，质量检查至关重要。常用的检查手段是打检查孔，取岩心，做压水（浆）试验。对于检查孔的钻孔、压水（浆）试验、灌浆等费用的处理，必须与定额的规定相适应。如定额中已摊入检查孔的上述费用，就不应再计算，如未摊入，则要注意不要漏掉上述费用。

3. 岩土的平均级别和平均透水率

岩土的级别和透水率分别为钻孔和灌浆两大工序的主要参数，正确确定这两个参数对钻孔灌浆单价有重要意义。由于水工建筑物的地基绝大多数不是单一的地层，通常多达十几层或几十层。各层的岩土级别、透水率各不相同，为了简化计算，几乎所有的工程都采用一个平均的岩石级别和平均的透水率来计算钻孔灌浆单价。在计算这两个重要参数的平均值时，一定要注意计算的范围要和设计确定的钻孔灌浆范围完全一致，也就是说，不要简单地把水文地质剖面图中的数值拿来平均，要注意把上部开挖范围内的透水性强的风化层和下部不在设计灌浆范围的相对不透水地层都剔开。

4. 其他应注意的问题

冲击钻钻孔定额，地层的划分方法为十一类划分法。钻浆砌石按料石相同的岩石级别计算。钻混凝土除节内注明外，一般按粗骨料岩石级别计算。钻机钻灌浆孔、坝基岩石帷幕灌浆等节定额，终孔孔径大于 91mm，或孔深超过 70m 时改用 300 型钻机。钻机钻孔的孔深是按 30～50m 拟定的，如超过这个范围，要进行调整。

在廊道和洞内施工时，人工机械定额乘以表 4 - 20 中的系数。

表 4 - 20　人工、机械定额调整系数表

廊道高度	0～2.0	2.0～3.5	3.5～5.0	>5.0
系数	1.19	1.10	1.07	1.05

灌浆定额中所用的水泥如设计未明确，可按以下标准选取：回填灌浆 32.5，帷幕与固结灌浆 32.5，接缝灌浆 42.5，劈裂灌浆 32.5，高喷灌浆 32.5；定额中锚杆附件包括垫板、三角铁和螺帽等。锚杆（索）是指嵌入岩石的有效长度，按规定应留的外露部分和加工损耗已计入定额。喷浆及喷混凝土定额中已计入了回弹等施工损耗量。高压定喷和旋喷按摆喷定额乘以 0.75 和 1.25 的系数计算。

概算定额中帷幕、固结、高喷、劈裂灌浆钻孔和灌浆的单位都是米，而回填、接缝灌浆的单位是平方米，防渗墙造孔和混凝土浇筑都是阻水面积。预算定额中防渗墙造孔的定额单位和概算不一致，为折算米。

定额中除了章说明，各节带附注的非常多，使用定额时一定要先看清楚条件再应用。

灌浆工程中一般不存在超挖、超填和施工附加量的问题，但是检查工作量相对来说比较多。概算定额中已包含了检查工作量，但在预算定额中没有包括。

【例 4 - 7】 某水库坝基岩石基础固结灌浆，采用手风钻钻孔，一次灌浆法，灌浆孔深 6m，岩石级别为Ⅸ级，试计算坝基岩石固结灌浆综合概算工程单价。基本资料：坝基岩石层平均单位吸水率 5Lu，灌浆水泥采用 32.5 级普通硅酸盐水泥；人工预算单价：初级工 6.84 元/工时，中级工 9.62 元/工时，高级工 11.38 元/工时，工长 12.26 元/工时；材料预算单价：合金钻头 50 元/个，空心钢 9.8 元/kg，32.5 级普通硅酸盐水泥 360 元/t，水 0.8 元/m^3，施工用风 0.2 元/m^3，施工用电 1.5 元/(kW·h)；施工机械台时费：手持式风钻 38.43 元/台时，灌浆泵中压泥浆 51.79 元/台时，灰浆搅拌机 24.93 元/台时，胶轮车 0.80 元/台时；其他直接费费率为 7.5%，间接费费率为 10.5%，利润率为 7%，税率为 11%。

解：（1）计算钻孔单价。根据现行的水总〔2014〕429 号文和水总〔2016〕132 号文的有关规定，查《水利建筑工程概算定额》风钻钻灌浆孔、岩石级别Ⅸ级定额子目为70018，列表计算钻岩石层固结灌浆孔单价见表4－21。

由表4－21可知，钻岩石层固结灌浆孔概算工程单价为30.9元/m。

（2）计算基础固结灌浆概算单价。查《水利建筑工程概算定额》，岩石层透水率为5Lu的基础固结灌浆定额子目为70047，列表计算基础固结灌浆单价见表4－22。

由表4－22可知，基础固结灌浆概算工程单价为191.36元/m。

（3）计算坝基岩石基础固结灌浆综合概算工程单价。坝基岩石基础固结灌浆综合概算单价包括钻孔单价和灌浆单价，即

$$30.9+191.36=222.26(元/m)$$

表4－21　　建筑工程单价表

单价编号		项目名称	钻岩石层固结灌浆孔		
定额编号	70018		定额单位	100m	
施工方法	孔位转移、接拉风管、钻孔，孔深6m				
编号	名称及规格	单位	数量	单价/元	合计/元
1	直接费				2354.60
(1)	基本直接费				2190.33
①	人工费				881.14
	工长	工时	3	12.26	36.78
	高级工	工时			
	中级工	工时	38	9.62	365.56
	初级工	工时	70	6.84	478.80
②	材料费				178.89
	合金钻头	个	2.72	50	136.00
	空心钢	kg	1.46	9.8	14.31
	水	m^3	10	0.8	8.00
	其他材料费	%	13	158.31	20.58
③	施工机械使用费				1130.30
	手持式风钻	台时	25.8	38.43	991.49
	其他机械费	%	14	991.49	138.81
(2)	其他直接费	%	7.5	2190.33	164.27
2	间接费	%	10.5	2354.60	247.23
3	利润	%	7	2601.92	182.13
4	材料补差				0.00
5	税金	%	11	2783.96	306.24
6	单价合计				3090.20

表 4-22　　建筑工程单价表

单价编号		项目名称	基础固结灌浆		
定额编号	70047		定额单位	100m	
施工方法	冲洗、制浆、封孔、孔位转移、检查孔压水试验、灌浆，岩石层透水率为 5Lu				

编号	名称及规格	单位	数量	单价/元	合计/元
1	直接费				14216.41
(1)	基本直接费				13224.57
①	人工费				3974.98
	工长	工时	24	12.26	294.24
	高级工	工时	50	11.38	569.00
	中级工	工时	145	9.62	1394.90
	初级工	工时	251	6.84	1716.84
②	材料费				1707.15
	水泥	t	4.1	255	1045.50
	水	m^3	565	0.8	452.00
	其他材料费	%	14	1497.5	209.65
③	机械使用费				7542.44
	灌浆泵　中压泥浆	台时	96	51.79	4971.84
	灰浆搅拌机	台时	88	24.93	2193.84
	胶轮车	台时	22	0.80	17.60
	其他机械费	%	5	7183.28	359.16
(2)	其他直接费	%	7.5	13224.57	991.84
2	间接费	%	10.5	14216.41	1492.72
3	利润	%	7	15709.13	1099.64
4	材料补差				430.50
	水泥	t	4.1	105	430.50
5	税金	%	11	17239.27	1896.32
6	单价合计				19135.59

八、疏浚工程单价计算

疏浚工程定额的土方分类不同于按 16 类土石分类方法，而是根据不同开挖方法有各自对应的分类方法。挖泥船开挖水下方的泥土及粉细砂、中粗砂各分为松散、中密、紧密一共Ⅶ类。水力冲挖机组的土类分为Ⅰ～Ⅳ类。使用时要注意根据定额附录选取。

定额计量单位除注明者外，均为水下自然方。开挖过程中的超挖和回淤已在定额中考虑。

定额按一级工况制定，当因超限风浪等自然原因影响施工时，根据平均每班客观影响时间，确定相应的工况级别和相应的工况系数。

排高和挖深超过定额的基本排高和挖深时，要进行调整。

排泥管线长度指自挖区中心至排泥区中心的浮筒、岸管、潜管长度的和，其中浮筒管已考虑与挖泥船和岸管连接的弯曲长度。如排泥管线介于两定额之间，插值计算。

单价计算程序为

(1) 开工展布=次数×单价，一般只计算一次；

(2) 排泥管安拆单价=长度×安拆次数×安拆单价，次数根据每次清淤的工程量确定计算；

(3) 挖泥单价=工程量×单价；

(4) 收工集合=次数×单价，一般只计算一次。

第四节　安装工程单价的编制方法

安装工程单价由直接费（包括基本直接费和其他直接费）、间接费、利润、材料补差和税金 5 部分组成。其中基本直接费由人工费、材料费（含装置性材料费）、机械使用费组成。

一、安装工程定额

1. 定额的内容

《水利水电设备安装工程概算定额》包括水轮机安装、水轮发电机安装、大型水泵安装、进水阀安装、水力机械辅助设备安装、电气设备安装、变电站设备安装、通信设备安装、起重设备安装、闸门安装、压力钢管制作及安装共十一章以及附录。

2. 定额的表现形式

《水利水电设备安装工程概算定额》中安装工程有实物量法和安装费率法两种表现形式。

二、安装工程单价编制

安装工程单价根据不同的设计阶段，采用不同的安装定额来编制。设备安装工程概算定额是在设备安装工程预算定额的基础上，综合、扩大、简化、过渡，编制而成，采用的扩大系数为 3%～5%。

1. 实物量形式的安装工程单价计算

安装定额以实物量表示的，其安装工程单价计算方法与建筑工程单价计算方法基本相同。安装工程单价的费用项目组成略有不同。安装工程中的材料可分为消耗性材料和装置性材料。消耗性材料是指在安装过程中被逐渐消耗的材料，如氧气、电石、焊条等。装置性材料是指按照设备与材料的划分规则，那些不属于设备，但又和设备一样需要安装，安装后构成工程实体的材料和附件。装置性材料可分为主要装置性材料和次要装置性材料。

实物量形式的安装工程单价计算方法见表 4-23。

2. 以安装费率形式表示的安装工程单价计算

以安装费率形式表示的定额子目在计算安装工程单价时即以含增值税的设备费为计算基数计算基本直接费，然后另计其他直接费、间接费、利润和税金。定额中的人工费、材料费、机械使用费、装置性材料费都是以费率形式表示。

根据《调整规定》，以费率形式（%）表示的安装工程定额，其人工费费率不变，材料费费率除以 1.03 调整系数，机械使用费费率除以 1.10 调整系数，装置性材料费费率除以 1.17 调整系数。

费率形式的安装单价计算方法见表4-23。

表4-23　　实物量法、安装费率法表示的安装工程单价计算表

序号	费用名称	计算方法	
		实物量法	安装费率法
(一)	直接费	(1)+(2)	(1)+(2)
(1)	基本直接费	①+②+③	①+②+③+④
①	人工费	定额劳动量(工时)×人工预算单价(元/工时)	设备原价×定额人工安装费率×人工费调整系数
②	材料费	定额材料用量×材料预算单价	设备原价×定额材料费安装费率
③	机械使用费	定额机械使用量(台时)×施工机械台时费(元/台时)	设备原价×定额机械使用费安装费率
④	装置性材料费		设备原价×定额装置性材料费安装费率
(2)	其他直接费	(1)×其他直接费费率之和	(1)×其他直接费费率之和
(二)	间接费	①×间接费费率	①×间接费费率
(三)	利润	[(一)+(二)]×利润率	[(一)+(二)]×利润率
(四)	材料补差	(材料预算价格－材料基价)×材料消耗量	
(五)	未计价装置性材料费	未计价装置性材料用量×材料预算单价	
(六)	税金	[(一)+(二)+(三)+(四)+(五)]×税率	[(一)+(二)+(三)]×税率
(七)	安装工程单价	(一)+(二)+(三)+(四)+(五)+(六)	(一)+(二)+(三)+(六)

注　未计价装置性材料只计税金，不计其他直接费、间接费和利润。

三、编制安装工程单价应注意的问题

(1) 使用电站主厂房桥式起重机进行安装工程工作时，桥式起重机台时费不计基本折旧费和安装拆卸费。

(2) 计算装置性材料用量时，应按定额规定的操作损耗率计入操作损耗量。

(3) 安装工程概预算定额除各章说明外，还包括以下工作内容和费用。

1) 设备安装前后的开箱、检查、清扫、滤油、注油、刷漆和喷漆工作。

2) 安装现场内的设备运输。

3) 随设备成套供应的管路及部件的安装。

4) 设备的单体试运转、管和罐的水压试验、焊接及安装的质量检查。

5) 现场施工临时设施的搭拆及其材料、专用特殊工器具的摊销。

6) 施工准备及完工后的现场清理工作。

7) 竣工验收移交生产前对设备的维护、检修和调整。

第五节　安装工程单价的计算

1. 设备安装工程定额表现形式

《水利水电设备安装工程概算定额》以实物量为主要表现形式，以设备原价为计算基

础，以安装费率为辅助表现形式。考虑到初步设计阶段的工作深度，编制概算时，部分设备安装项目不便于按各单项设备数量用实物量定额分别计算安装费。因此，对水力机械辅助设备、电气设备等定额子目，采用按占设备原价百分率的定额形式。

定额包括的内容为设备安装和构成工程实体的主要装置性材料安装的直接费（含人工、材料、装置性材料、机械使用量）。安装工程单价中的其他直接费、间接费、利润和税金，应另按有关规定进行计算。

2. 设备安装工程定额的使用原则

（1）安装费率的应用。

1）以设备原价作为计算基础，安装工程人工费、材料费、机械使用费和定额装置性材料费均以费率（%）形式表示，除人工费率外，使用时均除以调整系数。

2）关于进口设备若应采用安装费率计算安装费时，应按本定额的相应费率，乘以相应国产设备含增值税原价对进口设备原价的比例系数，换算为进口设备安装费率后，就可以求出进口设备的安装费。

（2）实物量的应用。定额中人工工时、材料、机械台时等均以实物量表示。其中材料和机械仅列出主要品种的型号、规格及数量；若品种、型号、规格不同，均不作调整。其他材料和一般小型机械分别按占主要材料费和主要机械费的百分率计列。

（3）海拔高程调整系数。本定额适用于海拔 2000m 以下地区的建设项目，海拔 2000m 以上地区，其人工和机械定额调整系数同表 4-4。

（4）按设备重量划分子目的定额，当所求设备的重量介于同型设备的子目之间时，可按插入法计算安装费。

$$B=(C-B)\times(a-b)/(c-b)+B \tag{4-8}$$

式中 A——所求设备的安装费；

B——较所求设备小而最接近的设备安装费；

C——较所求设备大而最接近的设备安装费；

a——A 项设备的重量；

b——B 项设备的重量；

c——C 项设备的重量。

（5）装置性材料。定额中“装置性材料”是个专用名词。它本身属于材料，但又是被安装对象，安装后构成工程的实体。装置性材料可分为主要装置性材料和次要装置性材料。凡在概算定额项目中作为安装对象单列的材料，即为主要装置性材料，在“项目划分”和“概算定额”中均以独立的安装项目出现，如电缆、母线、轨道、管路、滑触线、压力钢管等。编制概预算时，应根据设计确定的型号、规格、数量，乘以该工程材料预算单价，在定额以外另外计价（主要装置性材料本身的价值在安装定额内并未包括，需要另外计价。所以，主要装置性材料又叫未计价装置性材料）。

计算未计价装置性材料价值时，其用量要考虑一定的操作损耗。操作损耗率按表 4-24 计算。在《水利水电设备安装工程概算定额》中，未计价的装置性材料安装费子目共有 84 个，见表 4-25。

表 4-24　　装置性材料操作损耗率表

序号	材料名称	操作损耗率/%
1	钢板（齐边）	
1)	压力钢管直管	5
2)	压力钢管弯管、岔管、渐变管	15
2	钢板（毛边）压力钢管	17
3	镀锌钢板通风管	10
4	型钢	5
5	管材及管件	3
6	电力电缆	1
7	控制电缆、高频电缆	1.5
8	硬母线　钢、铝、钢质的带形、管形及槽形母线	2.3
9	裸软导线　铜、铝、钢及钢芯铝线	1.3
10	压接式线夹	2
11	金具	1
12	绝缘子	2
13	塑料制品	5

表 4-25　　未计价装置性材料安装费子目统计表

序号	名称	未计价的装置性材料	安装费子目数/个
1	水机管路	管子、管子附件和阀门	9
2	电缆	电缆、电缆管、电缆桥架钢材等	3
3	母线	母线、绝缘子、穿墙套管、伸缩节、钢支架等	8
4	接地	接地极、接地母线和避雷针用钢材	1
5	保护网	金属网和型钢	1
6	一次拉线	导线、绝缘子	4
7	断路器基础	基础用钢板和型钢	15
8	钢轨	钢轨、垫板、型钢及螺栓等	9
9	滑触线	型钢、螺栓、绝缘子等若需辅助母线，另计算	4
10	阻进器制安	型钢	2
11	闸门压重安装	压重物本身	1
12	小型金构安装	型材本身	1
13	压力钢管制作	钢管本身、加劲环、支承环本身的钢材	26
合计			84

次要装置材料：机电设备及金属结构设备在安装过程所需的装置性材料，它们在安装费子目中已经包含，不能单独列项计算投资。

次要装置性材料的品种多，规格杂，且价值也较低，故在概算定额中均已计入其费用，所以，次要装置性材料又叫已计价装置性材料（或叫定额装置性材料）。在《水利水电设备安装工程概算定额》中，包括有已计价的装置性材料安装费子目共有 14 个，见表 4-26。

表 4-26　　包括有已计价装置性材料的安装费子目统计表

序号	名　称	已计价装置性材料的表现形式	安装费子目数/个
1	发电电压设备	用%表示	3
2	控制保护设备	用%表示	1
3	计算机监控设备	用%表示	1
4	直流系统设备	用%表示	3
5	厂用电系统设备	用%表示	1
6	变电站高压电气设备	用%表示	5
合　计			14

(6) 关于定额的调整。使用定额时，对不同的地区、施工企业、机械化程度和施工方法等差异因素，除定额规定者外，均不作调整。目前，在市场经济的环境中，有关定额、规定仅供使用者参考。

【例 4-8】 某大型水电站位于某县（四类区）的边远山村，需要安装 4 台混流式水轮机，其型号为 HL286-LJ-800，调速器为 DT-150，油压装置为 YS-8，每台套设备自重 1750t（其中：主机自重 1680t），全套设备平均出厂价为 3.3 万元/t（含增值税）。全电站水轮机用透平油 1000t，其预算单价为 17000 元/t，设备运杂费费率 7%，运输保险费率为 0.4%。其他直接费费率：11.2%；间接费费率 75%；利润率 7%；税金 11%。请计算该工程水轮机主机安装费（辅机安装费暂不计）。工程基础价格：

(1) 工长 12.76 元/工时，高级工 11.88 元/工时，中级工 10.12 元/工时，初级工 7.34 元/工时；

(2) 钢板 3.75 元/kg，型钢 3.77 元/kg，钢管 5.44 元/kg，铜材 56.80 元/kg，电焊条 6.31 元/kg，氧气 6.80m^3/kg，乙炔气 14.56m^3/kg，汽油 7.20 元/kg，透平油 17.00 元/kg，油漆 15.53 元/kg，木材 1312 m^3/kg，电 0.68kW·h；(3) 桥式起重机 339.72 元/台时，电焊机 20～30kVA 为 10.51 元/台时，车床 ϕ400～ϕ600 为 27.15 元/台时，刨床 B650 为 17.69 元/台时，摇臂钻床 ϕ50 为 21.67 元/台时，压力滤油机 150 型 14.05 元/台时。

解： (1) 计算水轮机主机的安装工程单价。根据现行的水总〔2014〕429 号文和水总〔2016〕132 号文的有关规定，查《水利水电设备安装工程概算定额》水轮机安装定额，列表计算水轮机安装工程单价见表 4-27。

由表 4-27 可知，水轮机安装工程单价为 5722683.31 元/台。

表 4-27　　安装工程单价计算表　　定额单位：台

编号	工程项目	HL286-LJ-800　主机自重　1680t			
	定额编号	01029、01030			
	工程费用名称	单位	数量	单价	合计/元
一	直接费				3470993.85
(一)	基本直接费				3121397.35

续表

编号	工程项目	HL286－LJ－800 主机自重 1680t			
	定额编号	01029、01030			
	工程费用名称	单位	数量	单价	合计/元
1	人工费				1783469.65
	工长	工时	8670.2	12.76	110631.75
	高级工	工时	41616.2	11.88	494400.46
	中级工	工时	98838.8	10.12	1000248.66
	初级工	工时	24276.4	7.34	178188.78
2	材料费				488341.87
	钢板	kg	7505.6	3.75	28146.00
	型钢	kg	28155.6	3.77	106146.61
	钢管	kg	2368.8	5.44	12886.27
	铜材	kg	518.2	56.8	29433.76
	电焊条	kg	5014	6.31	31638.34
	氧气	m^3	6472.2	6.8	44010.96
	乙炔气	m^3	2789	14.56	40607.84
	汽油	kg	2514.6	3.075	7732.40
	透平油	kg	266	17	4522.00
	油漆	kg	1886.2	15.53	29292.69
	木材	m^3	15.1	1312	19811.20
	电	kW・h	62938	0.68	42797.84
	其他材料费	%	23	397025.91	91315.96
3	施工机械使用费				849585.83
	桥式起重机	台时	1677.8	339.72	569982.22
	电焊机 20～30kVA	台时	4413.6	10.51	46386.94
	车床 ϕ400～ϕ600	台时	856.2	27.15	23245.83
	刨床 B650	台时	694.6	17.69	12287.47
	摇臂钻床 ϕ50	台时	940.8	21.67	20387.14
	压力滤油机 150 型	台时	525.2	14.05	7379.06
	其他机械费	%	25	679668.66	169917.17
（二）	其他直接费	%	11.2	3121397.35	349596.50
二	间接费	%	75	1783469.65	1337602.24
三	利润	%	7	4808596.09	336601.73
四	材料补差				10372.73
	汽油	kg	2514.6	4.125	10372.73
五	未计价装置性材料				
六	税金	%	11	5155570.55	567112.76
七	单价合计				5722683.31

（2）计算水轮机主机安装费。该工程水轮机主机安装费＝5722683.31×4÷10000＝2289.07(万元)

【例 4-9】 某水电站发电电压设备 15.75kV，其设备出厂价为 480 万元（含增值税）。其他直接费费率：11.2％；间接费费率 75％；利润率 7％；税金 11％。请计算该发电电压设备安装工程单价。

解法 1：（1）发电电压设备安装费在《水利水电设备安装工程概算定额》中是以安装费率形式给出的，根据发电电压设备电压为 15.75kV，可选定定额编号为 06003，见表 4-28。

表 4-28　　发电电压设备

编号	项　目	单位	安装费/％				装置性材料费/％
			合计	人工费	材料费	机械使用费	
06003	电压＞10.5kV	项	7.1	3.7	2.2	1.2	3.0

（2）根据《调整规定》调整定额费率。

材料费费率 2.2％调整为 2.2％÷1.03＝2.14％

机械使用费费率 1.2％调整为 1.2％÷1.1＝1.09％

装置性材料费费率 3.0％调整为 3.0％÷1.17＝2.56％

（3）安装工程单价计算。

基本直接费＝4800000×(3.7％＋2.14％＋1.09％＋2.56％)＝455520(元/项)

人工费＝4800000×3.7％＝177600(元/项)

安装工程单价＝[455520×(1＋11.2％)＋177600×(75％)]×(1＋7％)×(1＋11％)
＝759817.11(元/项)

解法 2：该发电电压设备的安装工程单价分析见表 4-29。

由表 4-29 可知，发电电压设备安装工程单价为 759817.11 元/项。

表 4-29　　安装工程单价计算表　　定额单位：项

编号	工程项目	发电电压设备 15.75kV			
	定额编号	06003			
	工程费用名称	单位	数量	单价	合计/元
一	直接费				506538.24
(一)	基本直接费				455520.00
1	人工费	元	3.70％	4800000	177600.00
2	材料费	元	2.14％	4800000	102720.00
3	装置性材料费	元	2.56％	4800000	122880.00
4	机械使用费	元	1.09％	4800000	52363.64
(二)	其他直接费	元	11.2％	455564.83	51018.24
二	间接费	元	75.0％	177600	133200.00
三	利润	元	7％	639738.24	44785.17
四	税金	元	11％	684519.92	75297.19
五	单价合计	元			759817.11

习　题

1. 某水利枢纽工程的隧洞（平洞）混凝土衬砌，设计开挖直径 3.5m（不包括超挖），衬砌厚度 50cm，混凝土拌和地点距隧洞进口 50m，隧洞长 300m，采用钢模板单向衬砌作业。0.4m^3拌和机拌制混凝土，人工推胶轮架子车运输至浇筑现场，混凝土泵入仓。

基本资料：设计混凝土强度为 C25，采用 42.5 级普通硅酸盐水泥二级配。人工预算单价为四类地区人工预算单价。材料价格：42.5 级普通硅酸盐水泥 360 元/t，粗砂 36 元/m^3，卵石 48 元/m^3，施工用水 0.40 元/ m^3，施工用电 0.68 元/(kW·h)，汽油 6.2 元/kg，施工用风 0.12 元/m^3，锯材 1800 元/m^3，组合钢模板 6.50 元/kg，型钢 3.75 元/kg，卡扣件 4.5 元/kg，铁件 6.5 元/kg，电焊条 7.0 元/kg，预制混凝土柱 378 元/m^3。

试计算该水利枢纽工程隧洞衬砌混凝土工程单价。

2. 某水利枢纽工程，电站水轮机型号为 HL235－LJ－610，调速器为 T—100，油压装置为 YS－6，全套设备自重 950t（其中调速器 32t，油压装置 18t，金属蜗壳 100t），全套设备平均出厂价为 5.6 万元/t。水轮机用透平油 250t（预算价格为 16000 元/t），运杂费率为 7%，运输保险费率 0.4%，利用厂房 250t 桥机安装，已知基础价格见表 4－30。

表 4－30　　基础价格表

序号	名　称	单位	单价/元	序号	名　称	单位	单价/元
1	工长	工时	11.98	13	滤油纸 300×300	张	5
2	高级工	工时	11.09	14	透平油	kg	16
3	中级工	工时	9.33	15	油漆	kg	15
4	初级工	工时	6.55	16	木材	m^3	1145
5	钢板	kg	4	17	电	kW·h	0.65
6	型钢	kg	4	18	桥式起重机双梁 250t	台时	327
7	钢管	kg	5	19	电焊机交流 25kVA	台时	9.2
8	铜材	kg	56	20	普通车床 ϕ400～ϕ600	台时	22
9	电焊条	kg	6.3	21	牛头刨床 B650	台时	16
10	氧气	m^3	6.8	22	摇臂钻床 ϕ35～ϕ50	台时	21
11	乙炔气	m^3	14.5	23	压力滤油机 150 型	台时	12
12	汽油	kg	6				

试计算该水利枢纽工程全套水轮机的安装工程单价。

第五章　工程量计算及工程量清单计价

水利工程的造价计算中，建筑工程、设备及安装工程、施工临时工程的分部分项工程造价多以工程量乘以工程单价为计算的主要方法。工程量的计算作为水利工程概预算编制的重要工作之一，其准确性直接影响到了水利工程造价的准确性。因此，工程造价专业人员除应掌握本专业的知识外，还应具有一定程度的水工、施工、机电等专业知识，应掌握工程量计算的基本要求、计算方法、计算规则，按照编制规定的相关规定，正确处理各类工程量。编制概预算时，工程造价专业人员应查阅主要设计图纸和设计说明，对各专业设计提供的工程量，要认真分析、核实，对不符合概预算编制有关规定的应及时修正。

第一节　工程量的分类

水利工程各设计阶段的设计工程量，是设计工作的重要成果，也是编制工程概（估）预算的主要依据。

水利工程设计中工程量分为三大类：永久工程建筑工程量、施工临时工程工程量以及金属结构工程工程量。

按照不同设计阶段设计报告编制规程的要求，永久工程和主要施工临时工程的工程量，均应符合工程项目划分的要求。

各设计阶段计算的工程量乘以表 5－1 所列相应的阶段系数后，作为设计工程量提供给造价专业编制工程概预算。

表 5－1　　水利工程设计工程量阶段系数表

类　别		永久工程或建筑物			施工临时工程		
设计阶段		项目建议书	可行性研究	初步设计	项目建议书	可行性研究	初步设计
土石方开挖工程量/万 m^3	＞500	1.03～1.05	1.02～1.03	1.01～1.02	1.05～1.07	1.04～1.06	1.02～1.04
	500～200	1.05～1.07	1.03～1.04	1.02～1.03	1.07～1.10	1.06～1.08	1.04～1.06
	200～50	1.07～1.09	1.04～1.06	1.03～1.04	1.10～1.12	1.08～1.10	1.06～1.08
	＜50	1.09～1.11	1.06～1.08	1.04～1.05	1.12～1.15	1.10～1.13	1.08～1.10
混凝土工程量/万 m^3	＞300	1.03～1.05	1.02～1.03	1.01～1.02	1.05～1.07	1.04～1.06	1.02～1.04
	300～100	1.05～1.07	1.03～1.04	1.02～1.03	1.07～1.10	1.06～1.08	1.04～1.06
	100～50	1.07～1.09	1.04～1.06	1.03～1.04	1.10～1.12	1.08～1.10	1.06～1.08
	＜50	1.09～1.11	1.06～1.08	1.04～1.05	1.12～1.15	1.10～1.13	1.08～1.10

续表

类　别		永久工程或建筑物			施工临时工程		
设计阶段		项目建议书	可行性研究	初步设计	项目建议书	可行性研究	初步设计
土石方填筑砌石工程量/万 m^3	>500	1.03～1.05	1.02～1.03	1.01～1.02	1.05～1.07	1.04～1.06	1.02～1.04
	500～200	1.05～1.07	1.03～1.04	1.02～1.03	1.07～1.10	1.06～1.08	1.04～1.06
	200～50	1.07～1.09	1.04～1.06	1.03～1.04	1.10～1.12	1.08～1.10	1.06～1.08
	<50	1.09～1.11	1.06～1.08	1.04～1.05	1.12～1.15	1.10～1.13	1.08～1.10
钢筋/t		1.08	1.06	1.03	1.10	1.08	1.05
钢材/t		1.06	1.05	1.03	1.10	1.08	1.05
模板/t		1.11	1.08	1.05	1.12	1.09	1.06
灌浆/t		1.16	1.15	1.10	1.18	1.17	1.12

注　1. 若采用混凝土立模面积系数乘以混凝土工程量计算模板工程量时，不应再考虑模板阶段系数。

2. 若采用混凝土含钢率或含钢量乘以混凝土工程量计算钢筋工程量时，不应再考虑钢筋阶段系数。

3. 截流工程的工程量阶段系数可取 1.25～1.35。

一、水利建筑工程量分类

（一）设计工程量

设计工程量由图纸工程量和设计阶段扩大工程量组成。

（1）图纸工程量。是指按设计图纸计算出的工程量。对于各种水工建筑物，也就是按照设计的几何轮廓尺寸计算出的工程量。对于钻孔灌浆工程，就是按设计参数（孔距、排距、孔深等）求得的工程量。

（2）设计阶段扩大工程量。是指由于可行性研究阶段和初步设计阶段勘测、设计工作的深度有限，有一定的误差，为留有一定的余地而增加的工程量。

（二）施工超挖工程量

为保证建筑物的安全，施工开挖一般都不允许欠挖，以保证建筑物的设计尺寸，施工超挖自然不可避免。影响施工超挖工程量的因素主要有施工方法、施工技术及管理水平、地质条件等。

（三）施工附加量

施工附加量是指为完成本项目工程必须增加的工程量。例如：小断面圆形隧洞为满足交通需要扩挖下部而增加的工程量；隧洞工程为满足交通、放炮的需要设置洞内错车道、避炮洞所增加的工程量；为固定钢筋网而增加固定筋工程量等。

（四）施工超填工程量

施工超填工程量是指由施工超挖量、施工附加量相应增加的回填工程量。

（五）施工损失量

（1）体积变化损失量。如土石方填筑工程中的施工期沉陷而增加的工程量，混凝土体积收缩而增加的工程量等。

（2）运输及操作损耗量。如混凝土、土石方在运输、操作过程中的损耗，以及围垦工程、堵坝抛填工程的冲损等。

（3）其他损耗量。如土石方填筑工程施工后，按设计边坡要求的削坡损失工程量，接缝削坡损失工程量，土坝的雨后坝面清理损失工程量，混凝土防渗墙一、二期墙槽接头孔重复造孔及混凝土浇筑增加的工程量等。

（六）质量检查工程量

（1）基础处理工程检查量。基础处理工程大多采用钻一定数量检查孔的方法进行质量检查。

（2）其他检查工程量。如土石方填筑工程通常采用挖试验坑的方法来检查其填筑成品方的干密度。

（七）试验工程量

如土石坝工程为取得石料场爆破参数和坝上碾压参数而进行的爆破试验、碾压试验增加的工程量。

二、各类工程量在概预算中的处理

在编制概预算时，应按工程量计算规定和项目划分及定额等有关规定，正确处理上述的各类工程量。

（一）设计工程量

设计工程量就是图纸工程量乘以设计阶段系数的工程量。可行性研究、初步设计阶段的设计系数应采用《水利水电工程设计工程量计算规定》（SL 328—2005）中“设计工程量计算阶段系数表”的数值。利用施工图设计阶段成果计算工程造价的，不论是预算或是调整概算，其设计阶段系数均为 1.0，即设计工程量就是图纸工程量，不再保留设计阶段扩大工程量。新的工程量计算规则颁布后，按新规则计算。

（二）施工超挖量、施工附加量及施工超填量

现行概算定额已按有关施工规范计入了合理的超挖量、超填量和施工附加量，故编制概算时，工程量不应再计算这三项工程量。

现行部颁预算定额未计入施工超挖量、施工附加量及施工超填量三项工程量，故采用时，应将这三项合理的工程量，采用相应的超挖、超填预算定额，摊入单价中，而不是简单地乘以这三项工程量的扩大系数。

（三）施工损失量

现行概算定额对运输及操作损耗、体积变化损耗及其他损耗已按有关规定计入相应定额之中。因此，采用不同的定额编制工程单价时应仔细阅读有关定额说明，以免漏算或重算。

使用现行部颁预算定额，应在计算备料量和运输量时考虑土石坝填筑的施工沉陷、雨后清理等体积变化损失工程量；混凝土防渗墙一、二期墙槽接头孔重复造孔及混凝土浇筑增加的工程量，也应在计算工程量时考虑。

（四）质量检查工程量

现行部颁概、预算定额已计入检查孔的钻孔、检查工作。

现行部颁概算定额已计入了一定数量的土石坝填筑质量检测所需的试验坑，故不应再计列试验坑的工程量。现行部颁预算定额应在计算备料量和运输量时考虑试验坑工程量。

（五）试验工程量

爆破试验、碾压试验、级配试验、灌浆试验等大型试验均为设计工作提供重要参数，

应列入在勘测设计费的专项费用或工程科研试验费中。

第二节　工程量的计算

一、《水利水电工程设计工程量计算规定》简介

为规范水利工程量计算工作，水利部于 2005 年 11 月 15 日发布了《水利水电工程设计工程量计算规定》(SL 328—2005)。

(一) 总则

(1) 水利水电工程各设计阶段的设计工程量，是设计工作的重要成果和编制工程概预算的主要依据。为统一设计工程量的计算工作，特制定本标准。

(2) 本标准适用于大型、中型水利水电工程项目的项目建议书、可行性研究和初步设计阶段的设计工程量计算。

(3) 各设计阶段计算的工程量乘表 5-1 所列相应的阶段系数后，作为设计工程量提供给造价专业编制工程概预算。

(4) 施工中允许的超挖、超填量、合理的施工附加量及施工操作损耗，已计入概算定额，不应包括在设计工程量中。

(5) 本标准中不包括机电设备需要量计算的内容。

(二) 永久工程建筑工程量

(1) 土石方开挖工程量应按岩土分类级别计算，并将明挖、暗挖分开。明挖宜分一般、坑槽、基础、坡面等；暗挖宜分平洞、斜井、竖井和地下厂房等。

(2) 土石方填（砌）筑工程工程量计算应符合下列规定。

1) 土石方填筑工程量应根据建筑物设计断面中不同部位不同填筑材料的设计要求分别计算，以建筑物实体方计量。

2) 砌筑工程量应按不同砌筑材料、砌筑方式（干砌、浆砌等）和砌筑部位分别计算，以建筑物砌体方计量。

(3) 疏浚与吹填工程的工程量计算应符合下列规定。

1) 疏浚工程量的计算，宜按设计水下方计量，开挖过程中的超挖及回淤量不应计入。

2) 吹填工程量计算，除考虑吹填区填筑量，还应考虑吹填土层固结沉降、吹填区地基沉降和施工期泥沙流失等因素，计量单位为水下方。

(4) 土工合成材料工程量宜按设计铺设面积或长度计算，不应计入材料搭接及各种型式嵌固的用量。

(5) 混凝土工程量计算应以成品实体方计量，并应符合下列规定。

1) 项目建议书阶段混凝土工程量宜按工程各建筑物分项、分强度、分级配计算。可行性研究和初步设计阶段混凝土工程量应根据设计图纸分部位、分强度、分级配计算。

2) 碾压混凝土宜提出工法，沥青混凝土宜提出开级配或密级配。

3) 钢筋混凝土的钢筋可按含钢率或含钢量计算。混凝土结构中的钢衬工程量应单独列出。

(6) 混凝土立模面积应根据建筑物结构体形、施工分缝要求和使用模板的类型计算。

项目建议书和可行性研究阶段可参考现行部颁《水利建筑工程概算定额》附录9，初步设计阶段可根据工程设计立模面积计算。

(7) 钻孔灌浆工程量计算应符合下列规定。

1) 基础固结灌浆与帷幕灌浆的工程量，自起灌基面算起，钻孔长度自实际孔顶高程算起。基础帷幕灌浆采用孔口封闭的，还应计算灌注孔口管的工程量，根据不同孔口管长度以孔为单位计算。地下工程的固结灌浆，其钻孔和灌浆工程量根据设计要求以米计。

2) 回填灌浆工程量按设计的回填接触面积计算。

3) 接触灌浆和接缝灌浆的工程量，按设计所需面积计算。

(8) 混凝土地下连续墙的成槽和混凝土浇筑工程量应分别计算，并应符合下列规定。

1) 成槽工程量按不同墙厚、孔深和地层以面积计算。

2) 混凝土浇筑的工程量，按不同墙厚和地层以成墙面积计算。

(9) 锚固工程量可按下列要求计算。

1) 锚杆支护工程量，按锚杆类型、长度、直径和支护部位及相应岩石级别以根数计算。

2) 预应力锚索的工程量按不同预应力等级、长度、型式及锚固对象以束计算。

(10) 喷混凝土工程量应按喷射厚度、部位及有无钢筋以体积计，回弹量不应计入。喷浆工程量应根据喷射对象以面积计。

(11) 混凝土灌注桩的钻孔和灌筑混凝土工程量应分别计算，并应符合下列规定。

1) 钻孔工程量按不同地层类别以钻孔长度计。

2) 灌筑混凝土工程量按不同桩径以桩长度计。

(12) 其他工程量计算。

1) 枢纽工程对外公路工程量，项目建议书和可行性研究阶段可根据1/50000～1/10000的地形图按设计推荐（或选定）的线路，分公路等级以长度计算工程量。初步设计阶段应根据不小于1/5000的地形图按设计确定的公路等级提出长度或具体工程量。

若对外公路有委托设计成果，应参照上述要求，按经过审查后的成果提出线路挖、填及桥涵隧道的各项工程量。

公路沿线桥梁的等级及工程量，按设计推荐线路的实际需要和规模确定；小桥、涵管以及沿线的一般防护工程，可采用《公路设计手册》中的扩大指标计算。

2) 场内公路，包括工区（或生活区）与工区、工区与施工现场、施工现场与现场仓库、料场、骨料筛分及混凝土生产系统、堆渣场等之间的主要交通道路。场内永久公路中主要交通道路，项目建议书和可行性研究阶段应根据1/10000～1/5000的施工总平面布置图按设计确定的公路等级以长度计算工程量。初步设计阶段应根据1/5000～1/2000的施工总平面布置图，按设计要求提出长度或具体工程量。其所需桥梁、小桥涵及防护工程，按上述对外交通相同的要求计算。

3) 引（供）水、灌溉等工程的永久公路工程量可参照上述要求计算。

4) 桥梁、涵洞按工程等级分别计算，提出延米或具体工程量。

5) 永久供电线路工程量，按电压等级、回路数以长度计算。

(三) 施工临时工程的工程量

(1) 施工导流工程工程量计算要求与永久水工建筑物计算要求相同，其中永久与临时结合的部分应计入永久工程量中，阶段系数按施工临时工程计取。

(2) 施工支洞工程量应按永久水工建筑物工程量计算要求进行计算，阶段系数按施工临时工程计取。临时支护的锚杆、喷混凝土（或砂浆）、钢支撑以及混凝土衬砌施工用的钢筋、钢材，均应根据设计要求和有关规范、定额计算其用量。

(3) 施工场地平整，包括生活区、辅助企业区、砂石料场、混凝土拌和系统、骨料筛分系统以及其他所有的施工场地开挖和填筑工程量，可行性研究阶段按 1/5000 的施工总平面布置图，以相应的精度切取剖面计算工程量。初步设计阶段按 1/2000 的施工总平面布置图并实测若干剖面计算工程量。

(4) 大型施工设施及施工机械布置所需土建工程量，如缆式起重机平台的开挖或混凝土基层、排架和门、塔机栈桥等，按永久建筑物的要求计算工程量，阶段系数按施工临时工程计取。

(5) 施工临时公路的工程量可根据相应设计阶段施工总平面布置图或设计提出的运输线路分等级计算公路长度或具体工程量。

(6) 施工供电线路工程量可按设计的线路走向、电压等级和回路数计算。

(四) 金属结构工程量

(1) 水工建筑物的各种钢闸门和拦污栅的工程量以吨计，项目建议书可按已建工程类比确定；可行性研究阶段可根据初选方案确定的类型和主要尺寸计算；初步设计阶段应根据选定方案的设计尺寸和参数计算。各种闸门和拦污栅的埋件工程量计算均应与其主设备工程量的计算精度一致。

(2) 启闭设备工程量计算，宜与闸门和拦污栅工程量计算精度相适应，并分别列出设备重量（吨）和数量（台、套）。

(3) 压力钢管工程量应按钢管型式（一般、叉管）、直径和壁厚分别计算，以吨为计量单位，不应计入钢管制作与安装的操作损耗量。

(五) 机电设备

(1) 可行性研究阶段，机电设备及安装工程量按四大主要机电设备系统计算，水轮发电机组按台（t）计算，厂内起吊设备按台（t）计算，主变压器按台（组）计算，升压站高压设备按台（间隔）计算。对属于发电厂工程、升压变电工程和其他的机电设备，根据可行性研究报告并按已建工程资料用类比法综合研究选择。

(2) 初步设计阶段，机电设备及安装工程量，应根据《水利工程设计概（估）算编制规定》中发电设备、升压变电设备及安装工程所列细项，分别计算其设备及安装工程量。对其他机电设备及安装工程量、按其归属范围，分别按发电设备及安装工程量或升压变电设备及安装工程量计算。

二、计算工程量应注意的问题

(一) 工程项目的设置

工程项目的设置除必须满足《水利水电工程设计工程量计算规定》（SL 328—2005）提出的基本要求外（如土石方开挖工程，应按不同土壤、岩石类别分别列项），还必须与概算定额子目划分相适应，如土石方填筑工程应按抛石、堆石料、过渡料、垫层料等分列，固结灌浆应按深孔（地质钻机钻孔）、浅孔（风钻钻孔）分列等。

（二）必须与采用的定额相一致

概预算的项目及工程量的计算应与定额节、目的设置，定额单位和定额的有关规定相一致。有些工程项目，其单位可以有两种表示方式，如喷混凝土可以用 m^2，也可以用 m^3；混凝土防渗墙可以用 m^2（阻水面积），也可以用 m（进尺）和 m^3；高压喷射防渗墙可以用 m^2（阻水面积），也可以用 m（进尺）。设计采用的工程量单位应与定额单位相一致，如不一致则应按定额的规定进行换算，使之一致。

工程量计算也要与定额的规定相适应，例如岩基帷幕灌浆，如果定额中已将建筑物段的钻孔、封孔工作量摊入岩基段的钻孔灌浆中，则工程量只能计算岩基段钻灌量。

三、主要工程量统计

（一）主要工程量统计的目的

水利工程概预算中要求统计主要工程量，并将统计结果写入“工程概算的编制说明”中。这样做的目的是让审核及编制人员能概略了解工程规模、工程主要工作的类型和数量，从而了解工程的特点，以便审核人员将该工程的相关参数与类似工程进行比较，初步判断该工程的技术经济指标是否合理。

主要工程量统计不仅为施工企业派遣劳动人员、组织施工机械、进行备料和安排材料供应提供基本资料，而且是施工企业编制施工组织设计、安排施工进度、合理组织施工及计算工程成本不可缺少的条件。

（二）工程量统计的内容

水利工程概预算要求统计主要工程量，而不是全部工程量。一般工程项目的统计范围为枢纽工程（主体建筑物）和施工导流工程。主要工程量的项目类别选择根据具体工程的不同而不同，一般选择对投资影响较大的项目。常包括工程量较大的项目和工程量虽不大但单价较大的项目。一般水利工程需统计土石方明挖、石方洞挖、土石方填筑、混凝土、模板、钢筋、帷幕灌浆、固结灌浆、金属结构安装等项目。

统计主要工程量时，一般应按《水利水电工程设计工程量计算规定》要求计算，统计采用的单位应与水利工程定额单位一致。统计结果应列入“主要工程量汇总表”中。

第三节 工 料 分 析

一、工料分析的概念及作用

工料分析就是对工程建设项目所需的人工及主要材料数量进行分析计算，进而统计出单位工程及分部分项工程所需的人工数量及主要材料用量，最后汇总出整个工程项目的劳动力和主材用量。主要材料一般包括钢筋、钢材、水泥、木材、汽油、柴油、炸药、沥青、粉煤灰、砂石等，不同的工程主要材料种类一般不同。

工料分析的目的主要是为施工企业调配劳动力、做好备料及组织材料供应、合理安排施工及核算工程成本提供依据。工料分析是工程概预算的一项基本内容，也是施工组织设计中安排施工进度不可缺少的资料。

二、工料分析方法

工料分析计算就是按照概算项目内容中所列的工程数量乘以相应单价中所需的定额人工数量及定额材料用量，计算出每一工程项目所需的工时、材料用量，然后按照概预算编制的步骤逐级向上合并汇总。工时、材料计算表格式见表5-2。

表5-2　　工时、材料计算表

序号	工程项目名称	单位	工程量	定额工时/个				分计工时/个				水泥/kg		钢筋/t			
				工长	高级工	中级工	初级工	工长	高级工	中级工	初级工	定额用量	合计	定额用量	合计		

计算步骤及填写说明如下。

（1）填写工程项目及工程数量，按照概算项目分级顺序逐项填写表格中的工程项目名称及工程数量。工程项目的填写范围为枢纽工程（主体建筑物）和施工导流工程。

（2）填写单位定额用工、材料用量，按照各工程项目所对应的单价编号，查找该单价所需的单位定额用工数量及单位定额材料用量、单位定额机械台时用量，逐项填写。对于汽油、柴油用量计算，除填写单位定额机械台时用量外，还要填写不同施工机械的台时用油数量（查《水利工程施工机械台时费定额》）。需要强调的是，单位定额用工数量，既要考虑单价表中的用工量，还要计算施工机械台班费中的用工数量，不能漏算。

（3）计算工时及材料数量。表5-2中的定额用量指单位定额用量，工时用量及水泥、钢筋、钢材、木材、炸药、沥青、粉煤灰等材料用量，按照单位定额工时、材料用量分别乘以本项工程数量即得本工程项目工时及材料合计数量；汽油、柴油材料用量，按照单位定额台时用量乘以台时耗油量，再乘以本项工程数量，即得本项汽油、柴油合计用量。

（4）按照上述（3）计算方法逐项计算，然后再逐级向上合并汇总，即得所需计算的工时、材料用量。

（5）按照概算表格要求填写主体工程工时数量汇总表及主体工程主要材料量汇总表。

可以看出，工料分析的关键是要求出各建筑（安装）工程单价所对应的人工和材料消耗数量，统计时不要重算和漏算。对人工，除单价中人工外，还有施工机械的用工数量，安装工程以百分率表示的定额无法直接统计人工数，需要用人工费和人工单价反推出用工数量。水泥、砂、石等的数量部分必须由混凝土、砂浆材料单价中推导出来。另外，对不是直接由定额计算得到的工程项目，还要设法估算工料。

三、主要材料量和工时数量汇总表

主要材料量汇总表和工时数量汇总表是工程概算的重要组成部分，是反映工程规模的重要参数，是编写工程概算编制说明的重要内容。将按上述计算方法所得结果填入规定的“主要材料量汇总表”和“工时数量汇总表”中。

【例5-1】 某一田间高效节水项目，涉及管道开挖工程（1m^3挖掘机机械开挖Ⅲ类土)，共计 250m^3，请根据此工程量，进行工料分析。

解：根据工程描述，选用《水利建筑工程概算定额》中的定额编号为 10557 的定额进行土方机械开挖的单价分析，台时费定额参考《水利工程施工机械台时费定额》。

(1) 土方机械开挖工料分析：经查，概算定额 10557 中，土方机械开挖 100m^3，需初级工 4.3 工时，1m^3挖掘机 0.99 台时；查台时费定额 1002，油动 1m^3单斗挖掘机，需人工(中级工) 2.7 工时，柴油 14.2kg。

(2) 250m^3 土方机械开挖工料分析计算如下：初级工 4.3 工时÷100m^3×250m^3＝10.75 工时，挖掘机需中级工 0.99 台时×2.7 工时÷100m^3×250m^3＝6.68 工时，挖掘机需柴油 0.99 台时×14.2kg÷100m^3×250m^3＝35.14kg。

计算值填入表 5－3 中：

表 5－3　　某田间高效节水项目工时、材料计算表

序号	工程项目名称	单位	工程量	定额工时/个				分计工时/个				42.5 水泥/kg		柴油/kg	
				工长	高级工	中级工	初级工	工长	高级工	中级工	初级工	定额用量	合计	定额用量	合计
1	土方机械开挖	m^3	250			0.027	0.043			6.68	10.75			0.142	35.14
	合计									6.68	10.75				35.14

第四节 工程量清单计价

为规范水利工程工程量清单计价行为，统一水利工程工程量清单的编制和计价方法，根据《中华人民共和国招标投标法》和现行国家标准《建设工程工程量清单计价规范》(GB 50500—2003) 制定出《水利工程工程量清单计价规范》(GB 50501—2007)(简称《清单计价规范》)，2007 年 1 月 1 日正式实施。

一、《清单计价规范》概述

(一) 制定《清单计价规范》的目的

推行《清单计价规范》，统一水利工程工程量清单的编制和计价方法，对规范水利工程招标投标的工程量清单编制与计价行为，规范合同价款的确定与调整，以及工程价款的结算，健全和维护水利建设市场竞争秩序具有重要意义。

(二)《清单计价规范》的适用范围

《清单计价规范》适用于水利枢纽、水力发电、引(调)水、供水、灌溉、河湖整治、堤防等新建、扩建、改建、加固工程的招标投标工程量清单编制和计价活动，附录 A 适用于水利建筑工程，附录 B 适用于水利安装工程。

(三) 水利工程工程量清单计价活动应遵循的原则

工程量清单计价是市场经济的产物，随市场经济的发展而发展。因此，必须遵循市场经济活动公正、公平、诚信的原则。工程量清单的编制要实事求是，强调"量价分离，风险分担"，招标人承担工程"量"的风险和投标人难以承担的价格风险，投标人适度承担工程“价”的风险。招标工程标底应根据有关要求，结合施工方案，社会平均生产力水平，按市场价格编制。投标人要从本企业的实际情况出发，不能低于成本报价，不能串通报价，双方应以诚实、信用的态度进行工程结算。

（四）水利工程工程量清单计价活动与国家有关法律、法规及标准规范的关系

工程量清单计价活动是政策性、经济性、技术性很强的一项工作，涉及的法律、法规和标准规范比较广泛。所以，《清单计价规范》提出水利工程工程量清单计价活动除应遵循本规范外，还应符合国家有关法律、法规和国家工程建设强制性标准规范的规定。

（五）《清单计价规范》的组成

《清单计价规范》共分为五章和两个附录，包括总则、术语、工程量清单编制、工程量清单计价、工程量清单及其计价格式、附录A水利建筑工程工程量清单项目及计算规则和附录B水利安装工程工程量清单项目及计算规则等内容。

二、《清单计价规范》中的术语解释

（1）工程量清单是表现招标工程的分类分项工程项目、措施项目、其他项目的名称和相应数量的明细清单。

（2）《清单计价规范》中的项目编码采用十二位阿拉伯数字表示（从左至右计位）。

（3）工程单价是指完成工程量清单中一个质量合格的规定计量单位项目所需的直接费（包括人工费、材料费、机械使用费和季节、夜间、高原、风沙等原因增加的直接费）、施工管理费、利润和税金，并考虑风险因素。在完成工程量清单中一个质量合格的规定计量单位项目所需的直接费基础上，可根据经验在分类分项工程单价直接费的资源消耗量中考虑风险因素。

（4）措施项目是指为完成工程项目施工，发生于该工程施工前和施工过程中招标人不要求列示工程量的施工措施项目。

（5）其他项目是指为完成工程项目施工，发生于该工程施工过程中招标人要求计列的费用项目。

（6）零星工作项目（或称“计日工”）是指为完成招标人提出的零星工作项目所需的人工、材料、机械单价。

（7）预留金（或称“暂定金额”）是指招标人为暂定项目和可能发生的合同变更而预留的金额。投标人根据招标文件规定，在其他项目清单中以总价形式列报的预留金由发包人掌握使用，作为该合同在执行过程中发生赶工、工程量变更、价格变化等特殊情况时，由发包人按相应合同条款约定计算的费用支付承包人。

（8）企业定额是指施工企业根据本企业的施工技术、生产效率和管理水平制定的，供本企业使用的，生产一个质量合格的规定计量单位项目所需的人工、材料和机械台时消耗量。

三、工程量清单编制

（一）工程量清单编制的主体

工程量清单的编制者，应由具有编制招标文件能力的招标人、或受其委托具有相应资质的中介机构（或称工程造价咨询人）进行编制。除上述两种人以外的其他单位或中介机构，即使具备编制招标文件能力，均没有编制工程量清单的资格。

（二）工程量清单的组成内容

工程量清单应反映招标工程招标范围的全部工程内容，以及为实现这些工程内容而进行的其他工作，根据《中华人民共和国招标投标法》规定，招标文件应当包括招标项目的技术要求和投标报价要求，工程量清单是实现上述要求，特别是投标报价要求的主要依据。根据《建设工程工程量清单计价规范》的相关规定，结合我国水利工程的特点和习惯做法，水利工程工程量清单由分类分项工程量清单、措施项目清单、其他项目清单和零星工作项目清单组成。分类分项工程量清单应表明招标工程招标范围的全部分类分项工程名称、计量单位和相应数量；措施项目清单应表明为完成工程项目施工，发生于该工程施工前和施工过程中招标人不要求列示工程量并按总价结算的施工措施项目；其他项目清单主要体现了为完成工程项目施工，发生于该工程施工过程中招标人要求计列的费用项目；零星工作项目清单表明了对工程实施过程中可能发生的变更或新增加的零星项目。上述项目和内容，编制时应力求全面，合规合法，避免错项、漏项和重复，努力提高编制质量。

（三）分类分项工程量清单的七大要件和编制要求

分类分项工程量清单包括序号、项目编码、项目名称、计量单位、工程数量、主要技术条款编码和备注 7 项内容。分类分项工程量清单应根据规范中附录 A 和附录 B 规定的项目编码、项目名称、项目主要特征、计量单位、工程量计算规则、主要工作内容和一般适用范围进行编制。

要满足以下要求，一是通过序号正确反映招标项目的各层次项目划分；二是通过项目编码严格约束各分类分项工程项目的主要特征、主要工作内容、适用范围和计量单位；三是通过工程量计算规则，明确招标项目计列的工程数量一律为有效工程量，施工过程中发生的一切非有效工程量发生的费用，均应摊入有效工程量单价中，防止和杜绝以往工程价款结算由于工程量计量不规范而引发的合同变更和索赔纠纷；四是应列明完成该分类分项工程项目应执行的相应主要技术条款，以确保施工质量符合国家标准；五是除上述要求外的一些特殊因素，可在备注栏中予以说明。总之，分类分项工程量清单实现了项目名称、项目编码、计量单位、工程量计算规则、主要表格形式的五个统一，满足投标计价的要求。

（四）分类分项工程量清单项目编码的设置要求

分类分项工程量清单的项目编码采用五级十二位阿拉伯数字表示（由左至右计位），前四级一至九位为全国统一编码，编制分类分项工程量清单时应按《水利工程工程量清单计价规范》附录 A 和附录 B 的规定设置，不得变动；当缺某分类分项工程时九位编码数会间断不连续，当在不同部位有相同分类分项工程时，则会重复出现相同的前九位编码。前九位码可优先考虑按 GB 50501—2007 附录编排的顺序编辑，若为管理方便的需要，也允许调整顺序而出现九位编码次序颠倒情况。第五级十至十二位是清单项目名称编码，由清单编制人根据招标工程的工程量清单项目名称设置，同一分类分项工程为了区分不同的部位、质量、材料、规格等，划分出多个清单项目时，无论这些清单项目编排位置相隔多远，都要在相同的前九位编码之后，按清单项目出现的先后次序，自 001 起不间断、不重复、不颠倒地顺序编制十至十二位自编码，以三位不同的自编码相应区分相同分类分项工程中的不同清单项目，保证在分类分项工程量清单中不出现相同的十二位清单项目编码。

（五）分类分项工程量清单项目名称的确定原则

分类分项工程量清单中的分类工程（即五级编码中的前三级项目编码一至六位），《清单计价规范》将建筑工程划分为 14 类，安装工程划分为 3 类。分类工程项目必须按照《清单计价规范》的规定依次选择顺序编制，不得更改，在同一项目划分级别下的分类工程名称不得重复。

根据《清单计价规范》的分类分项工程（即五级编码中的第四级项目编码七至九位）的划分，按照工程项目属性选定分类分项工程的一至九位项目编码，顺序编制工程量清单中的最末一级分类分项工程项目。

工程量清单中的最末一级分类分项工程项目（即五级编码中第五级项目编码十至十二位）名称，由清单编制人在各分类工程项目下，按照工程部位（如边墙、顶拱等）、强度等级（如混凝土 C20、C30 等）、材质（如橡胶止水、铜片止水等）以及型号规格等，依序设置。

（六）分类分项工程量清单项目计量单位及工程量的计算原则

由于水利分类分项工程项目繁杂，采用什么计量单位和如何合理界定有效工程量，长期以来在水利行业没有得以规范和统一，在《清单计价规范》附录 A 和附录 B 作了统一规定，同时规定了各计量单位应保留的小数点位数。

以“m^3”“m^2”“m”“kg”“个”“项”“根”“块”“台”“套”“组”“面”“只”“相”“站”“孔”“束”等为单位的，应取整数；以“t”“km”为单位的，应保留小数点后两位数字，第三位数字四舍五入。

（七）措施项目清单的列项要求

措施项目清单的参考项目有环境保护措施、文明施工措施、安全防护措施、小型临时工程、施工企业进退场费、大型施工设备安拆费等。措施项目清单是为了保证工程建设质量、工期、进度、环保、安全和社会和谐而必须采取的措施并独立成章设置的项目，《清单计价规范》提供的“措施项目一览表”，仅作为列项的参考。凡属应由施工企业采取的必要措施项目，在“措施项目一览表”中没有的项目，由工程量清单编制人补充，通常措施项目清单应编制一个“其他”最末项。

（八）其他项目清单的内容

水利工程招标，凡按工程数量计价的项目列入“分类分项工程量清单项目”，以“项”为单位按总价结算的措施项目列入“措施项目清单”，“其他项目清单”仅列由招标人掌握，为暂定项目和可能发生的合同变更而预留的费用。暂列预留金一项。编制人在符合相关法规的前提下，可根据招标工程具体情况调整补充。

（九）零星工作项目清单的内容

由于零星工作项目清单不进入总报价，因此，编制人根据招标工程具体情况，对工程实施过程中可能发生的变更或新增加零星项目，列出人工（按工种）、材料（按名称和型号规格）、机械（按名称和型号规格）的计量单位，不列出具体数量，由投标人填报单价。

四、工程量清单计价

（一）工程量清单计价的工作范围

工程量清单计价活动，贯穿于从工程招标标底编制、投标报价编制、合同价款的确定与调整，以及工程价款结算的全过程，均应执行《清单计价规范》。

（二）工程量清单计价的工程造价组成内容

为避免或减少招标工程合同经济纠纷，合理确定工程造价，《清单计价规范》规定，工程量清单计价应包括按招标文件规定完成工程量清单所列项目的全部费用。即：①包括分类分项工程费、措施项目费和其他项目费；②包括完成各清单项目所含全部工程内容的费用；③工程量清单中没有体现的，但施工中又必须发生的工作内容所需的费用；④考虑风险因素而增加的费用。

（三）分类分项工程量清单的计价方式

分类分项工程量清单计价采用工程单价计价。

（四）分类分项工程量清单有效工程量确定原则和应包括的内容

《清单计价规范》规定了以附录 A 和附录 B 中规定的工程量计算规则和相关条款说明计算的有效工程量作为工程量清单计价的依据，对于分类分项工程量清单的工程单价，应根据《清单计价规范》规定的工程单价组成内容，按招标设计文件、图纸、附录 A 和附录 B 中的“主要工作内容”确定。除另有规定外，对有效工程量以外的超挖、超填工程量，施工附加量，加工、运输损耗量等，所消耗的人工、材料和机械费用，均应摊入相应有效工程量的工程单价之内。

分类分项工程量清单项目的工程单价是有效工程量的单价，计算工程单价时，要将完成该工程量清单项目的有效工程量所需的全部费用，包括超挖超填、施工附加量、操作损耗等所发生的费用，都摊入到有效工程量的工程单价中。无论是采用定额法计价还是实物量法计价，都必须这样做。

（五）措施项目清单的计价方式

措施项目清单中所列的措施项目均以每一项为单位，以“项”列示，投标报价时，应根据招标文件的要求详细分析各措施项目所包含的工程内容和施工难度，编制合理的施工方案，据以确定其价格。投标人在报价时不得增删招标人提出的措施项目清单项目，投标人若有疑问，必须在招标文件规定的时间内向招标人进行书面澄清。

（六）其他项目清单的计价要求

其他项目清单是指为了保证工程项目施工，在该施工过程中难以量化，又可能发生的工程和费用，按招标人要求的计算方法或估算金额计列的费用项目。

（七）零星工作项目清单中单价的确定主体

零星工作项目清单中的人工、材料、机械台时（班）单价由投标人根据招标文件要求分析确定。其单价的内涵不仅包括基础单价，还有辅助性消耗的费用，如人工所用的工器具使用费、工人需进行的辅助性工作、相应要消耗的零星材料、相配合要消耗的辅助机械等。另外，对零星工作按预计准备的用量可能与将来实际发生的有较大的差异，准备多了有闲置，准备少了要追加，有引起成本增加的风险。所以，相同工种的人工、相同规格的材料和机械，零星工作项目的单价应高于基础单价，但不应违背工作实际和有意过分放大风险程度。

（八）投标人一般应编制的基础单价项目

一般情况下投标人应按照招标文件的规定，根据招标项目涵盖的内容，编制人工费单价，主要材料预算价格，电、风、水单价，砂石料单价，块石、料石单价，混凝土配合比材料费，施工机械台时费等基础单价，作为编制分类分项工程单价的依据。

（九）标底编制原则

标底编制应根据招标文件中的工程量清单和有关要求，施工现场情况，合理的施工方案，工程单价组成内容，社会平均生产力水平，按市场价格进行编制。

（十）投标报价编制原则

在社会主义市场经济条件下，投标人的报价，在符合招标文件要求的前提下，依据招标工程量清单的相关规定，投标人应根据施工现场情况，制定合理的施工方案，按照企业的施工技术、生产管理水平和效率水平，确定人工、机械效率、材料消耗量和管理费用水平，根据市场竞争形势，确定合理的利润水平，独立自主报价。

同时，不要把工程量清单计价和定额计价相提并论，前者是一种计价方式，后者是一种计价方法。工程量清单计价既可以采用定额计价法，也可以不采用定额计价法。例如，投标人可根据现场条件、施工组织及其资源消耗经验，采用实物量法计价。

（十一）工程量清单的合同结算工程量计算及变更处理原则

水利工程采用工程量清单招标，签订单价承包合同的结算工程量，除合同另有约定外，应根据《清单计价规范》，按施工详图所表明的、已经实际完成并经质量验收合格的有效工程量进行计算，对于施工过程中结算工程量也应按已施工且满足质量要求的图纸计算有效工程量计量。例如土方开挖，对某个结算周期内所开挖的有效工程量以外的放坡、超挖或施工附加工程量则不予计量和结算。

合同履行过程中因工程量变更需要变更工程单价时，除合同另有约定外，应按照下列办法确定：

（1）工程量清单漏项或设计变更引起新增的工程量清单项目，质量标准改变及位置改变的工程量清单项目，其相应工程单价由承包人提出，监理工程师审核，经发包人确认后作为结算的依据。

（2）由于工程量清单的工程数量变更引起工程量数量的增减量，属合同约定工程量变化幅度以内的部分，应执行原有的合同工程单价；属合同约定工程量变化幅度以外的部分，由承包人提出，监理工程师审核，经发包人确认后作为结算的依据。

（3）由于工程量的变更或发包人违约，实际发生了除《清单计价规范》规定及合同约定外的费用损失时，承包人可以提出索赔要求，监理工程师审核，经与发包人协商确认后，予以补偿。

习　题

1．什么是图纸工程量？什么是设计工程量？编制工程概算时为什么采用设计工程量？

2．试述工程量清单编制的内容。

第六章 各部分概算编制

水利工程概算项目划分为工程部分、建设征地移民补偿、环境保护工程、水土保持工程4部分。工程部分投资概算由建筑工程费、机电设备及安装工程费、金属结构设备及安装工程费、施工临时工程费、独立费用、预备费、建设期融资利息构成。建设征地移民补偿投资概算包括农村部分、城（集）镇部分、工业企业、专业项目、防护工程、库底清理、其他费用以及预备费和有关税费。环境保护工程概算由工程措施费、非工程措施费、独立费用、预备费、建设期融资利息构成。水土保持工程概算由工程费、独立费用、预备费、建设期融资利息组成。

水利工程项目种类较多，例如大坝、船闸、发电厂、泵站、渠道、隧洞等。建筑物、构筑物也比较复杂。但就其工程内容和工种类别而言，都有其共同点。它的内容包括土方工程、石方工程、混凝土工程、砌石工程、钻孔灌浆工程、其他建筑工程等，这就为我们编制概算提供了可遵循的一般规律。

第一节 建筑工程概算

一、建筑工程概算编制方法

建筑工程是水利水电基本建设工程项目划分的第一部分，是工程总投资的主要组成部分。建筑工程竣工之后构成水利枢纽、水电站、水库或其他水利工程管理单位的固定资产。建筑工程包括挡水工程、泄洪工程、引水工程、供水工程、河湖整治与堤防工程、发电厂工程、升压变电站工程、航运工程、鱼道工程、交通工程、房屋建筑工程和其他建筑工程。其中挡水工程等前9项为主体建筑工程，交通工程、房屋建筑工程、外部供电线路工程和其他建筑工程为非主体建筑工程。建筑工程根据水利工程的不同类别，具体内容也不同。编制建筑工程概算时，首先应分清主体建筑工程和非主体建筑工程，然后根据现行《编制规定》的有关规定，结合水利工程的性质、特点和组成内容来进行项目划分，根据不同的设计深度，分别采用不同的方法编制概算。

建筑工程概算编制的方法一般有单价法、指标法及百分率法三种形式。

单价法就是以工程量乘以工程单价来计算工程投资的方法，它是建筑工程概算编制的主要方法。

指标法是以综合工程量乘以综合指标的方法计算工程投资。在初步设计阶段，由于设计深度不足，工程中的细部结构难以提出具体的工程数量，常用指标法来计算该部分投资。如交通工程、房屋建筑工程常用综合指标来计算（万元/km，元/m^2）。

百分率法是按某部分工程投资占主体建筑工程投资的百分率来计算工程投资。如在初步设计阶段编制工程概算时，厂坝区动力线路工程、厂坝区照明线路及设施工程、通信线路工程、供水、供热、排水及绿化、环保、水情测报系统等很难提出具体的工程数量，则按主体建筑工程投资的百分率来粗略计算。

二、主体工程项目概算

主体工程项目概算采用单价法进行编制。

（1）主体工程项目概算编制应做好项目划分和工程量确定工作。

（2）当设计对建筑物混凝土施工有温控要求时，可根据温控措施设计计算其费用，也可以经过分析确定指标，再按建筑物混凝土方量进行计算。

（3）细部结构工程。可参考类似工程分析确定，也可参照水工建筑工程细部结构指标表计算，见表6-1，但要结合本工程的情况对指标中的子项和指标高低进行增删或调整。

表6-1　水工建筑工程细部结构指标表

项目名称	单位	综合指标
混凝土重力坝、重力拱坝、宽缝重力坝、支墩坝	元/m^3（坝体方）	16.2
混凝土双曲拱坝	元/m^3（坝体方）	17.2
土坝、堆石坝	元/m^3（坝体方）	1.15
水闸	元/m^3（混凝土）	48
冲砂闸、泄洪闸	元/m^3（混凝土）	42
进水口、进水塔	元/m^3（混凝土）	19
溢洪道	元/m^3（混凝土）	18.1
隧洞	元/m^3（混凝土）	15.3
竖井、调压井	元/m^3（混凝土）	19
高压管道	元/m^3（混凝土）	4
电（泵）站地面厂房	元/m^3（混凝土）	37
电（泵）站地下厂房	元/m^3（混凝土）	57
船闸	元/m^3（混凝土）	30
倒虹吸（暗渠）	元/m^3（混凝土）	17.7
渡槽	元/m^3（混凝土）	54
明渠（衬砌）	元/m^3（混凝土）	8.45

注　1. 表内综合指标包括多孔混凝土排水管、廊道木模制作与安装、止水工程（面板坝除外）、伸缩缝工程、接缝灌浆管路、冷却水管路、栏杆、照明工程、爬梯、通气管道、排水工程、排水渗井钻孔及反滤料、坝坡踏步、孔洞钢盖板、厂房内上下水工程、防潮层、建筑钢材及其他细部结构工程。

2. 表中综合指标仅包括基本直接费内容。

3. 改扩建及加固工程根据设计确定细部结构工程的工程量。其他工程，如果工程设计能够确定细部结构工程的工程量，可按设计工程量乘以工程单价进行计算，不再按上表指标计算。

三、非主体工程项目概算

非主体工程项目概算可按单价法、指标法或百分率法计算投资。

1. 交通工程

交通工程投资可按设计工程量乘以单价进行计算，也可根据工程所在地区造价指标或有关实际资料，采用扩大单位指标编制。其主要内容如下。

(1) 公路工程：指水利工程的公路工程，其投资按设计提供的里程（km），乘以工程所在地的造价指标计算，或根据设计提供的三级项目工程量，进行单价分析做出概算。也可以按经审核的委托单位专项概算数列入。

(2) 铁路工程：指水利工程的铁路工程，其投资应按设计提供的里程（km），乘以工程所在地的造价指标计算，或根据设计提供的三级项目工程量，进行单价分析做出概算。同样也可以按经审核的委托单位专项概算数列入。

(3) 桥梁工程：指水利工程的桥梁工程，其投资应按设计提供的特征性（延米或座）工程量，乘以工程所在地的造价指标计算，或根据设计提供的三级项目工程量，进行单价分析做出概算。同样也可以按经审核的委托单位专项概算数列入。

(4) 码头工程：指水利工程的码头工程，其投资应按设计提供的码头数量，乘以工程所在地的造价指标计算，或根据设计提供的三级项目工程量，进行单价分析做出概算。同样也可以按经审核的委托单位专项概算数列入。

2. 房屋建筑工程

房屋建筑工程包括为生产运行服务的永久性辅助生产建筑、仓库、办公、值班宿舍及文化福利建筑等房屋建筑工程和室外工程。

(1) 永久建筑房屋。

1) 用于生产、办公的房屋建筑面积，由设计单位按有关规定结合工程规模确定，单位建筑面积造价根据工程所在省（直辖市、自治区）的相应的建筑造价水平确定。

2) 值班宿舍及文化福利建筑的投资按主体建筑工程投资的百分率计算，见表 6-2。

表 6-2　　值班宿舍及文化福利建筑工程投资计算费率表

工程类别	建筑安装工程投资额/万元	费率/%
枢纽工程	投资≤50000	1.0～1.5
	50000<投资≤100000	0.8～1.0
	100000<投资	0.5～0.8
引水工程		0.4～0.6
河道工程		0.4

注　投资小或工程位置偏远者取大值，反之取小值。

3) 除险加固工程（含枢纽、引水、河道工程）、灌溉田间工程的永久建筑房屋建筑面积由设计单位根据有关规定结合工程建设需要确定。

(2) 室外工程。室外工程指办公室、宿舍、住宅和生活及文化福利建筑等区域内的道路、室外给排水、照明、挡土墙绿化等室外工程。按房屋建筑工程投资的 15% ～ 20% 计算。

3. 外部供电线路工程

根据设计的电压等级、线路架设长度和所需配备的变配电设施要求，采用工程所在地区造价指标或有关实际资料计算。

4. 其他建筑工程

指内外部观测、动力线路（厂坝区）、照明线路、通信线路等工程及其他。其他建筑工程投资计算可采用主体建筑工程的编制方法，也可采用单位指标法或百分率法编制。

(1) 安全监测设施工程：指属于建筑工程性质的内外部观测设施。安全监测工程项目投资按设计资料计算。如无设计资料，也可根据坝型或其他工程型式，按主体建筑工程投资的百分率计算。施工期对观测设备的维护及观测费用，已包括在指标内，不得另计投资。

计算标准：当地材料坝工程按0.9%～1.1%计算；混凝土坝工程按1.1%～1.3%计算；堤防工程按0.2%～0.3%计算；引水式电站（引水建筑物）按1.1%～1.3%计算。

(2) 厂坝区动力线路工程：指从发电厂至各坝区等建设项目内部用电点的架空动力线路。其投资按设计工程量乘以单价或采用扩大单位指标计算。

(3) 照明线路工程：指厂坝区照明线路及其设施（户外变电站的照明也包括在本项内）。不包括应分别列入拦河坝、溢洪道、引水系统、船闸等主体工程的细部结构指标内照明设施。其投资按设计工程量乘以单价或采用扩大单位指标计算。

(4) 通信线路工程：包括对内、对外的架空动力线路和户外通信电缆工程（户内通信电缆包括在第二部分公用设备及安装工程中的通信设备安装工程项内）以及枢纽（或水库）至所属的水文站、气象站的专用通信工程等。其投资按设计工程量乘以单价或采用扩大单位指标计算。

(5) 其他：指上述项目以外的其他建筑工程。其投资按设计提供的项目分析计算。

第二节　设备及安装工程概算

一、概述

设备及安装工程可分为三部分，即机械部分、电气部分、金属结构部分。

(1) 机械部分，指水轮机、水轮发电机、调速器及其辅助设备及安装。

(2) 电气部分，指一次设备、二次设备及其他电气设备及安装。

(3) 金属结构部分，指起重设备、闸门、压力钢管制作及安装。

水电站的机电设备大部分集中于发电厂房和升压变电站中；金属结构设备大部分集中于大坝、溢洪道、航运过坝和压力管道工程中。

二、概算编制

编制设备及安装工程概算，首先要掌握项目划分，造价专业人员要正确地将设备清单按照概算要求分门别类，逐项计算。

（一）在项目划分中应注意的几个问题

(1) 设备体腔内的填充物。设备体腔内的定量填充物，应视为设备，其价值计入设备费。

(2) 进水阀设备安装。除进水阀本体外，还包括其操作机构、油压装置设备及安装。

(3) 桥式起重机及安装。包括平衡梁、转子吊具、轨道、滑触线、阻进器、桥机试荷装置等的安装。这里是指发电厂房内起吊水轮发电机的桥式起重机，并不包括辅助车间或机修车间内的桥式起重机。

（4）发电电压装置。指发电机定子引出线至主变压器低压套管间除厂用变压器以外的所有电气设备，以及发电机中性点的设备（消弧线卷、电流互感器）等。

（5）直流系统设备。指为操作、保护装置所提供的直流供电设备，一般包括蓄电池组、充电机、直流屏、盘等设备。现在大都使用封闭式蓄电池组，安装工作量较小。

（6）通信设备及安装。在水利工程概算中，若上级单位或业主无特殊规定或要求时，则只计列发电厂一侧的通信设备及安装工程；终端的设备、中间的设备可不计列。

（7）变压器设备及安装。仅指主变压器本体、轨道、中性点设备、油枕、水内冷散热器的安装。不包括厂用变压器和其他电气设备的安装（应列入相应的项目）。

（8）一次拉线。指从主变压器高压侧至变电站出线构架跳线间一次拉线、软（硬）母线、引下线、连接线、避雷线及其附属的瓷瓶、金具等。

（9）变电站内的混凝土构架、钢构架。它是列入建筑工程的，经常易漏列或重列，需注意。

（10）厂坝区馈电设备及安装。是指厂用电系统供电范围以外的各用电点（如拦河坝上，长距离引水系统的渠道等），独立设置的变配电系统的设备及安装。包括的设备有降压变压器、配电盘、动力盘、动力箱及其他低压电器设备。

（11）全厂接地。是指全厂公用和分散设置的接地网。包括接地极、接地母线、避雷针等制作及安装，还包括相应的接地电阻测量。

（12）全厂保护网。是指全厂为保证设备运行安全而专门设置的金属网、门、围栏等。随设备配套供应的保护网则包括在相应的设备内。

（13）观测设备。在机电设备及安装工程中，在二级项目中列有外部观测设备及安装工程。它是指对拦河坝、溢洪道、厂房等重要水工建筑物进行监测所需要的外部观测设备，如经纬仪、水准仪、电阻式温度计等。

内部观测设备应列入建筑工程被观测建筑物的三级项目内，如应变仪、测缝计、渗压计、钢筋计等。

（14）机械设备电动操作和保护装置等设备的项目划分的原则是：①随机配套供应的电气设备，应列入相应的机械设备项目内，如大型空压机启动用的补偿器；②不随机配套供应的电气设备列入厂用电设备项目内或厂坝区馈电设备项目内。

（15）主机制造厂随主机供应的设备、材料、专用工器具等，在主机价格内已包括，不必另外计列设备费，主要包括如下：①机组投影线以内的油、水、气管路；②随主机供货的设备，一般有主机出口数组、中性点一组（或一个）电流互感器；③设备本体以外，第一个法兰盘以内的管路、设备；④蜗壳安装时用的千斤顶；⑤部分专用工器具、专用安装材料等。

（16）其他注意事项。

1）注意在做金属结构设备安装概算时，不要将锁定梁，压板及压板螺栓、水封、吊杆、门机、桥机试荷装置、桥机的滑触线、阻进器（限位装置）等内容遗漏。

2）无钢蜗壳的水轮机、水内冷机组，出厂价往往较高，估价应注意。

3）设备缺陷处理费用、设备丢失，均由肇事单位自理，不可进入设备费内。

（二）设备及安装工程概算编制

在总概算表中，按投资性质构成分类需要编制设备费概算（设备购置费概算）和安装工程费概算。

1. 设备费概算编制

设备费概算（设备购置费概算）是按设计单位选定的设备型号、规格、数量、出厂价、运杂费等来编制的。设备费包括设备原价、运杂费、运输保险费和采购及保管费。

（1）设备原价。

1）国产设备：以出厂价为原价。非定型和非标准产品，采用与厂家签订的合同价或询价，经设计单位分析、论证、研究后定价。

2）进口设备：以到岸价和进口征收的税金（关税、增值税等）、银行手续费、商检费及港口费等各项费用之和为进口设备的原价。到岸价采用与厂家签订的合同价或询价，由设计单位按概算编制年，经分析、研讨后计算。税金、手续费等按现行规定计算。

3）可行性研究和初步设计阶段，非定型和非标准产品一般不可能与厂家签订价格合同，设计单位可按向厂家索取的报价资料，最近国内外有关类似工程的设备采购招投标资料和当年的价格水平经认真论证后确定设备价格。

4）由于设备运输条件的限制及其他原因需在施工现场且属于制造厂内的组装工作，如水轮机水涡轮分瓣组焊、定子硅钢片现场叠装、定子线圈现场整体下线及铁损试验工作等，其费用包括在设备原价内。

（2）运杂费。运杂费指设备由厂家运至工地安装现场所发生的一切运杂费用。主要包括运输费、调车费、装卸费、包装绑扎费、主变压器的充氮费、过路过桥费以及可能发生的杂费。国产设备运杂费：分为主要设备运杂费和其他设备运杂费。均按照设备原价的百分率来计算设备的运杂费。

1）主要设备运杂费率见表 6-3。

表 6-3　　主要设备运杂费率表　　%

设备分类		铁路		公路		公路直达基本费率
		基本运距 1000km	每增运 500km	基本运距 100km	每增运 20km	
水轮发电机组		2.21	0.30	1.06	0.15	1.01
主阀、桥机		2.99	0.50	1.85	0.20	1.33
主变压器	120000kVA 及以上	3.50	0.40	2.8	0.30	1.20
	120000kVA 以下	2.97	0.40	0.92	0.15	1.20

设备由铁路直达或铁路、公路联运时，分别按里程求得费率后叠加计算；如果设备由公路直达，应按公路里程计算费率后，再加公路直达基本费率。

2）其他设备运杂费率见表 6-4。

工程地点距铁路线近者费率取小值，远者取大值。费率中未包括的新疆、西藏地区，可视具体情况另行确定。

表 6-4　　其他设备运杂费率表

类别	适 用 地 区	费率/%
Ⅰ	北京、天津、上海、江苏、浙江、江西、安徽、湖北、湖南、河南、广东、山西、山东、河北、陕西、辽宁、吉林、黑龙江等省（直辖市）	3～5
Ⅱ	甘肃、云南、贵州、广西、四川、重庆、福建、海南、宁夏、内蒙古、青海等省（自治区、直辖市）	5～7

关于特大（重）件运输，在编制概算时，可根据设备来源地、运输方式、运距等，逐项进行具体的分析计算。主要机电设备的水轮发电机组、桥机、进水阀（主阀）、主变压器等，在运输过程中应考虑因超重、超宽、超高需增加运输费用。如铁路运输的特种运输车辆费，公路运输的桥梁、涵洞加固费，路面拓宽费，空中、地面障碍清除、恢复费等。

（3）运输保险费。国产设备的运输保险费率可按工程所在省（自治区、直辖市）的规定计算。省（自治区、直辖市）无规定的，可按中国人民保险公司的有关规定计算。进口设备的运输保险费按相应规定计算。

（4）采购及保管费。采购及保管费指建设单位和承包人在负责设备的采购、保管过程中发生的各项费用。采购及保管费按设备原价、运杂费之和的0.7%计算。

（5）运杂综合费率。

$$运杂综合费率=运杂费率+(1+运杂费率)\times采购及保管费率+运输保险费率 \tag{6-1}$$

上述运杂综合费率，适用于计算国产设备的运杂费。进口设备的国内段运杂综合费率，按国产设备运杂综合费率乘以相应国产设备原价占进口设备原价的比例系数进行计算（即按相应国产设备价格计算运杂综合费率）。但需注意的是，进口设备国内段的运输保险费的计算，目前尚未有一个统一的办法，编制时只能参考类似工程实例计列。

2. 设备与材料的划分

（1）制造厂成套供货范围的部件、备品备件、设备体腔内的定量填充物（如透平油、变压器油、六氟化硫气体等）均作为设备。

（2）不论成套供货，现场加工或零星购买的储气罐、储油罐、闸门、盘用仪表、机组本体上的梯子、平台和栏杆等均为设备，不能因供货来源不同而改变设备性质。

（3）管道和阀门如构成设备本体部件时，应作为设备，否则应作为材料。

（4）随设备供应的保护罩、网门等，凡已计入相应设备出厂价格内的，应作为设备，否则应作为材料。

（5）电缆、电缆头、电缆和管道用的支吊架、母线、金具、滑触线和支架、屏、盘、柜的基础型钢、钢轨、石棉板、穿墙隔板、绝缘子、一般用保护网、罩、门、梯子、平台、栏杆和蓄电池木支架等，均作为材料。

3. 交通工具购置费

交通工具购置费指工程竣工后，为保证建设项目初期生产管理单位正常运行必须配备的车辆和船只所产生的费用。

交通设备数量应由设计单位按有关规定、结合工程规模确定，设备价格根据市场情况、结合国家有关政策确定。无设计资料时，可按表 6-5 方法计算。除沙漠、高原地区外，不得用于购置进口、豪华车辆。灌溉田间工程不计此项费用。

计算方法：以第一部分建筑工程投资为基数，按表6-5的费率，以超额累进方法计算。

表6-5 交通工具购置费率表

第一部分建筑工程投资/万元	费率/%	辅助参数/万元
10000及以内	0.50	0
10000～50000	0.25	25
50000～100000	0.10	100
100000～200000	0.06	140
200000～500000	0.04	180
500000以上	0.02	280

简化计算公式为第一部分建筑工程投资×该档费率+辅助参数。

4. 安装工程费概算编制

安装工程费概算按设计提供的设备（主要装置性材料）数量乘以安装工程单价进行编制。

第三节 施工临时工程概算

在水利工程建设中，为保证主体工程施工的顺利进行，按施工进度要求，需建造一系列的临时性工程，不论这些工程结构如何，均视为施工临时工程。包括施工导流工程、施工交通工程、施工房屋建筑工程、施工场外供电线路工程以及其他大型临时工程，其他小型临时工程以其他直接费的形式计入工程单价。

施工临时工程投资是水利工程建设项目总投资的重要组成部分，由于水利工程建设项目本身的特点，决定了其施工临时工程规模大、投资多，各水利工程之间相差大。因此，对于施工临时工程必须按永久工程的概算编制方法，认真划分施工临时工程项目，编制好各工程单价和指标。

施工临时工程概算根据不同设计深度，分别采用不同方法编制。

一、施工导流工程

施工导流工程费用计算同主体建筑工程编制方法一样，采用单价法进行编制，即用工程量乘工程单价（按照施工组织设计确定施工方法及施工程序，用相应的工程定额计算单价）计算。施工导流工程概算表格与建筑工程概算相同，按项目划分规定填写具体的工程项目，对项目划分中的三级项目根据需要可进行必要的再划分。

二、施工交通工程

包括施工现场内外为工程建设服务的临时性交通工程，如公路、铁路、桥梁、施工支洞、架空索道、施工通航建筑、码头和转运站等，其投资按照设计工程量乘单价计算，也可根据工程所在地区同类工程的造价指标或者有关的实际资料，采用扩大单位指标编制。

在概算编制阶段，由于受设计深度限制，常采用单位造价指标进行编制。

三、施工场外供电工程

施工场外供电工程费用应根据施工组织设计确定的电压等级、线路架设的长度及所配备的变配电设施要求，采用原水电部颁发的《送电工程概算指标》和《送电工程预算定额》计算。也可采用专业概算定额或工程所在地区造价指标及有关实际资料计算，或者根据经过主管部门批准的有关施工协议（合同）列入概算。

四、施工房屋建筑工程

施工房屋建筑工程指在施工过程中建造的临时房屋，包括施工仓库，办公及生活、文化福利建筑及所需的配套设施工程。

不包括列入临时设施和其他施工临时工程项目内的电、风、水，通信系统，砂石料系统，混凝土拌和及浇筑系统，木工、钢筋、机修等辅助加工厂，混凝土预制构件厂，混凝土制冷、供热系统，施工排水等生产用房。

1. 施工仓库

施工仓库是指为工程施工而临时兴建的设备、材料、工器具等仓库。施工仓库的建筑面积和建筑标准由施工组织设计确定，单位造价指标根据当地相应建筑造价水平确定。

2. 办公、生活及文化福利建筑

办公、生活及文化福利建筑指施工单位、建设单位、监理单位及设计代表在工程建设期间所需的办公室、宿舍、招待所和其他文化福利设施等房屋建筑工程。按现行部颁规定分述如下。

（1）枢纽工程。按式（6－2）计算：

$$I=\frac{AUP}{NL}K_1K_2K_3 \tag{6-2}$$

式中 I——房屋建筑工程投资；

A——建安工作量，按工程第一至第四部分建安工作量（不包括办公用房、生活及文化福利建筑和其他施工临时工程）之和乘以（1＋其他施工临时工程百分率）计算；

U——人均建筑面积综合指标，按 12～15m²/人标准计算（大型水利枢纽工程可取大者，其他工程取小值或中值）；

P——单位造价指标，按工程所在省、自治区、直辖市规定的该地区的永久房屋造价指标（元/m²）计算；

N——施工年限，按施工组织设计确定的合理工期计算；

L——全员劳动生产率，一般按 80000～120000 元/(人·年)；施工机械化程度高取大值，反之取小值；采用掘进机施工为主的工程全员劳动生产率应适当提高；

K_1——施工高峰人数调整系数，取 1.10；

K_2——室外工程系数，取 1.10～1.15，地形条件较差的可取大值，反之取小值；

K_3——单位造价指标调整系数，按不同施工年限，采用表 6－6 的调整系数。

（2）引水工程。按第一至第四部分建安工作量的百分率计算，见表 6－7。

一般引水工程取中上限，大型引水工程取下限。

掘进机施工隧洞工程按表中费率乘 0.5 调整系数。

表 6-6　　单位造价指标调整系数表

合理工期	系数	合理工期	系数
2 年以内	0.25	5～8	0.7
2～3	0.4	8～11	0.8
3～5	0.55		

表 6-7　　引水工程施工房屋建筑工程费率表

合理工期	费率/%	合理工期	费率/%
≤3 年	1.5～2.0	>3 年	1.0～1.5

(3) 河道工程。按第一至第四部分建安工作量的百分率计算，见表 6-8。

表 6-8　　河道工程施工房屋建筑工程费率表

合理工期	费率/%	合理工期	费率/%
≤3 年	1.5～2.0	>3 年	1.0～1.5

五、其他施工临时工程

其他施工临时工程是除施工导流、施工交通、施工场外供电、施工房屋建筑、缆机平台、掘进机泥水处理系统和管片预制系统土建设施以外的施工临时工程。主要包括施工供水系统（大型泵房及干管）、砂石料系统、混凝土拌和浇筑系统、大型机械安装拆卸、防汛、防冰、施工排水、施工通信等工程。

其他施工临时工程按第一至第四部分建安工作量（不包括其他施工临时工程）之和的百分率计算。枢纽工程为 3.0%～4.0%；引水工程为 2.5%～3.0%，一般引水工程取下限，隧洞、渡槽等大型建筑物较多的引水工程、施工条件复杂的引水工程取上限；河道工程为 0.5%～1.5%，灌溉田间工程取下限，建筑物较多、施工排水量大或施工条件复杂的河道工程取上限。

大型机械安装拆卸主要有以下 7 种机械：$3m^3$ 及以上挖掘机；缆机、10t 以上的起重机；混凝土拌和楼；准轨机车；摇臂堆料机；船舶；500kW 以上的柴油发电机组等。因这些大型机械安装拆除费用较大，一般不列入施工机械台时费中逐步摊销，而列入其他临时工程。这些施工机械的一次安装拆卸费用，有关资料附有参考指标。除上述几种施工机械外，凡台时定额中计列了安装拆卸费的，一律不再重复计算。

工程量大费用高的施工辅助项目，例如缆机平台、掘进机泥水处理系统和管片预制系统土建设施等，可根据实际单独列项。

施工排水指基坑排水、河道降水等，包括排水工程建设及运行费。

第四节　独　立　费　用

独立费用又称其他基本建设支出，指在生产准备和施工过程中与工程建设直接有关联，而又难于直接摊入某个单位工程的其他工程和费用。其内容包括建设管理费、工程建设监理费、联合试运转费、生产准备费、科研勘测设计费和其他6项。

一、建设管理费

1. 内容

建设管理费指建设单位在工程项目筹建和建设期进行管理工作所需的费用，包括建设单位开办费、建设单位人员费、项目管理费三项。

建设单位开办费指新组建的工程建设单位，为开展工作所必须购置的办公设施、交通工具等以及其他用于开办工作的费用。

建设单位人员费指建设单位从批准组建之日起至完成该工程建设管理任务之日止，需开支的建设单位人员费用。主要包括工作人员的基本工资、辅助工资、职工福利费、劳动保护费、养老保险费、失业保险费、医疗保险费、工伤保险费、生育保险费、住房公积金等。

项目管理费指建设单位从筹建到竣工期间所发生的各种管理费用。包括以下几类。

(1) 建设过程中用于资金筹措、召开董事（股东）会议、视察工程建设所发生的会议和差旅等费用。

(2) 工程宣传费。

(3) 土地使用税、房产税、印花税、合同公证费。

(4) 审计费。

(5) 施工期所需的水情、水文、泥沙、气象监测费和报汛费。

(6) 工程验收费。

(7) 建设单位人员的教育经费、办公费、差旅交通费、会议费、交通车辆使用费、技术图书资料费、固定资产折旧费、零星固定资产购置费、低值易耗品摊销费、工具用具使用费、修理费、水电费、采暖费等。

(8) 招标业务费。

(9) 经济技术咨询费。包括勘测设计成果咨询、评审费，工程安全鉴定、验收技术鉴定、安全评价相关费用，建设期造价咨询，防洪影响评价、水资源论证、工程场地地震安全性评价、地质灾害危险性评价及其他专项咨询等发生的费用。

(10) 派驻工地的公安、消防部门的补贴费及其他工程管理费用。

2. 取费

(1) 枢纽工程。枢纽工程建设管理费以第一～第四部分建安工作量为计算基数，按表6-9所列费率，以超额累进方法计算。

表6-9　　枢纽工程建设管理费费率表

一～四部分建安工作量/万元	费率/%	辅助参数/万元
≤50000	4.5	0
50000～100000	3.5	500
100000～200000	2.5	1500
200000～500000	1.8	2900
>500000	0.6	8900

注　计算公式为：一～四部分建安工作量×该档费率＋辅助参数。

（2）引水工程。引水工程建设管理费以第一至第四部分建安工作量为计算基数，按表6-10所列费率，以超额累进方法计算。原则上应按整体工程投资同一计算，工程规模较大时可分段计算。

表6-10 引水工程建设管理费费率表

一～四部分建安工作量/万元	费率/%	辅助参数/万元
50000及以内	4.2	0
50000～100000	3.1	550
100000～200000	2.2	1450
200000～500000	1.6	2650
500000以上	0.5	8150

注 计算公式为：一～四部分建安工作量×该档费率＋辅助参数。

（3）河道工程。河道工程建设管理费以第一～第四部分建安工作量为计算基数，按表6-11所列费率，以超额累进方法计算。原则上应按整体工程投资同一计算，工程规模较大时可分段计算。

表6-11 河道工程建设管理费费率表

一～四部分建安工作量/万元	费率/%	辅助参数/万元
50000及以内	3.5	0
50000～100000	2.4	110
100000～200000	1.7	460
200000～500000	0.9	1260
500000以上	0.4	2260

注 计算公式为：一～四部分建安工作量×该档费率＋辅助参数。

二、工程建设监理费

工程建设监理费指建设单位在工程建设过程中委托监理单位，对工程建设的质量、进度、安全和投资进行监理所发生的全部费用。包括监理单位为保证监理工作正常开展而必须购置的交通工具、办公及生活设备、检验试验设备以及监理人员的基本工资、辅助工资、工资附加费、劳动保护费、教育经费、办公费、差旅交通费、会议费、交通车辆使用费、技术图书资料费、固定资产折旧费、零星固定资产购置费、低值易耗品摊销费、工具用具使用费、修理费、水电费、采暖费等。

工程建设监理费按照国家发展改革委发改价格〔2007〕670号文颁发的《建设工程监理与相关服务收费管理规定》及其他相关规定计算。

三、联合试运转费

联合试运转费指水利工程的发电机组、水泵等安装完毕，在竣工验收前，进行整套设备带负荷联合试运转期间所需的各项费用。主要包括联合试运转期间所消耗的燃料、动力、材料及机械使用费、工具用具购置费、施工单位参加联合试运转人员的工资等。

按水利部现行规定，联合试运转费用指标见表6-12。

表 6-12　　联合试运转费用指标表

水电站工程	单机容量/万 kW	≤1	≤2	≤3	≤4	≤5	≤6	≤10	≤20	≤30	≤40	>40
	费用/(万元/台)	6	8	10	12	14	16	18	22	24	32	44
泵站工程	电力泵站	50～60 元/kW										

四、生产准备费

生产准备费指水利建设项目的生产、管理单位为准备正常的生产运行或管理发生的费用。包括生产及管理单位提前进场费、生产职工培训费、管理用具购置费、备品备件购置费和工器具及生产家具购置费。

1. 生产及管理单位提前进场费

生产及管理单位提前进场费指在工程完工之前，生产和管理单位有一部分工人、技术人员和管理人员提前进场进行生产筹备工作所需的各项费用。内容包括提前进场人员的基本工资、辅助工资、职工福利费、劳动保护费、养老保险费、失业保险费、医疗保险费、工伤保险费、生育保险费、住房公积金、教育经费、办公费、差旅交通费、会议费、技术图书资料费、零星固定资产购置费、低值易耗品购置费、工具用具使用费、修理费、水电费、采暖费等，以及其他属于生产筹建期间应开支的费用。

计算标准：枢纽工程按第一至四部分建安工程量的 0.15%～0.35%计算，大（1）型工程取小值，大（2）型工程取大值；引水工程视工程规模参照枢纽工程计算；河道工程、加固工程、田间工程原则上不计此项费用，若工程中含有新建大型泵站、泄洪闸、船闸等建筑物，按建筑物的投资参照枢纽工程计列。

2. 生产职工培训费

生产职工培训费指工程在竣工验收之前，生产及管理单位为保证生产及管理工作能顺利进行，需要对工人、技术人员和管理人员进行培训所发生的费用。内容包括基本工资、辅助工资、职工福利费、劳动保护费、养老保险费、失业保险费、医疗保险费、工伤保险费、生育保险费、住房公积金、教育经费、差旅交通费、实习费以及其他属于职工培训应开支的费用。

计算标准：按第一至四部分建安工作量的 0.35%～0.55%计算，枢纽工程、引水工程取中上限，河道工程取下限。

3. 管理用具购置费

管理用具购置费指为保证新建项目的正常生产和管理所必须购置的办公和生活用具等费用。内容包括办公室、会议室、资料档案室、阅览室、文娱室、医务室等公用设施需要配置的家具和器具。

计算标准：枢纽工程按一至四部分建安工作量的 0.04%～0.06%计算，大（1）型工程取小值，大（2）型工程取大值；引水工程按建安工作量的 0.03%计算；河道工程按建安工作量的 0.02%计算。

4. 备品备件购置费

备品备件购置费指在投产运行初期，由于易损件损耗和可能发生的事故，而必须准备的备品备件和专用材料的购置费。但不包括随设备配备且含在设备价格中的备品备件。

计算标准：按占设备费的0.4%～0.6%计算。大（1）型工程取下限，其他工程取中、上限。

应注意以下两点：

（1）设备费应包括机电设备、金属结构设备以及运杂费等全部设备费。

（2）电站、泵站同容量、同型号机组超过一台时，只计算一台的设备费。

5. 工器具及生产家具购置费

工器具及生产家具购置费是按设计规定，为保证初期正常生产运行所必须购置的不属于固定资产标准的生产工具、器具、仪表、生产家具等的购置费。但不包括设备价格中已包括的专用工具。

计算标准：按占设备费的0.1%～0.2%计算。枢纽工程取下限，其他工程取中、上限。

五、科研勘测设计费

科研勘测设计费指工程建设所需要的规划、科研、勘测和设计等费用。包括工程科学研究试验费和工程勘测设计费两项。

1. 工程科学研究试验费

工程科学研究试验费是为保障工程质量，解决工程建设技术问题，而进行必要的科学研究试验所需的费用。

计算标准：按工程建安工作量的百分率计算。其中：枢纽和引水工程取0.7%；河道工程取0.3%。灌溉田间工程一般不计此费用。

2. 工程勘测设计费

工程勘测设计费是工程从项目建议书开始至以后各设计阶段发生的勘测费、设计费，其中包含为勘测设计服务的常规科研试验费用。不包括工程建设征地移民设计、环境保护设计、水土保持设计各设计阶段发生的勘测设计费。

项目建议书、可行性研究阶段的勘测设计费及报告编制费：执行国家发展改革委发改价格〔2006〕1352号文颁布的《水利、水电工程建设项目前期工作工程勘察收费标准》和原国家计委计价格〔1999〕1283号文颁布的《建设项目前期工作咨询收费暂行规定》。

初步设计、招标设计及施工图设计阶段的勘测设计费执行国家计委、建设部计价格〔2002〕10号文颁发的《工程勘察设计收费管理规定》。

应根据所完成的相应勘测设计工作阶段确定工程勘测设计费，未发生的工作阶段不计相应阶段勘测设计费。

六、其他

1. 工程保险费

工程保险费指在工程建设期间，为使工程能在遭受水灾、火灾等自然灾害和意外事故造成损失后得到经济补偿，而对建筑安装工程进行投保所发生的保险费用。

计算标准：按工程第一至第四部分投资合计的4.5‰～5.0‰计算，田间工程原则上不计此项费用。

2. 其他税费

其他税费指按国家规定应缴纳的与工程建设有关的税费。

计算标准：按国家有关规定计算。

第五节　预备费和建设期融资利息

一、预备费

预备费包括基本预备费和价差预备费。

1. 基本预备费

基本预备费主要是为解决在工程施工过程中，经上级批准的设计变更和国家政策性变动增加的投资及为解决意外事故而采取的措施所增加的工程项目和费用。

计算方法：根据工程规模、施工年限和地质条件等不同情况，按工程第一至第五部分投资合计（依据分年度投资表）的百分率计算。

取费标准：按水利部现行规定，初步设计阶段概算取5.0%～8.0%。技术复杂、建设难度大的工程项目取大值，其他工程取中小值。

2. 价差预备费

价差预备费主要是为解决在工程项目建设过程中，因人工工资、材料和设备价格上涨以及费用标准调整而增加的投资。

计算方法：根据施工年限，以资金流量表的静态投资为计算基数。

取费标准：按照国家有关部门适时发布的年物价指数计算。

计算公式为

$$E = \sum_{n=1}^{N} F_n[(1+p)^n - 1] \tag{6-3}$$

式中　E——价差预备费；

N——合理建设工期；

n——施工年限；

F_n——建设期间资金流量表内第 n 年的投资；

P——年物价指数。

二、建设期融资利息

建设期融资利息是指根据国家财政金融政策规定，工程在建设期内需偿还并应计入工程总投资的融资利息。

计算公式为

$$S = \sum_{n=1}^{N}\left[\left(\sum_{m=1}^{n} F_m b_m - \frac{1}{2}F_n b_n\right) + \sum_{m=0}^{n-1} S_m\right] i \tag{6-4}$$

式中　S——建设期融资利息；

N——合理建设工期；

n——施工年限；

m——还息年度；

F_n、F_m——在建设期资金流量表内第 n、m 年的投资；

b_n、b_m——各施工年份融资额占当年投资比例；

i——建设期融资利率；

S_m——第 m 年的付息额度。

第六节 建设征地移民补偿概算

一、编制依据、原则及基本资料

1. 编制依据

（1）国家有关法律、法规。主要包括《中华人民共和国水法》《中华人民共和国土地管理法》《中华人民共和国森林法》《中华人民共和国草原法》《中华人民共和国文物保护法》和《大中型水利水电工程建设征地补偿和移民安置条例》等。

（2）各省（自治区、直辖市）颁布的《中华人民共和国土地管理法实施办法》等有关规定。

（3）《水利水电工程建设征地移民安置规划设计规范》（SL 290—2009）。

（4）行业标准及有关部委的其他有关规定。

（5）有关征地移民实物调查和移民安置规划等设计成果。

（6）有关协议和承诺文件。

2. 编制原则

（1）建设征地移民补偿补助标准必须执行国家及省（自治区、直辖市）的有关法律法规。国家有明确规定的执行国家规定，国家无规定的可执行省（自治区、直辖市）有关规定。

（2）建设征地移民补偿投资概（估）算采用的价格水平应与枢纽工程相同。

（3）建设征地移民涉及的不同专业工程项目单价，应采用相关专业的概（估）算编制办法、标准和定额计算或采用类比综合单位指标；征用耕地复垦单价采用相关省（自治区、直辖市）人民政府的规定，没有规定的，应按耕地复垦设计成果确定。

（4）建设征地移民补偿投资概算必须以征地移民实物调查成果和移民安置规划设计成果为基础。

（5）建设征地移民涉及的农村、城（集）镇基础设施建设、工业企业处理和专业项目处理以及防护工程建设，应按照原规模、原标准或者恢复原功能的原则计列补偿投资。凡结合迁建或防护需要提高标准、扩大规模增加的投资，不列入建设征地移民补偿投资。对不需要或难以恢复或改建的工业企业和专业项目，可给予合理的补偿。

（6）有关部门利用水库水域发展兴利事业所需投资，应按“谁投资、谁受益”的原则，由有关部门自行承担，不列入建设征地移民补偿投资。

（7）单位或者个人使用未确定使用权的国有土地，原则上不予补偿。

（8）各设计阶段征地移民补偿投资概（估）算的编制工作，应由编制征地移民安置规划的设计单位负责。凡委托有关专业设计单位承担的规划设计和编制的补偿投资（包括资产评估成果），均应由编制移民安置规划的设计单位进行审核后，再纳入征地移民补偿总投资。

3. 基本资料

(1) 涉及县（市）近三年的统计资料、乡级统计报表、农调队调查成果，各类耕地的耕作制度、农作物种植结构及单位面积的主、副产品产量。

(2) 涉及县（市）及其以上政府价格主管部门发布的农、林、牧、副、渔主产品及副产品收购价格，建设主管部门公布的各类人工工资、交通运输、能源、主要建筑材料等基础价格资料。

(3) 国家有关行业标准、规定、概预算编制办法、定额和造价管理资料。

(4) 地方政府颁布的有关建设征地拆迁补偿的法规和概预算编制办法、定额和造价管理资料。

(5) 涉及省（自治区、直辖市）已建、在建水利水电工程征地移民的补偿标准、单价等方面资料。

(6) 有关建设征地移民实物调查和移民安置规划等设计成果。

(7) 工程施工总进度计划，移民实施进度总计划与年度计划。

(8) 有关协议和承诺文件。

二、项目组成

建设征地移民补偿投资概算应包括农村部分、城（集）镇部分、工业企业、专业项目、防护工程、库底清理、其他费用以及预备费和有关税费。

1. 农村部分

农村部分包括征地补偿补助、房屋及附属建筑物补偿等10项内容。

(1) 征地补偿补助。包括征收土地补偿和安置补助、征用土地补偿、林地园地林木补偿、征用土地复垦、耕地青苗补偿等。

(2) 房屋及附属建筑物补偿。包括房屋补偿、房屋装修补助、附属建筑物补偿。

(3) 居民点新址征地及基础设施建设。包括新址征地补偿和基础设施建设。

1) 新址征地补偿包括征收土地补偿和安置补助、青苗补偿、地上附着物补偿等。

2) 基础设施建设包括场地平整和新址防护、居民点内道路、供水、排水、供电、电信、广播电视等。

(4) 农副业设施补偿。包括行政村、村民小组或农民家庭兴办的榨油坊、砖瓦窑、采石场、米面加工厂、农机具维修厂、酒坊、豆腐坊等项目。

(5) 小型水利水电设施补偿。包括水库、山塘、引水坝、机井、渠道、水轮泵站和抽水机站，以及配套的输电线路等项目。

(6) 农村工商企业补偿。包括房屋及附属建筑物、搬迁补助、生产设施、生产设备、停产损失、零星林（果）木等项目。

(7) 文化、教育、医疗卫生等单位迁建补偿。包括房屋及附属建筑物、搬迁补助、设备、设施、学校和医疗卫生单位增容补助、零星林（果）木等项目。

(8) 搬迁补助。包括移民及其个人或集体的物资，在搬迁时的车船运输、途中食宿、物资搬迁运输、搬迁保险、物资损失补助、误工补助和临时住房补贴等。

(9) 其他补偿补助。包括移民个人所有的零星林（果）木补偿、鱼塘设施补偿、坟墓补偿、贫困移民建房补助等。

（10）过渡期补助。包括移民生产生活恢复期间的补助。

2. 城（集）镇部分

包括房屋及附属建筑物补偿、新址征地及基础设施建设等6项内容。

（1）房屋及附属建筑物补偿。包括移民个人的房屋补偿、房屋装修补助、附属建筑物补偿等项目。

（2）新址征地及基础设施建设。包括新址征地补偿和基础设施建设。

1）新址征地补偿包括土地补偿补助、房屋及附属建筑物补偿、农副业设施补偿、小型水利水电设施补偿、搬迁补助、过渡期补助、其他补偿补助等项目。

2）基础设施建设包括新址场地平整及防护工程、道路广场、给水、排水、供电、电信、广播电视、燃气、供热、环卫、园林绿化、其他项目等。

（3）搬迁补助。包括搬迁时的车船运输、途中食宿、物资搬运、搬迁保险、物资损失补助、误工补助和临时住房补贴等。

（4）工商企业补偿。包括房屋及附属建筑物补偿、搬迁补助、设施补偿、设备搬迁补偿、停产（业）损失、零星林（果）木补偿等。

（5）机关事业单位迁建补偿。包括房屋及附属建筑物补偿、搬迁补助、设施补偿、设备搬迁补偿、零星林（果）木补偿等。

（6）其他补偿补助。包括移民个人所有的零星林（果）木补偿、贫困移民建房补助等。

3. 工业企业

工业企业迁建补偿包括用地补偿和场地平整、房屋及附属建筑物补偿等7项内容。

（1）用地补偿和场地平整。包括用地补偿补助、场地平整等。

（2）房屋及附属建筑物补偿。包括办公及生活用房、附属建筑物、生产用房等。

（3）基础设施和生产设施。基础设施包括供水、排水、供电、电信、照明、广播电视、各种道路以及绿化设施等项目；生产设施包括各种井巷工程及池、窑、炉座、机座、烟囱等项目。

（4）设备搬迁补偿。包括不可搬迁设备补偿和可搬迁设备搬迁运输。

（5）搬迁补助。包括人员搬迁和流动资产搬迁等。

（6）停产损失。包括职工工资、福利费、管理费、利润等。

（7）零星林（果）木补偿

4. 专业项目

专业项目恢复改建补偿包括铁路工程、公路工程等11项内容。

（1）铁路工程改（复）建。包括站场、线路和其他等。

（2）公路工程改（复）建。包括等级公路、桥梁、汽渡等。

（3）库周交通工程。包括机耕路、人行道、人行渡口、农村码头等。

（4）航运工程。包括港口、码头、航道设施等。

（5）输变电工程改（复）建。包括输电线路和变电设施。

（6）电信工程改（复）建。包括线路、基站及附属设施。

（7）广播电视工程改（复）建。包括有线广播、有线电视线路，接收站（塔）、转播站（塔）等设施设备。

（8）水利水电工程。包括水电站、泵站、水库、渠（管）道等。

（9）国有农（林、牧、渔）场补偿。包括征地补偿补助、房屋及附属建筑物补偿、居民点新址征地及基础设施建设、农副业设施、小型水利水电设施、搬迁补助、其他补偿补助等。

（10）文物古迹。包括地面文物和地下文物。

（11）其他项目。包括水文站、气象站、军事设施、测量设施及标志等。

5. 防护工程

防护工程包括建筑工程、机电设备及安装工程、金属结构设备及安装工程、临时工程、独立费用和基本预备费。

（1）建筑工程。包括主体建筑、交通、房屋建筑、外部供电线路、其他建筑等。

（2）机电设备及安装工程。包括泵站设备及安装、公用设备及安装等。

（3）金属结构设备及安装工程。包括闸门、启闭机、压力钢管、其他金属结构等。

（4）临时工程。包括施工导流、施工交通、施工场外供电、施工房屋建筑和其他施工临时工程。

（5）独立费用。包括建设管理费、生产准备费、科研勘测设计费、建设及施工场地征用费和其他。

（6）基本预备费。包括防护工程建设中不可预见的费用。

6. 库底清理

库底清理包括建（构）筑物清理、林木清理等5项内容。

（1）建（构）筑物清理。包括建筑物清理和构筑物清理。

（2）林木清理。包括林地砍伐清理、园地清理、迹地清理和零星树木清理。

（3）易漂浮物清理。包括建（构）筑物清理后废弃的木质门窗、木檩椽、木质杆材、油毡、塑料等清理和林木砍伐后残余的枝丫、枯木及田间、农舍旁堆置的秸秆清理等。

（4）卫生清理。包括一般污染源清理、传染性污染源清理、生物类污染源清理和检测工作等。

（5）固体废物清理。包括生活垃圾清理、工业固体废物清理、危险废物清理和检测工作等。

7. 其他费用

包括前期工作费、综合勘测设计科研费、实施管理费、实施机构开办费、技术培训费、监督评估费等。

8. 预备费

包括基本预备费和价差预备费。

9. 有关税费

包括与征地有关的国家规定的税费，如耕地占用税、耕地开垦费、森林植被恢复费和草原植被恢复费等。

三、费用构成

建设征地移民安置补偿费用由补偿补助费、工程建设费、其他费用、预备费、有关税费等构成。其中工程建设费包括建筑工程费、机电设备及安装工程费、金属结构设备及安装工程费、临时工程费等。

1. 补偿补助费

包括征收土地补偿和安置补助费、征用土地补偿费、房屋及附属建筑物补偿费、房屋装修补助费、青苗补偿费、林地与园地的林木补偿费、零星林（果）木补偿费、鱼塘设施补偿费、农副业设施补偿费、小型水利水电设施补偿费、工商企业设施设备补偿费、文化教育和医疗卫生等单位设施设备补偿费、行政事业等单位设备设施补偿费、工业企业设施设备补偿费、停产损失、搬迁补助费、坟墓补偿费等。此外，还有贫困移民建房补助、文教卫生增容补助和过渡期补助等费用。

2. 工程建设费

包括基础设施工程、专业项目、防护工程和库底清理等项目的建筑工程费、机电设备及安装工程费、金属结构设备及安装工程费、临时工程费等，按项目类型和规模，根据相应行业和地区的有关规定计列费用。

3. 其他费用

包括前期工作费、综合勘测设计科研费等6项费用。

（1）前期工作费。在水利工程项目建议书阶段和可行性研究报告阶段开展建设征地移民安置前期工作所发生的各种费用。主要包括前期勘测设计、移民安置规划大纲编制、移民安置规划配合工作所发生的费用。

（2）综合勘测设计科研费。为初步设计和技施设计阶段征地移民设计工作所需要的综合勘测设计科研费用。主要包括两阶段设计单位承担的实物复核，农村、城（集）镇、工业企业及专业项目处理综合勘测规划设计发生的费用和地方政府必要的配合费用。

（3）实施管理费。包括地方政府实施管理费和建设单位实施管理费。

（4）实施机构开办费。指征地移民实施机构为开展工作所必须购置的办公及生活设施、交通工具等，以及其他用于开办工作的费用。

（5）技术培训费。指用于农村移民生产技能、移民干部管理水平的培训所发生的费用。

（6）监督评估费。指实施移民监督评估所需费用。

4. 预备费

预备费包括基本预备费和价差预备费两项费用。

（1）基本预备费主要是指在建设征地移民安置设计及补偿费用概（估）算内难以预料的项目费用。费用内容包括：经批准的设计变更增加的费用，一般自然灾害造成的损失、预防自然灾害所采取的措施费用，以及其他难以预料的项目费用。

（2）价差预备费是指建设项目在建设期间，由于人工工资、材料和设备价格上涨以及费用标准调整而增加的投资。

5. 有关税费

有关税费包括耕地占用税、耕地开垦费、森林植被恢复费、草原植被恢复费等。

（1）耕地占用税是指根据《中华人民共和国耕地占用税暂行条例》，按各省（自治区、直辖市）的有关规定，对占用种植农作物的土地从事非农业建设需交纳的耕地占用税。

（2）耕地开垦费是指根据《中华人民共和国土地管理法》的规定，按照“占多少、垦多少”的原则，由占用耕地的单位负责开垦与所占用耕地的数量和质量相当的耕地，对没条件开垦或开垦不符合要求的，应当按各省（自治区、直辖市）的有关规定缴纳耕地开垦费。

（3）森林植被恢复费是指根据《中华人民共和国森林法》第十八条规定，进行工程勘查、开采矿藏和各项工程建设，应当不占或少占林地，必须占用或者征收征用林地的，用地单位应依照有关规定缴纳森林植被恢复费。

（4）草原植被恢复费是指根据《中华人民共和国草原法》第三十九条规定，因工程建设征收、征用或者使用草原的，应当缴纳草原植被恢复费。

6．概算表

建设征地移民补偿投资总概算表，见表 6－13。

表 6－13　　建设征地移民补偿投资总概算表

序号	项　目	投资/万元	比重/%	备注
1	农村移民安置补偿费			
2	城（集）镇迁建补偿费			
3	工业企业迁建补偿费			
4	专业项目恢复改建补偿费			
5	防护工程费			
6	库底清理费			
	1～6 项小计			
7	其他费用			
8	预备费			
	其中：基本预备费			
	价差预备费			
9	有关税费			
10	总投资			

第七节　环境保护工程概算

一、编制原则、编制依据

1．编制原则

（1）水利水电工程环境影响报告书和环境保护设计确定的环境保护措施的投资应列入工程的环境保护投资。

（2）对属于《水利工程设计概（估）算编制规定》项目划分中的工程部分、同时具有环境保护功能的项目，其投资应列入工程部分，不应重复计列。

（3）对于超出现有标准的环境保护概算特殊项目，可根据水利水电工程特点按照有关行业主管部门颁发的定额和规定计算。

2. 编制依据

(1) 国家及行业主管部门和省（自治区、直辖市）主管部门发布的有关法律、法规及技术标准。

(2)《水利水电工程环境保护概估算编制规程》。

(3)《水利工程设计概（估）算编制规定》和《水土保持工程概（估）算编制规定》，有关行业主管部门颁发的定额。

(4) 初步设计阶段环境保护设计文件及图纸。

(5) 有关合同协议及资金筹措方案。

二、项目组成

环境保护工程概算由环境保护措施费、环境监测措施费、环境保护仪器设备及安装费、环境保护临时措施费、环境保护独立费用、环境保护预备费和建设期贷款利息7部分组成。

1. 环境保护措施

包括防止、减免或减缓工程对环境不利影响和满足工程环境功能要求而兴建的环境保护措施，主要有水环境（水质、水温）保护、土壤环境保护等10项内容。

(1) 水质保护包括为防止、减免或减缓水利水电工程建设造成的河流水域功能降低等所采取的保护措施，以及为满足供水水质要求所采取的保护措施。主要有污水处理工程、水源地防护与生态恢复等。

(2) 水温恢复包括为防止、减免或减缓水利水电工程建设引起的河流水温变化对工农业用水及生态造成的影响所采取的措施。主要有分层取水工程、引水渠、增温池等。

(3) 土壤环境保护包括为防止、减免或减缓水利水电工程建设引起的土壤次生潜育化、次生盐碱化、沼泽化、土地沙化等所采取的保护措施。主要有防渗截渗工程、排水工程、防护林等。

(4) 陆生植物保护包括为防止、减免或减缓水利水电工程建设造成的陆生植物种群及生境破坏、珍稀及濒危植物受到淹没或生境破坏所采取的保护措施。主要有就地防护、迁地移栽、引种栽培、种质库保存等。

(5) 陆生动物保护包括为防止、减免或减缓水利水电工程建设对陆生动物种群、珍稀濒危野生动物种群及生境的影响所采取的保护措施。主要有建立迁徙通道、保护水源、围栏、养殖等。

(6) 水生生物保护包括为防止、减免或减缓兴建水利水电工程造成河流、湖泊等水域水生生物生境变化，对珍稀、濒危以及有重要经济、学术研究价值的水生生物的索饵场、产卵场、越冬场及洄游通道产生不利影响所采取的保护措施。主要有栖息地保护、过鱼设施、鱼类增殖站及人工放流、产卵池、孵化池、放养池等。

(7) 景观保护及绿化包括为防止、减免或减缓兴建水利水电工程对风景名胜造成影响以及为美化环境所采取的保护及绿化措施。主要有植树、种草等。

(8) 人群健康保护包括为防止水利水电工程建设引起的自然疫源性疾病、介水传染病、虫媒传染病、地方病等所采取的保护措施。主要有疫源地控制、防疫、检疫、传染媒介控制等。

(9) 生态需水保障措施包括为保证水利水电工程下游河道的生态需水量而采取的工程和管理措施。主要有放水设施、拦水堰等。

(10) 其他环境保护措施包括为防止、减免或减缓水利水电工程造成下游河道或水位降低，影响工程下游的水利、交通等设施的运行采取的工程保护措施和补偿措施，移民安置环境保护措施等。

2. 环境监测设施

施工期环境监测措施包括水质监测、大气监测、噪声监测、卫生防疫监测、生态监测等。

运行期环境监测措施包括监测站（点）等环境监测设施，不包括环境监测费用。

3. 环境保护仪器设备及安装

环境保护仪器设备及安装包括为了保护环境和开展监测工作所需的仪器设备及安装。主要有环境保护设备、环境监测仪器设备。

(1) 环境保护设备包括污水处理、噪声防治、粉尘防治、垃圾收集、处理及卫生防疫等设备。

(2) 环境监测仪器设备包括水环境监测、大气监测、噪声监测、卫生防疫监测、生态监测等仪器设备。

4. 环境保护临时措施

环境保护临时措施指工程施工过程中为保护施工区及其周围环境和人群健康所采取的临时措施。环境保护临时措施分为废（污）水处理、噪声防治、固体废物处置、环境空气质量控制、人群健康保护等临时措施。

5. 环境保护独立费用

环境保护独立费用包括建设管理费、环境监理费、科研勘测设计咨询费和工程质量监督费等。其中：建设管理费分为环境管理经常费、环境保护设施竣工验收费、环境保护宣传及技术培训费；科研勘测设计咨询费分为科学研究试验费、环境影响评价费、勘测设计费和技术咨询费等。

三、费用构成

环境保护概算费用包括工程措施费、非工程措施费、独立费用、预备费、建设期融资利息。

1. 工程措施费

工程措施费包括建筑工程费、植物工程费、仪器设备及安装费。

(1) 建筑工程费和植物工程费。建筑工程费和植物工程费由直接工程费、间接费、利润、税金组成。

直接工程费指为工程施工过程中直接消耗在工程项目上的活劳动和物化劳动的费用。

间接费包括承包商为工程施工而进行组织与经营管理所发生的企业管理费、财务费用和其他费用。

利润包括按规定计入工程费中的利润。

税金包括国家对承包商承担建筑工程、植物工程等作业收入所征收的营业税、城市维护建设税和教育费附加。

(2) 仪器设备及安装费。环境保护仪器设备费包括仪器设备原价、运杂费、运输保险费和采购及保管费。

环境保护安装费包括对设备进行安装需要的人工、材料和机械使用等费用。

2. 非工程措施费

包括一次性补偿费用、施工期环境监测费和其他非工程措施费。

(1) 一次性补偿费用包括因工程对环境造成不利影响，且难以恢复、改建的项目所发生的补偿费用。

(2) 施工期环境监测费包括施工期委托监测单位开展环境监测工作所发生的费用。

(3) 其他非工程措施费包括施工期委托有关单位开展卫生防疫等工作所发生的费用。

3. 独立费用

包括环境建设管理费、监理费、科研勘测设计咨询费及工程质量监督费等。

(1) 建设管理费包括建设单位在工程建设期间进行环境保护管理工作所需的费用。主要有环境管理经常费、环境保护设施竣工验收费、环境保护宣传及技术培训费等。

(2) 环境监理费包括施工期根据环境管理要求，监理单位或人员进行环境监理所需的费用。

(3) 科研勘测设计咨询费包括环境保护设计所需的科研、勘测、设计和咨询等费用。分为环境保护科学研究试验费、环境影响评价费、环境保护勘测设计费和技术咨询费等。

(4) 工程质量监督费包括为保证环境保护工程质量而进行的检测、监督、检查等工作的费用。

4. 预备费

包括基本预备费和价差预备费两项费用。

(1) 基本预备费指主要为解决工程施工过程中，经批准的环境保护设计变更增加的投资及解决意外环境事故而采取的措施所增加的工程项目和费用。

(2) 价差预备费指主要为解决工程施工过程中，人工工资、材料和设备价格上涨以及费用标准调整而增加的环境保护投资。

5. 建设期融资利息

包括根据国家财政金融政策规定，工程在建设期内需偿还并应计入工程总投资的融资利息。

6. 环境保护工程概算表

环境保护工程总概算表，见表 6-14。

表 6-14　　环境保护工程总概算表

工程和费用名称	建筑工程措施费/元	植物工程措施费/元	仪器设备及安装费/元	非工程措施费/元	独立费用/元	合计/元	所占比例/%
第一部分　环境保护措施							
×××（一级项目）							
第二部分　环境监测措施							

续表

工程和费用名称	建筑工程措施费/元	植物工程措施费/元	仪器设备及安装费/元	非工程措施费/元	独立费用/元	合计/元	所占比例/%
×××（一级项目）							
第三部分 环境保护仪器设备及安装							
×××（一级项目）							
第四部分 环境保护临时措施							
×××（一级项目）							
第五部分 环境保护独立费用							
×××（一级项目）							
一～五部分合计							
基本预备费							
价差预备费							
建设期融资利息							
静态总投资							
总投资							

第八节 水土保持工程概算

一、开发建设项目水土保持工程概算

1. 编制依据

(1) 国家和上级主管部门以及省、自治区、直辖市颁发的有关法令、制度、规定。

(2)《水土保持工程概（估）算编制规定》(水利部水总〔2003〕67号)。

(3) 水土保持工程概算定额和有关部门颁发的定额。

(4) 开发建设项目水土保持工程设计文件及图纸。

(5) 有关合同、协议及资金筹措方案。

(6) 其他有关资料。

2. 项目组成

开发建设项目水土保持工程涉及面广，类型各异，内容复杂，为适应水土保持工程管理工作的需要，满足水土保持工程设计和建设过程中各项工作要求，必须有一个可供共同遵循的统一的项目划分格式。

开发建设项目水土保持工程项目划分为工程措施、植物措施、施工临时工程和独立费用共4部分。

(1) 工程措施指为减轻或避免因开发建设造成植被破坏和水土流失而兴建的永久性水土保持工程。包括拦渣工程、护坡工程、土地整治工程、防洪工程、机械固沙工程、泥石

流防治工程、设备及安装工程等。

（2）植物措施指为防治水土流失而采取的植物防护工程、植物恢复工程及绿化美化工程等。

（3）施工临时工程包括临时防护工程和其他临时工程，临时防护工程是为防止施工期水土流失而采取的各项临时防护措施，其他临时工程是施工期的临时仓库、生活用房、架设输电线路、施工道路等。

（4）独立费用由建设管理费、工程建设监理费、科研勘测设计费、水土流失监测费、工程质量监督费5项组成。

3. 费用构成

（1）工程措施及植物措施费由直接工程费、间接费、利润和税金组成。

直接工程费指工程施工过程中直接消耗在工程项目上和活劳动和物化劳动，由直接费、其他直接费、现场经费组成。

间接费是指施工企业为工程施工而进行组织与经营管理所发生的各项费用。它构成产品成本，但又不便进行直接计量。由企业管理费、财务费用和其他费用组成。

利润指按规定应计入工程措施及植物措施费用中的利润。

税金指应计入建筑安装工程费用内的增值税销项税额。

（2）独立费用。独立费用由建设管理费、工程建设监理费、科研勘测设计费、水土流失监测费及工程质量监督费5项组成。

建设管理费指建设单位从工程项目筹建到竣工期间所发生的各种管理性费用。

工程建设监理费指工程开工后，建设单位聘请监理工程师对水土保持工程的质量、进度和投资进行监理所需的各项费用。

科研勘测设计费指为建设本工程所发生的科研、勘测设计等费用。

水土流失监测费指主体工程施工期内为控制水土流失、监测水土流失防治效果所发生的各项费用。

工程质量监督费指为保证工程质量进行质量监督和检查所发生的各项费用。

（3）预备费。预备费包括基本预备费和价差预备费。

基本预备费主要为解决在工程施工过程中，经上级批准的设计变更和为预防意外事故而采取的措施所增加的工程项目和费用。

价差预备费主要为解决在工程施工过程中，因人工工资、材料和设备价格上涨以及费用标准调整而增加的投资。

（4）建设期融资利息。根据国家财政金融政策规定，工程在建设期内需偿还并应计入工程总投资的融资利息。按国家财政金融政策规定计算。

4. 概算表

开发建设项目水土保持工程总概算表，见表6-15。

二、水土保持生态建设工程概算

1. 编制依据

（1）《水土保持工程概（估）算编制规定》（水利部水总〔2003〕67号）。

表 6-15　　开发建设项目水土保持工程总概算表

序号	工程或费用名称	建安工程费	植物措施费		设备费	独立费用	合计
			栽（种）植费	苗木、草、种子费			
	第一部分　工程措施						
	⋮						
	第二部分　植物措施						
	⋮						
	第三部分　临时工程						
	⋮						
	第四部分　独立费用						
	⋮						
	一～四部分合计						
	基本预备费						
	静态总投资						
	价差预备费						
	建设期融资利息						
	工程总投资						
	水土保持设施补偿费*						

*　水土保持设施补偿费属行政性收费项目，计算办法按有关规定执行。

（2）水土保持工程概算定额和有关部门颁发的定额。

（3）水土保持生态建设工程设计文件及图纸。

（4）国家和上级主管部门以及省（自治区、直辖市）颁发的设备、材料价格。

（5）其他有关资料。

2. 项目组成

水土保持生态建设工程概算由工程措施费、林草措施费、封育治理措施费和独立费用4部分组成。

（1）工程措施由梯田工程，谷坊、水窖、蓄水池工程，小型蓄排、引水工程，治沟骨干工程，机械固沙工程，设备及安装工程，其他工程7项组成。

（2）林草工程由水土保持造林工程、水土保持种草工程及苗圃三部分组成。

（3）封育治理措施由拦护设施、补植补种两部分组成。

（4）独立费用由建设期管理费、工程建设监理费、科研勘测设计费、征地及淹没补偿费、水土流失监测费及工程质量监督费等6项组成。

3. 费用构成

（1）工程措施、林草措施和封育治理措施费由直接费、间接费、利润和税金组成。

直接费指工程施工过程中直接消耗在工程项目上的活劳动和物化劳动，由基本直接费和其他直接费组成。

间接费是指工程施工过程中构成成本，但又不直接消耗在工程项目上的有关费用。包括工作人员工资、办公费、差旅费、交通费、固定资产使用费、管理用具使用费、其他费用、城市维护建设税、教育费附加以及地方教育附加等。

利润指按规定计入工程措施、林草措施和封育治理措施费用中的利润。

税金指应计入建筑安装工程费用内的增值税销项税额。

（2）独立费用。独立费用由建设期管理费、工程建设监理费、科研勘测设计费、征地及淹没补偿费、水土流失监测费及工程质量监督费6项组成。

（3）预备费。包括基本预备费和价差预备费。

4. 概算表

水土保持生态建设工程总概算表，见表6-16。

表6-16　　水土保持生态建设工程总概算表

序号	工程或费用名称	建安工程费	林草工程费		设备费	独立费用	合计
			栽植费	林草及种子费			
	第一部分　工程措施						
1	梯田工程						
2	谷坊、水窖、蓄水池工程						
3	小型蓄排、引水工程						
4	治沟骨干工程						
5	机械固沙工程						
6	设备及安装工程						
7	其他工程						
	第二部分　林草措施						
1	水土保持造林工程						
2	水土保持种草工程						
3	苗圃						
	第三部分　封育治理工程						
1	拦护设施						
2	补植（补种）						
	第四部分　独立费用						
1	建设管理费						
2	工程建设监理费						
3	科研勘测设计费						
4	征地及淹没补偿费						
5	水土流失监测费						
6	工程质量监督费						
	一～四部分合计						
	基本预备费						
	价差预备费						
	工程总投资						

第九节 总概算的编制

工程部分第一～第五部分投资与基本预备费之和构成工程部分静态投资。编制工程部分总概算表时，在第五部分独立费用之后，应顺序计列以下项目。

(1) 工程部分一～五部分投资合计。

(2) 基本预备费。

(3) 静态投资。

工程部分、建设征地移民补偿、环境保护工程、水土保持工程的静态投资之和构成静态总投资。

静态总投资、价差预备费、建设期融资利息之和构成总投资。

编制工程概算总表时，在工程投资总计中应顺序计列以下项目。

(1) 静态总投资（汇总各部分静态投资）。

(2) 价差预备费。

(3) 建设期融资利息。

(4) 总投资。

一、分年度投资及资金流量

1. 分年度投资表

分年度投资是根据施工组织设计确定的施工进度和合理工期而计算出的各年度工程需要的投资额。

(1) 建筑工程。建筑工程分年度投资表应根据施工进度安排，对主要工程按各单项工程分年度完成的工程量和相应的工程单价计算。对于次要的和其他工程，可根据施工进度，按各年所占完成投资的比例，摊入分年度投资表。

建筑工程分年度投资的编制可视不同情况按项目划分列至一级项目或二级项目，分别反映各自的建筑工程量。

(2) 设备及安装工程。设备及安装工程分年度投资应根据施工组织设计确定的设备安装进度计算各年预计完成的设备费和安装费。

(3) 费用。根据费用的性质和费用发生的时段，按相应年度分别进行计算。

2. 资金流量表

资金流量是为满足工程项目在建设过程中各时段的资金需求，按工程建设所需资金投入时间计算的各年度使用的资金量。资金流量表的编制以分年度投资表为依据，按建筑安装工程、永久设备购置费和独立费用三种类型分别计算。初步设计概算资金流量计算办法如下所述。

(1) 建筑及安装工程资金流量

1) 建筑工程可根据分年度投资表的项目划分，以各年度建筑工作量作为计算资金流量的依据。

2) 资金流量是在原分年度投资的基础上，考虑预付款、预付款的扣回、保留金和保留金的偿还等编制出的分年度资金安排。

3）预付款一般可划分为工程预付款和工程材料预付款两部分。

工程预付款按划分的单个工程项目的建安工作量的10%～20%计算，工期在3年以内的工程全部安排在第一年，工期在3年以上的可安排在前两年。工程预付款的扣回从完成建安工作量的30%起开始，按完成建安工作量的20%～30%扣回至预付款全部回收完毕为止。对于需要购置特殊施工机械设备或施工难度较大的项目，工程预付款可取大值，其他项目取中值或小值。

工程材料预付款。水利工程一般规模较大，所需材料的种类及数量较多，提前备料所需资金较大，因此考虑向施工企业支付一定数量的材料预付款。可按分年度投资中次年完成建安工作量的20%在本年提前支付，并于次年扣回，以此类推，直至本项目竣工。

4）保留金。水利工程的保留金，按建安工作量的2.5%计算。在计算概算资金流量时，按分项工程分年度完成建安工作量的5%扣留至该项工程全部建安工作量的2.5%时终止（即完成建安工作量的50%时），并将所扣的保留金100%计入该项工程终止后一年（如该年已超出总工期，则此项保留金计入工程的最后一年）的资金流量表内。

（2）永久设备购置费资金流量。永久设备购置费资金流量计算，划分为主要设备和一般设备两种类型分别计算。

1）主要设备的资金流量计算。主要设备为水轮发电机组、大型水泵、大型电机、主阀、主变压器、桥机、门机、高压断路器或高压组合电器、金属结构闸门启闭设备等。按设备到货周期确定各年资金流量比例，具体比例见表6-17。

表6-17　　主要设备资金流量比例表

年份 到货周期	第1年	第2年	第3年	第4年	第5年	第6年
1年	15%	75%	10%			
2年	15%	25%	50%	10%		
3年	15%	25%	10%	40%	10%	
4年	15%	25%	10%	10%	30%	10%

注　数据的年份为设备到货年份。

2）其他设备。其资金流量按到货前一年预付15%定金，到货年支付85%的剩余价款。

（3）独立费用资金流量。独立费用资金流量主要是勘测设计费的支付方式应考虑质量保证金的要求，其他项目则均按分年度投资表中的资金安排计算。

1）可行性研究和初步设计阶段的勘测设计费按合理工期分年平均计算。

2）施工图设计阶段勘测设计费的95%按合理工期分年平均计算，其余5%的勘测设计费用作为设计保证金，计入最后一年的资金流量表内。

二、总概算的编制

1．工程部分概算

工程部分概算按一级项目如挡水、泄水、引水、发电等项目划分，汇总一至五部分概算。并按照建筑安装工程费、设备购置费、独立费用分别填列。其顺序为建筑工程概算、机电设备及安装工程概算、金属结构设备及安装工程概算、施工临时工程概算、独立费用概算。工程部分概算按项目划分的五部分填表并列至一级项目。五部分之后的内容为：一至五部分投资合计、基本预备费、静态总投资。概算编制计算表见第一章第五节。

2. 建设征地移民补偿概算编制

建设征地移民补偿概算编制见第六章第六节。

3. 环境保护工程概算编制

环境保护工程概算编制见第六章第七节。

4. 水土保持工程概算编制

水土保持工程概算编制见第六章第八节。

5. 总概算编制

工程概算总表应汇总工程部分、建设征地移民补偿、环境保护工程、水土保持工程总概算表。工程概算总表由工程部分的总概算表与建设征地移民补偿、环境保护工程、水土保持工程的总概算表汇总计算而成，见表1-1。其中：Ⅰ为工程部分总概算表，按项目划分的五部分填表并列示至一级项目。Ⅱ为建设征地移民补偿总概算表，列示至一级项目。Ⅲ为环境保护工程总概算表。Ⅳ为水土保持工程总概算表。Ⅴ包括静态总投资（Ⅰ～Ⅳ静态投资合计）、价差预备费、建设期融资利息、总投资。

三、主要技术经济指标

根据工程具体情况进行编制，反映出主要技术经济指标即可。一般包括总投资、静态总投资。工程单位千瓦投资，单位电度投资。采用的年物价指数，价差预备费占总投资的百分比，工程建设期融资利率和利息。主要技术经济指标见表6-18。

表6-18　　主要技术经济指标表

<table>
<tr><td>河系</td><td colspan="3"></td><td rowspan="15">发电厂</td><td>型式</td><td></td><td></td></tr>
<tr><td>建设地点</td><td colspan="3"></td><td>厂房尺寸（长×宽×高）</td><td></td><td>m</td></tr>
<tr><td>设计单位</td><td colspan="3"></td><td>水轮机型号</td><td></td><td></td></tr>
<tr><td>建设单位</td><td colspan="3"></td><td>总装机容量</td><td></td><td>MW</td></tr>
<tr><td rowspan="7">水库淹没</td><td>正常蓄水位</td><td></td><td>m</td><td>单机容量</td><td></td><td>MW</td></tr>
<tr><td>总库容</td><td></td><td>亿 m^3</td><td>装机台数</td><td></td><td>台</td></tr>
<tr><td>有效库容</td><td></td><td>亿 m^3</td><td>保证出力</td><td></td><td>MW</td></tr>
<tr><td>淹没耕地</td><td></td><td>hm^2</td><td>年发电量</td><td></td><td>万 kW·h</td></tr>
<tr><td>迁移人口</td><td></td><td>人</td><td>年利用小时</td><td></td><td>h</td></tr>
<tr><td>迁移费用</td><td></td><td>万元</td><td>建筑工程投资</td><td></td><td>万元</td></tr>
<tr><td>单位指标</td><td></td><td>元/人</td><td>单位千瓦指标</td><td></td><td>元</td></tr>
<tr><td rowspan="6">拦河坝（闸）</td><td>型式</td><td></td><td></td><td>单位电度指标</td><td></td><td>元/m^3</td></tr>
<tr><td>最大坝高</td><td></td><td>m</td><td>发电设备投资</td><td></td><td>万元</td></tr>
<tr><td>坝顶长</td><td></td><td>m</td><td>单位千瓦指标</td><td></td><td>元</td></tr>
<tr><td>坝体方量</td><td></td><td>万 m^3</td><td>单位电度指标</td><td></td><td>元</td></tr>
<tr><td>投资</td><td></td><td>万元</td><td rowspan="4">主体工程量</td><td>土石方明挖</td><td></td><td>元/m^3</td></tr>
<tr><td>单位指标</td><td></td><td>元/m^3</td><td>洞挖石方</td><td></td><td>元/m^3</td></tr>
<tr><td rowspan="2">……</td><td></td><td></td><td></td><td>土石方填筑</td><td></td><td>元/m^3</td></tr>
<tr><td></td><td></td><td></td><td>混凝土</td><td></td><td>元/m^3</td></tr>
</table>

续表

静态总投资		万元	主要材料用量	水泥		万 t
总投资		万元		钢材		万 t
单位千瓦投资		元		木材		元/m^3
单位电度投资		元	全员人数	高峰人数		人
工程发挥效益期静态总投资		元		平均人数		人
工程发挥效益期总投资		元		总工日		万工日
工程建设期融资利息		万元	施工计划	开工日期		
送出工程投资		万元		工程发挥效益日期		
生产管理单位定员		人		竣工日期		
备注				总工日		

习　题

1. 主体工程项目概算编制的主要内容和方法各是什么?

2. 结合已学过的内容，试论述工程定额、基础单价、工程单价三者在建筑工程概算中的相互关系。

3. 施工临时工程与建筑工程中都有房屋建筑工程、交通工程等分项，是否属于重复计算？为什么?

4. 独立费用包括哪些费用？其计算依据各是什么?

第七章 水利工程造价文件的编制

第一节 投 资 估 算

一、概述

（一）投资估算的概念

投资估算是项目投资决策阶段的造价文件，是项目建议书、可行性研究报告等的重要组成部分，是国家为选定近期开发项目做出科学决策和批准进行初步设计的重要依据之一，其准确性直接影响到国家对项目选定的决策。水利工程投资估算指按照国家和主管部门发布的编制规定、估算指标、概算指标或类似工程的预（决）算资料、各项取费标准，现行的人工、材料、设备价格，以及工程具体条件编制的技术经济文件。投资估算指标控制初步设计概算，它是工程投资的最高限额。

投资估算的准确性，直接影响国家（业主）对项目选定的决策。投资估算的准确与否，不仅影响到建设项目前期的投资决策和资金筹措方案的制订，而且还关系到设计概算、施工图预算的编制及项目建设期的造价控制和管理。但由于受勘测、设计和科研工作的深度限制，可行性研究阶段往往只能提出主要建筑物的主体工程量和主要设备。在这种情况下，要合理地编制出投资估算，除了要遵守现行编制规定和定额外，概预算专业人员还要深入调查研究，充分掌握第一手材料，合理地选定单价指标。

（二）投资估算的作用

由于投资决策过程可进一步划分为项目建议书阶段和可行性研究阶段，所以投资估算也相应分为两个阶段。不同阶段所具备的条件和掌握的资料不同，因此投资估算的准确程度不同，进而每个阶段投资估算所起的作用也不同。总的来说，投资估算是前期各个阶段工作中，作为论证拟建项目经济是否合理的重要文件。它具有下列作用。

（1）项目建议书阶段的投资估算，是项目主管部门审批项目建议书的依据之一，并对项目的规划、规模起参考作用，是国家决策部门判断拟建项目是否立项进行研究的依据之一。

（2）它是国家批准设计任务书的重要依据。可行性研究投资估算，是研究分析拟建项目经济效果的重要依据，它是决策性的经济文件。可行性研究报告被批准后，投资估算就作为控制设计任务书下达的投资限额，对初步设计概算编制起控制作用，也作为筹集资金和向银行贷款的计划依据。

（3）它是国家编制中长期规划，保持合理比例和投资结构的重要依据。拟建项目的投资，是编制固定资产长远投资规划和制定国民经济的固定资产投资需要量，确定国民经济积累的合理比例，保持适度的投资规模和合理的投资结构。

二、投资估算的编制

整个建设项目的投资估算总额，是指工程从筹建、施工直到建成投产的全部建设费用，其包括的内容应视项目的性质和范围而定。

水利工程投资估算与初步设计概算在组成内容、项目划分和费用构成上基本相同，但两者设计深度不同。投资估算可根据《水利水电工程项目建议书编制规程》（SL 617—2013）和《水利水电工程可行性研究报告编制规程》（SL 618—2013）的有关规定，对初步设计概算编制规定中部分内容进行适当简化、合并或调整。

水利工程中的主要建筑物以及主要设备及安装工程是永久工程中的主体。在工程总投资中占有举足轻重的份额，所以为了保证投资估算的基本精度，采用了与概算相同的项目划分和计算方法。永久工程中上述以外的非主要工程（或称次要工程），由于项目繁多，工程量及投资相对较小，在项目决策阶段由于受设计深度的限制，难以提出工程数量，所以在估算中采用合并项目，用粗略的方法（指标或百分率）估算其投资。

（一）编制内容

（1）编制说明：工程概况、投资主要指标、编制依据和取费标准等。

（2）投资估算表：包括工程估算总表、工程部分总估算表、建筑工程估算表、设备及安装工程估算表、分年度投资表等。

（3）投资估算附表：包括建筑工程单价汇总表、安装工程单价汇总表、主要材料预算价格汇总表、其他材料预算价格汇总表、施工机械台时费汇总表、主要工程量汇总表、主要材料量汇总表、工时数量汇总表等。

（4）附件：包括人工预算单价计算表、主要材料运输费用计算表、主要材料预算价格计算表、混凝土材料单价计算表、建筑工程单价表、安装工程单价表等。

（二）编制依据

（1）经批准的项目建议书投资估算文件。

（2）水利部《水利水电工程项目建议书编制规程》和《水利水电工程可行性研究报告编制规程》。

（3）水利部《水利工程设计概（估）算编制规定》（水总〔2014〕429号）。

（4）现行的水利部《水利建筑工程预算定额》《水利建筑工程概算定额》《水利工程施工机械台时费定额》。

（5）可行性研究报告提供的工程规模、工程等级、主要工程项目的工程量等资料。

（6）投资估算指标。

（7）建设项目中有关资金筹措方式、实施计划、贷款利息、对建设投资的要求等。

（8）工程所在地的人工工资标准、材料供应价格、运输条件、运费标准及地方性材料的储备量等。

（9）当地政府有关征地、拆迁、安置、补偿标准。

（10）编制可行性研究报告的委托书、合同或协议。

（11）水利部颁布的与造价有关的其他规定、通知及文件。

（三）编制方法

投资估算编制方法与设计概算大体相同，计算标准略有差异，编制方法如下。

（1）基础单价。基础单价编制与概算相同。

（2）建筑、安装工程单价。投资估算主要建筑、安装工程单价编制与设计概算单价编制相同，一般采用概算定额，但考虑投资估算工作深度和精度，应乘以扩大系数。

（3）分部工程估算编制。

1）建筑工程。主体建筑工程、交通工程、房屋建筑工程编制方法与设计概算基本相同。其他建筑工程可视工程具体情况和规模按主体建筑工程投资的3%～5%计算。

2）机电设备及安装工程。主要机电设备及安装工程编制方法基本与设计概算相同。其他机电设备及安装工程原则上根据工程项目计算投资，若设计深度不满足要求，可根据装机规模按占主要机电设备费的百分率或单位千瓦指标计算。

3）金属结构设备及安装工程、施工临时工程、独立费用。编制方法及计算标准基本与设计概算相同。

（4）分年度投资及资金流量。投资估算由于工作深度仅计算分年度投资而不计算资金流量。

（5）预备费、建设期融资利息、静态总投资、总投资。可行性研究投资估算基本预备费率取10%～12%；项目建议书阶段基本预备费率取15%～18%。价差预备费率同设计概算。

（四）编制程序

（1）分别估算各单项工程所需的建筑安装工程费、设备及工器具购置费。

（2）在汇总各单项工程费用的基础上，估算工程建设其他费用和基本预备费。

（3）估算价差预备费和建设期利息。

（4）估算流动资金。

第二节 施工图预算

一、概述

（一）施工图预算的概念

施工图预算是指在施工图纸已设计完成后，设计单位依据施工图纸、施工组织设计、现行工程预算定额及费用标准等文件进行编制的反映单位工程或单项工程建设费用的经济文件。施工图预算，应与施工单位编制的施工预算相区别。

需要指出的是，根据同一套施工图纸，各单位进行施工图预算的结果，都不可能完全一样，根据编制者编制的目的不同，采用的施工方案或方法不可能全部相同，材料预算价格也因工程所处的不同时间、地点或材料来源不同而有所差异。所以，要完整、正确地编制施工图预算，第一必须熟悉本专业施工图纸表达的工程内容和工程量计算规则；第二是掌握实施该工程对象的施工方案或方法；第三是全面理解和执行现行预算定额等规定；第四是根据施工图计算的工程量计算工程造价。

（二）施工图预算的作用

施工图预算是在已批准的初步设计概算的控制下进行编制。其主要作用如下。

（1）施工图预算确定的是建筑安装工程单位产品的计划价格，为编制和调整固定资产投资计划提供了可靠依据。

(2) 施工图预算是设计阶段控制工程造价的重要环节，是控制施工图设计不突破设计概算的重要措施。

(3) 施工图预算可作为确定招标标底的参考依据。

(4) 施工图预算是签订工程承包合同，实行投资包干和办理工程价款结算的依据。因预算确定的投资较概算准确，故对于不进行招投标的特殊或紧急工程项目等，常采用预算包干。按照规定程序，经过工程量增减、价差调整后的预算作为结算依据。

(5) 施工图预算是施工企业内部进行经济核算和考核工程成本的依据。施工图预算确定的工程造价，是工程项目的预算成本，其与实际成本的差额即为施工利润，是企业利润总额的主要组成部分。这就促使施工企业必须加强经济核算，提高经营管理水平，以降低成本，提高经济效益。同时也是编制各种人工、材料、半成品、成品、机具供应计划的依据。

(6) 施工图预算是进一步考核设计经济合理性的依据。施工图预算的成果，因其更详尽和切合实际，可以进一步考核设计方案的技术先进性和经济合理程度。另外，施工图预算，也是编制固定资产的依据。

二、施工图预算的编制

(一) 编制内容

施工图预算有单位工程预算、单项工程预算和建设项目总预算。单位工程预算是根据施工图设计文件、现行预算定额、费用标准以及人工、材料、机械台时等预算价格资料，编制单位工程施工图预算，然后汇总所有各单位工程施工图预算，即成为单项工程施工图预算；再汇总各所有单项工程施工图预算，便是一个建设项目建筑安装工程的总预算。

(二) 编制依据

因施工图预算的编制目的不同，其编制依据也会有所不同。一般情况下，主要有以下依据。

(1) 已批准的施工图设计及其说明书。施工图和说明书、施工图会审纪要，是施工图预算的基础；同时，还应具备有关的标准图和通用图集，以备查用。因为，在施工图上不可能全部完整地反映局部结构的细节，在进行施工和计算工程量时，往往要借助有关施工图册或标准图集、项目建设场地的工程地质勘察和地形地貌测量图纸等资料。

(2) 现行的《水利建筑工程预算定额》《水利水电设备安装工程预算定额》工程所在地的有关补充规定、地方政府公布的关于基本建设其他各项费用的取费标准等。

(3) 工程所在地人工预算单价和材料预算价格的计算资料。

(4) 现行《水利工程施工机械台时费定额》及有关部门公布的其他与机械有关的费用取费标准。

(5) 施工组织设计或施工方案。施工组织设计是施工企业对实施施工图的方案、进度、资料、施工方法、机械设备等做出的设计。经合同双方批准的施工组织设计，是编制施工图预算的依据。

施工组织设计或施工方案对工程造价影响较大，必须根据客观实际情况，编制技术先进、合理的施工方案，以降低工程造价。

在进行标底编制时一般没有施工方案或施工组织设计，标底编制单位一般按国家标准或通用的施工方案来考虑。

(6) 建筑安装工程费用定额。建筑安装工程费用定额包括了各省（自治区、直辖市）和各专业部门规定的费用定额及计算程序。

(7)《水利水电工程设计工程量计算规定》。

（三）编制方法

施工图预算与设计概算的项目划分、编制程序、费用构成、计算办法等都基本相同。施工图是工程项目施工的依据，建筑物的细部结构构造、尺寸，设备及装置性材料的型号、规格都已明确，所以据此编制的施工图预算，较概算编制要精细。编制施工图预算的方法与设计概算的不同之处具体表现在以下几个方面。

(1) 主体工程。施工图预算与概算都采用工程量乘单价的方法计算投资，但深度不同。概算根据概算定额和初步设计工程量编制，其三级项目经综合扩大，概括性强，而预算则依据预算定额和施工图设计工程量编制，其三级项目较为详细，如概算的闸、坝工程，一般只需套用定额中的综合项目计算其综合单价；而施工图预算须根据预算定额中按各部位划分为更详细的三级项目，分别计算单价。

(2) 非主体工程。概算中的非主体工程以及主体工程中的细部结构采用综合指标（如铁路单价以元/km计；遥测水位站单价以元/座计等）或百分率乘二级项目工程量的方法计算投资；而预算则均要求按三级项目乘工程单价的方法计算投资。

(3) 施工图预算书的组成。施工图预算书由封面、编制说明、总预算表、各分部工程预算表、建筑及安装工程单价表、基础价格计算表组成。

（四）编制程序

(1) 收集资料。收集与编制施工图预算相关的资料，如会审通过的施工图设计资料，初步设计概算，修正概算，施工组织设计，与本工程相一致的预算定额，各类费用取费标准，人工、材料、机械价格等资料，特别是一些区域特性明显的材料（如砂、卵石）价格信息尤为重要。

(2) 熟悉施工图设计资料。全面熟悉施工图设计资料，了解设计意图和掌握工程全貌是准确、迅速编制施工图预算的关键。

(3) 熟悉施工组织设计。施工组织设计是设计文件的组成部分之一，根据施工组织设计提供的施工现场平面布置、料场、堆场、仓库位置、资源供应及运输方式、施工进度计划、施工方案等资料才能准确地计算人工、材料、机械台班单价及工程数量，正确地选用相应的定额项目，从而确定反映客观实际的工程造价。

(4) 了解施工现场情况。主要包括：了解施工现场的工程地质和水文地质情况；现场内需拆迁处理和清理的构造物情况；水电路情况；施工现场的平面布置、各种材料、生活资源的供应等情况。这些资料对于准确、完整地编制施工图预算有着重要的作用。

(5) 明确预算项目划分。根据水利工程项目划分原则，在熟悉图纸的基础上，参照计算规则，划分工程项目，根据工程量计算规则计算项目工程量，编制相应表格。

(6) 计算单价。待所有工程项目的单价分析完成后，用工程量乘以相应的单价，计算出分部分项工程项目预算价，然后逐级汇总即为施工图预算。

第三节　施　工　预　算

一、概述

（一）施工预算的概念

施工预算是施工企业根据施工图纸、施工措施及施工定额编制的建筑安装工程在单位工程或分部分项工程上的人工、材料、施工机械台班（时）消耗限额的数据文件。一般来说，这个消耗的限额不能超过施工图预算所限定的数额，这样企业的经营才能收到效益。

（二）施工预算的作用

（1）施工预算是编制施工作业计划的依据。施工作业计划是施工企业计划管理的中心环节，也是计划管理的基础和具体化。编制施工作业计划，必须依据施工预算计算的单位工程或分部分项工程的工程量、构配件、劳力等。

（2）施工预算是施工单位向施工班组签发施工任务单和限额领料的依据。施工任务单是把施工作业计划落实到班组的计划文件，也是记录班组完成任务情况和结算班组工人工资的凭证。施工任务单的内容可以分为两部分：一部分是下达给班组的工程任务，包括工程名称、工作内容、质量要求、开工和完工日期、计量单位、工程量、定额指标、计件单价和平均技术等级；第二部分是实际任务完成的情况记载和工资结算，包括实际开支和完工日期、计量单位、工程量、定额指标、实际工日数、实际平均技术等级、完成工程的工资额、工人工时记录表和每人工资分配额等。其主要工程量、工日消耗量、材料品种和数量均来自施工预算。

（3）施工预算是计算超额奖和计算计件工资、实行按劳分配的依据。施工预算所确定的人工、材料、机械使用量与工程量的关系是衡量工人劳动成果、计算应得报酬的依据，它把工人的劳动成果与劳动报酬联系起来，很好地体现了多劳多得、少劳少得的按劳分配原则。

（4）施工预算是施工企业进行经济活动分析的依据。进行经济活动分析是企业加强经营管理，提高经济效益的有效手段。经济活动分析，主要是应用施工预算的人工、材料和机械台时数量等与实际消耗量对比，同时与施工图预算的人工、材料和机械台时数量进行对比，分析超支、节约的原因，改进操作技术和管理手段，有效地控制施工中的消耗，节约开支。

二、施工预算的编制

（一）编制依据

编制施工预算的主要依据包括施工图纸、施工定额及补充定额、施工组织设计或实施方案、有关的手册资料等。

（1）施工图纸。施工图纸和说明书必须是经过建设单位、设计单位和施工单位会审通过的，不能采用未经会审通过的图纸，以免返工。

（2）施工定额及补充定额。施工定额包括全国建筑安装工程统一劳动定额和各部、各地区颁发的专业施工定额。凡是已有施工定额可以参照使用的，应参照施工定额编制施工预算中的人工，材料及机械使用费。在缺乏施工定额作为依据的情况下，可按有关规定自行编排补充定额。施工定额是编制施工预算的基础，也是施工预算与施工图预算的主要差别之一。

(3) 施工组织设计或施工方案。由施工单位编制详细的施工组织设计或施工方案，据以确定应采取的施工方法、进度以及所需的人工、材料和施工机械，作为编制施工预算的基础。例如土方开挖，应根据施工图设计，结合具体的工程条件，确定其边坡系数、开挖采用人工还是机械、运土的工具和运输距离等。

(4) 有关的手册、资料。例如，建筑材料手册、人工 、材料、机械台时费用标准等。

(5) 企业的管理水平及经验。

(二) 编制方法

编制施工预算有两种方法：一是实物法，二是实物金额法。

(1) 实物法。实物法的应用比较普遍。它是根据施工图和说明书，按照劳动定额或施工定额规定计算工程量，汇总、分析人工和材料数量，向施工班组签发施工任务单和限额领料单，实行班组核算，与施工图预算的人工和主要材料进行对比、分析超支、节约原因，以加强企业管理。

(2) 实物金额法。实物金额法即根据实物法编制施工预算的人工和材料数量分别乘以人工和材料价，求得直接费，或根据施工定额规定计算工程量、套用施工定额单价，计算直接费。其实物量用于向施工班组签发施工任务单和限额领料单，实行班组核算。直接费与施工图预算的直接费进行对比，以改进企业管理。

(三) 编制程序

编制施工预算和编制施工图预算的步骤相似：首先应熟悉设计图纸及施工定额，对施工单位的人员、劳力、施工技术等有大致了解，对工程的现场情况、施工方式方法要比较清楚；对施工定额的内容、所包括的范围应了解；为了便于与施工图预算相比较，编制施工预算时，应尽可能与施工图预算的分部分项项目相对应。在计算工程量时所采用的计量单位要与定额的计量单位相适应。具备施工预算所需的资料，并已熟悉了基础资料和施工定额的内容后，就可以按以下步骤编制施工预算。

(1) 收集和熟悉基础资料，进行施工条件分析。

(2) 划分分部、分项工程，排列工程项目。

(3) 计算工程量。计算工程量是施工预算中一项最基本最细致的工作。工程量是施工预算的主要数据，它的准确与否直接影响着施工预算的准确性。因此，要求不漏算、不重复、不错算，确保数据准确无误。

计算工程量必须按照工程量计算规则和定额顺序按照分层、段、部位所列工程项目的划分进行计算。

(4) 套用定额计算施工预算直接费。根据分部分项工程所包括的工程项目、工程量，确定和套用施工定额，计算施工直接费。

(5) 将单位工程直接费及人工、材料、机械台时消耗量汇总就是单位工程直接费。

(6) 编制施工预算说明。内容包括：编制依据，包括采用的图纸名称及编号，采用的施工定额，施工组织设计或施工方案等。

第四节　工程招标与投标

工程招标是由建设单位通过招标公告、招标文件，吸引有能力承建该工程的施工企业参加投标竞争，从中择优选择施工单位，直至签订工程承包合同的发包过程。工程投标是施工企业获知招标信息后，根据招标文件结合本企业能力，提出承包该工程的措施、条件和造价，供建设单位选择，以求获得施工任务的竞争过程。工程建设单位招标要编制标底，施工企业投标要编制报价，本节主要介绍工程招标标底和投标报价的编制方法。

一、工程标底的编制

施工招标设有标底的，编制工程标底的主要工作是编制基础价格和工程单价，现将基础价格和工程单价的编制方法介绍如下。

（一）基础价格

（1）人工费单价。如果招标文件没有特别规定，人工费单价可以参照前面有关章节介绍的方法进行计算。

（2）材料预算价格。一般材料的供应方式有两种：一种是由承包商自行采购运输；另一种是由业主采购运输材料到指定的地点，发包方按规定的价格供应给承包商，再提货运输到用料地点。因此，在编制标底时，应严格按照招标文件规定的条件计算材料价格，对于前一种供应方式，材料价格可采用第三章中所介绍的方法计算；对于后一种情况，应以招标文件规定的发包方供货价为原价，加上供货地至用料点的运输费，再酌情考虑适当的采购保管费。

（3）施工用电、风、水及砂石料预算价格。

1）施工用电价格。一般招标文件都明确规定了承包商的接线起点和计量电表的位置，并提供了基本电价。因此，编制标底时应按照招标文件的规定确定损耗的范围，据以确定损耗率和供电设施维护摊销费，计算出电网供电电价。

自备柴油机发电的比例，应根据电网供电的可靠程度以及本工程的特性来确定，电网电价及自备柴油机发电电价可参照第三章介绍的方法计算。最后按比例计算出综合电价。

2）施工用水价格。招标文件中常见的供水方式有两种：一是业主指定水源点，由承包商自行提取使用；二是由业主提水，按指定价格在指定接口（一般为水池出水口）向承包商供水。对于前一种情况，可参照第三章介绍的方法计算；对于后一种情况，应以业主供应价格作为原价，再加上指定接口以后的水量损耗和管网维护摊销费。

3）施工用风价格。一般承包商自行生产、使用施工用风，故风价可参照第三章介绍的方法计算。

4）砂石料单价。一般砂石料的供应方式有两种：一种是业主指定料场，由承包商自行生产、运输、使用；另一种是由业主指定地点，按规定价格向承包商供货。承包商自行采备的砂石料单价应根据料源情况、开采条件和生产工艺流程按照本书第三章介绍的方法进行计算。

如果由业主在指定地点提供砂石料，则应按指标文件中提供的供应单价加计自供料点到工地拌合楼堆料场的运杂费用和有关损耗。

(4) 施工机械台时费。可参照本书第三章中介绍的方法进行计算。如果业主提供某些大型施工设备，则台时费的组成及价格标准应按招标文件规定，业主免费提供的设备就不应计算基本折旧费；又如业主提供的是新设备，本招标项目使用这些设备的时间不长，则不计入或少计入大修理费。

(二) 工程单价计算

工程单价由直接费、间接费、利润和税金组成。直接费计算方法主要有工序法、定额法和直接填入法。

(1) 工序法。工序法是根据该项目总工程量和实施该项目各个工序所需人工、施工机械的工作时间以及相应的基础价格计算直接费单价的一种方法。工作时间可以通过进度计划中的逻辑顺序确定，也可以通过若干假定的生产效率确定，还可以靠概预算专业人员的经验判断确定。国外估价师广泛采用工序法。因为在水利工程造价中，施工机械使用费所占的比重相当大，而施工机械闲置时间这一重要因素在定额法中是无法恰当地加以考虑的。国外有些估价师不仅用工序法来估算以施工机械使用费为主的工程单价，而且在其余的工程单价中也尽可能使用这种方法。这种方法的主要程序是：制定施工计划，确定各道工序所需的人员及设备的数量、规格、时间，计算各种人员、施工设备的费用，再加上材料费用，然后除以工程总量即可得出直接费单价。

(2) 定额法。定额法是根据预先确定的完成单位产品的工效、材料消耗定额和相应的基础价格计算直接费单价的一种方法。依据的定额可参照执行行业现行定额，对于少数不适用的定额作必要的调整，对采用新技术、新材料、新工艺而造成定额缺项时，可编制补充定额。编制标底时，应仔细研究施工方案，确定合适的施工方法，选用恰当的定额进行单价计算。

(3) 直接填入法。一项水利水电工程招标文件的工程量报价单包含许许多多工程项目，但是少数一些项目的总价却构成了合同总价的绝大部分。专业人员应把主要的精力和时间用于计算这些主要项目的单价。对总价影响不大的项目可用一种比较简单的、不进行详细费用计算的方法来估算项目单价，这种方法称为直接填入法。这种方法的基础是专业人员具有丰富的实践经验。

在计算某些工程单价时，专业人员也可以将工序法和定额法同时运用。如混凝土单价，可用定额法计算混凝土材料单价，而用工序法计算混凝土浇筑单价。

间接费可参照概算编制的方法计算，但费率不能生搬硬套，应根据招标文件中材料供应、付款、进退场费用等有关条款作调整。利润和税金按照水利部对施工招投标的有关规定进行计算，不应压低施工企业的利润、降低标底从而引导承包商降低投标报价。

(三) 施工临时工程费用

有些业主在招标文件中，把大型临时工程单独在工程量报价表中列项，标底应计算这些项目的工程量和单价，招标文件中没有单独开列的大型临时设施应按施工组织设计确定的项目和数量计算其费用，并摊入各有关项目内。

(四) 编制标底文件

在工程单价计算完毕后，应按招标文件所要求的表格格式填写有关表格，计算汇总有关数据，编写编制说明，提出分析报表，形成全套工程标底文件。

除了以上编制标底的方法外，还可以用对照统计指标的办法来确定标底。对于中小型工程，如果本地区已修建过类似的项目，可对其造价进行统计分析，得出综合单价的统计指标，以这种统计指标为编制标底的依据，再考虑材料价格涨落、劳动工资及各种津贴等费用的变动，加以调整后得出标底。

目前，一般水利工程的国内招标常以工程预算书的格式，依据综合预算定额编制标底，亦即不计算综合单价，而是计算直接费、间接费、利润、税金直至预算造价，再考虑一个包干系数作为标底，从形式上它的编制方法同施工图预算的编制方法一样。

目前的国内标底编制尚无定制。对于国际工程或国际招标项目招标标底的编制应遵守国际上通用的标底编制方法，一般应符合 FIDIC 合同条件，如我国的鲁布革水电工程，二滩水电工程以及黄河小浪底水利枢纽工程。

二、投标报价的编制

（一）投标报价的编制步骤

1. 预测标底

预测标底是一项确定报价的准备工作，因为若报价超出标底的某一范围，则无法中标；若报价低于标底很多，虽中标可能性大，但风险也很大。可根据当地或业主可能使用的定额和有关规定去试编概预算，由此进行预测。

2. 核对或计算工程量

工程量是计算投标报价的重要依据。在招标文件中均有实物工程量清单，投标单位在投标报价前应进行核对。遇有工程量清单与设计图纸不符的情况，则投标单位就应详细计算工程量后再据以逐项分析单价，从而确定投标报价。

3. 编制分部工程单价表

此表是计算投标报价的又一重要依据，它的编制分为两个基本步骤，即先确定基础单价，再按不同分部分项工程的工料等消耗定额确定其预算单价，此预算单价为计算投标报价的基础。

4. 施工间接费率的测算

在报价中，施工间接费占有一定的比重，要做到合理报价并科学地确定本企业的间接费开支水平，应根据本单位的实际情况，进行必要的测算。

5. 资金占有和利息分析

根据我国现行规定，建筑企业的流动资金实行有偿占用，即由银行提供贷款，由建筑企业按规定利率支付利息，所以在投标报价时要对资金占用和利息进行分析。

建筑企业在一个建设项目施工中的利息支出，决定于占用资金的数量、时间和利率三个因素。降低利息支出的关键在于占用资金数量少，占用时间短，即周转速度快。

6. 不可预见因素的考虑

因材料价格变化，基础施工遇到意外情况以及因其他意外事故造成停工、窝工等，都会影响工程造价。因此，在投标报价时应对这些因素予以适当考虑，特别是采用固定总价合同时，更应充分注意酌加一定的系数（例如 3%～5%，或更低些），以不可预见费的名目，列为投标报价的组成部分。

7. 预期利润率的确定

我国建筑业实行低利润率政策，现行计划利润率仅为7%，但在实行招标承包制的条件下，为了鼓励竞争，建筑企业在投标报价时，应允许采取有适当弹性的利润率，即为了争取中标，预期利润率可低于7%，甚至在某一工程上有策略性的亏损，以提高报价的竞争力。在降低成本、保证工程质量的前提下，预期利润率也可以高于7%。对此，投标单位应自主作出决策。

8. 确定基础报价

将分别确定的直接费、间接费、不可预见费以及预期利润和税金汇总，即得出造价。汇总后须进行检查，必要时加以适当调整，最后形成基础投标报价。

9. 报价方案

在投标实践中，基础报价不一定就作为正式报价，还应作多方案比较。即进行可能的低报价和高报价方案的比较分析，为决策提供参考。

低报价应该是能够保本的最低报价，高报价是充分考虑可能发生的风险损失以后的最高报价。

至于对某一具体工程，究竟以什么样的报价作为投标的正式报价、则应由决策人根据竞争情况和自身条件作出决策。

（二）投标报价编制方法

编制报价的主要依据有：招标文件及有关图纸；企业定额，如无企业定额，则可参照国家颁布的行业定额和有关参考定额及资料；工程所在地的主要材料价格和次要材料价格；施工组织设计和施工方案；以往类似工程报价或实际完成价格的参考资料。

编制投标报价的主要程序和方法与编制标底基本相同，但是由于立场不同，作用不同，因而方法有所不同，现在把主要不同点介绍如下。

1. 人工费单价

人工费单价的计算不但要参照现行概算编制规定的人工费组成，还要合理结合本企业的具体情况。如果按以上方法算出的人工费单价偏高，为提高投标的竞争力，可适当降低。可考虑的降低途径有：更加详细地划分工种；各项工资性津贴按照调查资料计算；工人年有效工作日和工作小时数按工地实际工作情况进行调整。

2. 施工机械台时费

施工机械台时费与机械设备来源密切相关，机械设备可以是施工企业已有的和新增的，新增的包括购置的或是租赁的。

（1）购置的施工机械。其台时费包括购置费和运行费用，即包括折旧费、修理及替换设备费、安装拆卸费、机上人工费和动力燃料费等，可视招标文件的要求计入施工机械台时费或计入间接费内。施工机械台时费的计算可参照行业有关定额和规定进行，缺项时，可补充编制施工机械台时费。

（2）租借的施工机械。根据工程项目的施工特点，为了保证工程的顺利实施，业主有时提供某些大型专用施工机械供承包商租用，或承包商根据自己的设备状况而租借其他部门的施工机械。此时，施工机械台时费应按照业主在招标文件中给出的条件或租赁协议的规定进行计算。对于租借的施工机械，其基本费用是支付给设备租赁公司的租金。编制投标报价时，往往要加上操作人员的工资、燃料费、润滑油费，其他消耗性材料费等。

3. 直接费单价编制

按照工程量报价单中各个项目的具体情况，可采用编制标底的几种方法，即定额法、工序法、直接填入法，采用定额法计算工程单价应根据所选用的施工方法，确定适用的定额或补充定额进行单价计算。关于定额，最好是采用本企业自己的定额。因为企业定额充分反映了本企业的实际水平。

编制报价的其他方法还有包含法、条目总价包干法、暂定金额法等。现分别介绍如下。

(1) 包含法。概预算专业人员可在某一工程条目上注明已包括在其他条目内，即其他工程项目中包含了这条项目的工作内容，所以不再单独计算此条的单价。

(2) 条目总价包干法，工程量报价表中可能有一些项目没有给出工程量，要求估价人员填入一个包干价。这种方法常用于一些与合同要求和特定要求有关的一般条目中，如：场地清理费、施工污染防治费等。

(3) 暂定金额法。为了一些尚未确定的工程施工、物资材料供应，提供劳务或不可预见项目临时确定的金额，有的招标文件中列有“暂定金额”条目，在招标文件发布时这些项目还不能充分预见、定义或做出具体说明，在工程实施中可能全部或部分地发生，或根本不发生，这些未定项目发生与否将根据监理工程师的判断确定，投标单位不能改动暂定金额，因为它不包含承包商的利润。所以，工程量报价单中如有这种项目时，承包商须将完成这些项目应获得的利润包括在报价中，一般而言，暂定金额条目下都有一条子目，供投标人填写调整百分数，这个调整百分数按人工、施工设备、计日工费用为计取基数，其目的是包含有关费用和利润。

4. 间接费计算

计算间接费时要按施工规划、施工进度和施工要求确定下列数据或资料。

(1) 管理机构设置及人员配备数量。

(2) 管理人员工作时间和工资标准。

(3) 合理确定人均每年办公、差旅、通讯等费用指标。

(4) 工地交通管理车辆数量、工作时间及费用指标。

(5) 其他，如固定资产折旧、职工教育经费、财务费用等归入间接费项目的费用估算。

按照以上资料可粗略算出间接费率。间接费的计算既要结合本企业的具体情况，更要注意投标竞争情况，过高的间接费率，不仅会削弱竞争能力，也表示本企业管理水平低下。间接费率的取值一般不能大于主管部门规定的间接费率标准。

5. 利润、税金

投标人应根据企业状况、施工水平、竞争情况、工作饱满程度等确定利润率。并按国家规定的税率计算税金。

6. 确定报价

在投标报价工作基本完成后，概预算专业人员应向投标决策人员汇报工作成果，供讨论修改和决策。

7. 填写投标报价书

投标总报价确定后，有关费用（主要指待摊费用）在工程量报价单中的分配，并不一定按平均比例进行。也就是说，在保持总价不变的前提下，有些单价可以高一些，而另一些单价则低一些。

单价调整完成后，填入工程单价表，并进行汇总计算和详细校核。最后将填好的工程量报价表以及全部附表与正式的投标文件一起报送业主。

第五节　竣工结算与竣工决算

工程竣工后，要及时组织验收工作，尽快交付投产，这是基本建设程序的重要内容。施工企业要按照双方签订的工程合同，编制竣工结算书，向建设单位并通过建设银行结算工程价款。建设单位应组织编写竣工决算报告，以便正确地核定新增固定资产价值，使工程尽早地投产运行。

一、竣工结算

工程竣工结算是指工程项目或单位工程竣工验收后，施工单位向建设单位结算工程价款的过程，通常通过编制竣工结算书来办理。

单位工程或工程项目竣工验收后，施工单位应及时整理提交技术资料，绘制主要工程竣工图，编制竣工结算书，经建设单位审查确认后，由建设银行办理工程价款拨付。因此，竣工结算是施工单位确定工程建筑安装施工产值和实物工程完成情况的依据，是建设单位落实投资额和拨付工程价款的依据，是施工单位确定工程的最终收入，进行经济核算及考核工程成本的依据。

（一）竣工结算资料

竣工结算包含以下资料。

（1）工程竣工报告及工程竣工验收单。

（2）施工单位与建设单位签订的工程合同或双方协议书。

（3）施工图纸、设计变更通知书、现场变更签证及现场记录。

（4）预算定额、材料价格、基础单价及其他费用标准。

（5）施工图预算、施工预算。

（6）其他有关资料。

（二）竣工结算书的编制

竣工结算书的编制内容、项目划分与施工图预算基本相同、其编制步骤如下。

（1）以单位工程为基础，根据现场施工情况，对施工图预算的主要内容逐项检查和核对，尤其应注意以下三方面的核对：①施工图预算所列工程量与实际完成工程量不符合时应作调整，其中包括：设计修改和增漏项而需要增减的工程量，应根据设计修改通知单进行调整；现场工程的更改，例如基础开挖后遇到古墓，施工方法发生某些变更等，应根据现场记录按合同规定调整；施工图预算发生的某些错误，应作调整。②材料预算价格与实际价格不符时应作调整。其中包括：因材料供应或其他原因，发生材料短缺时，需以大代小，以优代劣，这部分代用材料应根据工程材料代用通知单计算材料代用价差进行调整；

材料价格发生较大变动而与预算价格不符时，应根据当地规定，对允许调整的进行调整。③间接费和其他费用，应根据工程量的变化作相应的调整。由于管理不善或其他原因，造成窝工、浪费等所发生的费用，应根据有关规定，由承担责任的一方负担，一般不由工程费开支。

（2）对单位工程增减预算查对核实后，按单位工程归口。

（3）对各单位工程结算分别按单项工程进行汇总，编出单项工程综合结算书。

（4）将各单项工程综合结算书汇编成整个建设项目的竣工结算书。

（5）编写竣工结算说明，其中包括工程概况、编制范围、编制依据、编制方法、有关材料、设备、参数和费用及其他有关问题的说明。工程竣工结算书编好之后，送主管部门、建设单位等审查批准，并与建设单位办理工程价款的结算。

二、竣工决算

竣工决算是综合反映竣工项目建设成果和财务情况的总结性文件，也是办理交付使用的依据。基本建设项目完建后，在竣工验收前，应该及时办理竣工决算，大中型项目必须在六个月内，小型项目必须在三个月内编制完毕上报。

竣工结算与竣工决算是不同的概念，最明显的特征是：办理竣工结算是建设单位与施工企业之间的事，办理竣工决算是建设单位与业主（或主管部门）之间的事。竣工结算是编制竣工决算的基础。

竣工决算应包括项目从筹建到竣工验收投产的全部实际支出费，即建筑工程费、设备及安装工程费、施工临时工程及独立费用，它是考核竣工项目概预算与基建计划执行情况以及分折投产效益的依据，是总结基建工作财务管理的依据，也是办理移交新增固定资产和流动资产价值的依据，对于总结基本建设经验，降低建设成本，提高投资效益具有重要价值。竣工决算报告依据《水利工程基本建设项目竣工决算报告编制规程》（SL 19—2001）编制，对于大中型水力发电工程依据电力系统的规定执行。

（一）做好编制竣工决算前的工作

竣工验收是对竣工项目的全面考核，在竣工验收前，要整理好技术经济资料，分类立卷以便验收时交付使用。单项工程已按设计要求建成时，可以实行单项验收；整个项目建成并符合验收标准时，可按整个建设项目组织全面验收准备工作。

要认真做好各项账务、物资及债权债务的清理工作，做到工完场清、工完账清。要核实从开工到竣工整个拨、贷款总额，核实各项收支，核实盘点各种设备、材料、机具数量，做好现场剩余材料的回收工作，核实各种债权债务，及时办理各项清偿工作。

要正确编制年度财务决算，只有在做好上述工作的基础上，才能进行整个项目的竣工决算编制工作。

（二）竣工决算编制的内容

竣工决算主要由竣工决算报告、竣工决算报告说明书和竣工决算报告表格三部分组成。

1. 竣工决算报告

竣工决算报告的内容有：竣工决算报告的封面及目录；竣工工程的平面示意图及主体工程照片；竣工决算报告说明书；全套竣工决算报告表格。

2. 竣工决算报告说明书

竣工决算报告说明书是总括反映竣工工程建设成果，全面考核分析工程投资与造价的书面文件，是竣工决算报告的重要组成部分，其主要内容包括：工程概况（包括工程一般情况、建设内容、设计效益，主体建筑物特征及主要设备的特性，工程质量等）；概预算与工程计划执行情况（包括概预算批复及调整情况，概预算执行情况，工程计划执行情况，主要实物工程量完成、变动情况及原因）；投资来源（包括投资主体、投资性质及投资构成分析）；投资使用和基建支出情况；工程效益（包括因工程建设发生的直接效益和可预见的间接效益）；投资包干和招标投标的执行情况及分析；包干结余资金分配情况；工程费用分配情况和投资分摊情况；交付使用财产情况；移民及库区淹没处理情况；财务管理情况；存在的主要问题及处理意见；其他有关说明。

3. 竣工决算报告表格

按现行规定，竣工决算的表格，第一部分竣工工程概况表为专用表，由建设单位根据工程的不同性质和特点选用，其余各表为通用表。各部分表格名称如下：

（1）竣工工程概况表。该类表综合反映工程新增固定资产、生产能力、建设成本及主要技术经济指标，应根据设计概预算文件、基本建设计划和实际执行结果填列。

（2）竣工工程决算表。该类表反映竣工建设项目的投资、造价，并考核概预算及投资包干情况。

（3）移交资产、投资及工程表。该类表反映建设单位移交给管理单位和其他单位的固定资产、流动资产、投资及转出工程、投资及未完工程等。

（4）竣工工程财务决算表。该类表反映了建设项目历年基本建设投资来源、投资支出、结余资金及大型临时建筑工程回收等综合财务情况。

竣工决算编制好后，要报业主（或相关主管部门）审查，同时抄送设计单位和开户建设银行，大、中型建设项目的竣工决算，还应抄送主管部门、财政部和有关省（自治区、直辖市）财政部门。

习　题

1. 如何编制投资估算？
2. 简述投标报价的编制步骤。

第八章　案　例

第一节　编　制　说　明

一、工程概况

白杨河水库位于新疆维吾尔自治区托克逊县境内的白杨河，水库坝址位于白杨河出山口处，距托克逊县城 30km，水库任务是以农业灌溉为主，水库总库容 926 万 m^3，兴利库容 537 万 m^3。水库控制灌区面积 5.08 万亩❶。工程等别为Ⅳ等小（1）型工程。

水库工程主要包括大坝、溢洪道和导流泄洪供水洞三部分，大坝采用沥青混凝土心墙砂砾石坝。

主体工程主要工程量：土石方明挖 18.84 万 m^3，石方洞挖 2.36 万 m^3，土石方回填 13.13 万 m^3，混凝土及钢筋混凝土 1.03 万 m^3，沥青混凝土 0.7 万 m^3，帷幕灌浆 903m，固结灌浆 5082m。主体工程主要材料用量：水泥 3714t，柴油 87.46t，沥青 133t，炸药 87.5t，钢筋 771t。总工时 91.29 万工时。

二、投资主要指标

本工程总投资 16211.56 万元，其中：建筑工程 7719.87 万元，机电设备及安装工程 394.93 万元，金属结构设备及安装工程 438.80 万元，施工临时工程 1305.58 万元，独立费用 1762.62 万元，预备费 697.31 万元。此外，建设征地移民补偿投资 3168.29 万元，环境保护工程投资 200 万元，水土保持工程投资 488.52 万元。

三、编制原则和依据

（一）概算编制依据

（1）工程等别为Ⅳ等小（1）型工程。

（2）价格水平年按 2016 年第三季度价格水平。

（3）主体工程依据水总〔2016〕132 号文《水利工程营业税改增值税计价依据调整办法》（以下简称《调整办法》）及水总〔2014〕429 号文《水利工程设计概（估）算编制规定》（以下简称《编制规定》）。

（4）建筑工程采用《水利建筑工程概算定额》《水利建筑工程预算定额》《水利工程概预算补充定额》；安装工程执行《水利水电设备安装工程概算定额》，对于小型号设备，参照类似工程，安装费按设备费的 15%计取；施工机械台时费采用《水利工程施工机械台时费定额》。

（5）工程监理费依据发改价格〔2007〕670 号文《建设工程监理与相关服务收费管理规定》计取。

---

❶ 1 亩≈666.67m^2。

(6) 项目建议书、可行性研究阶段的勘察收费：执行国家发展改革委、建设部发改价格〔2006〕1352号文颁布的《水利、水电、电力建设项目前期工作工程勘察收费暂行规定》。

(7) 初步设计、招标设计及施工图设计阶段的勘测设计费：执行原国家计委、建设部计价格〔2002〕10号文颁布的《工程勘察设计收费标准》。

(8) 运杂费、装卸费执行新交造价〔2008〕2号《关于发布新疆公路估算概算预算编制补充规定的通知》。

(二) 基础单价

1. 人工预算单价

本工程采用枢纽工程标准，位于四类地区，依据《编制规定》，工长为12.76元/工时、高级工为11.88元/工时、中级工为10.12元/工时、初级工为7.34元/工时。

2. 主要材料预算价格

工程主要材料预算价格，原价按2016年第三季度价格水平计算。

工程所需水泥、木材、钢筋、其他零星材料均由市场购买，运距180km。油料从加油站购买，运距30km。材料预算价格由材料购买价加至工地运杂费及采购保管费构成，其中砂石料不计采保费。材料运费、装卸费按新交造价〔2008〕2号文标准计算。主要材料的预算价格如下：水泥42.5：417.95元/t；钢筋：2334.86元/t；汽油：6100.95元/t；柴油：5363.07元/t；炸药：9770.42元/t；沥青：2552.52元/t。

按规定，水泥超过255元/t、钢筋超过2560元/t、汽油超过3075元/t、柴油超过2990元/t、炸药超过5150元/t、砂石料单价超过70元/m^3的部分计取税金后列入相应部分。

3. 施工用电、风、水预算价格

根据施工组织设计，本工程施工用电考虑90%电网用电，10%考虑自备电，自备电源采用2台75kW移动式柴油发电机，施工用风预算单价为1.02元/(kW·h)。

施工用风采用60m^3移动空压机供风，施工用电预算单价为0.10元/m^3。

施工用水采用6台15kW水泵抽水，施工用水预算单价为1.04元/m^3。

4. 砂石料预算价格

工程砂石料根据施工组织设计的工艺流程计算，预算价格如下：混凝土骨料用砾石51.30元/m^3、混凝土骨料用砂81.91元/m^3、块石68.21元/m^3、过渡料（粒径不大于200mm）27.69元/m^3。

5. 主要设备价格

主要金属结构设备价格均采用近期厂家报价或市场价格编制。

6. 预备费

根据国家计委投资〔1999〕1340号文《关于加强对基本建设大中型项目概算"价差预备费"管理有关问题的通知》，不计物价上涨指数与价差预备费。

依据《编制规定》，基本预备费按一至五部分投资合计的6%计算。

7. 费用计算标准及依据

取费标准依据《编制规定》的相关规定，详见表8-1费率计算表。

表8-1 费率计算表

序号	费率名称	计算基础	费率/%	
			建筑	安装
一	其他直接费		10.50	11.20
1	冬雨季施工增加费	基本直接费	4	4
2	夜间施工增加费	基本直接费	0.5	0.7
3	临时设施费	基本直接费	3	3
4	安全生产措施费	基本直接费	2	2
5	其他	基本直接费	1	1.5
6	其他（砂石备料）	基本直接费	0.5	
二	间接费			
（一）	建筑工程			
1	土方工程	直接费	8.50	
2	石方工程	直接费	12.50	
3	砂石备料工程	直接费	5.00	
4	模板工程	直接费	9.50	
5	混凝土浇筑工程	直接费	9.50	
6	钢筋制安工程	直接费	5.50	
7	钻孔灌浆及锚固工程	直接费	10.50	
8	其他工程	直接费	10.50	
（二）	机电、金结设备安装工程	人工费		75.00
三	利润		7.00	
四	税金		11.00	

四、工程资金筹措

本项目工程投资16211.56万元，全部申请国家拨款。

第二节 概 算 表

一、总概算表及分部概算表

总概算表及分部概算表见表8-2～表8-11。

表8-2 工程概算总表 单位：万元

编号	工程或费用名称	建安工程费	设备购置费	独立费用	合计
Ⅰ	工程部分投资				12319.11
	第一部分：建筑工程	7719.87			7719.87
	第二部分：机电设备及安装工程	14.17	380.76		394.93
	第三部分：金属结构设备及安装工程	114.25	324.55		438.80
	第四部分：施工临时工程	1305.58			1305.58

续表

编号	工程或费用名称	建安工程费	设备购置费	独立费用	合计
	第五部分：独立费用			1762.62	1762.62
	一～五部分合计	9153.87	705.31	1762.62	11621.80
	基本预备费				697.31
	静态总投资				12319.11
Ⅱ	建设征地移民补偿投资				3168.29
Ⅲ	环境保护工程投资				200.00
Ⅳ	水土保持工程投资				488.52
Ⅴ	水情测报系统				35.64
	总投资				16211.56

表 8-3　　征地移民补偿投资概算总表　　单位：万元

序号	项　　目	水库淹没	工程占地	水库输水干渠	合计
1	第一部分：农村移民安置补偿费	185.72	18.34	58.30	262.36
2	第二部分：专项设施	30.00	2060.52	11.00	2101.52
3	第三部分：库底清理	0.94	0.00	0.00	0.94
4	第四部分：其他费用	25.08	181.96	9.53	216.57
5	第五部分：预备费	45.35	246.11	14.67	306.12
6	第六部分：有关税费	138.76	33.82	108.21	280.78
7	第七部分：静态投资	425.84	2540.75	201.70	3168.29

表 8-4　　环境保护工程概算表　　单位：万元

序　号	工程或费用名程	单位	数量	合计
第一部分	环境保护措施			42
1	管理站生活污水一体化处理设施	座	1	20
2	野生动植物保护宣传及警示牌	个	10	2
3	入库漂浮物打捞船	艘	1	20
第二部分	水质、噪声大气等监测费用			15
1	施工期水质监测	点·次	8	4
2	施工期噪声监测	点·次	10	1
3	施工期生态监测	点·次	10	1
4	施工期大气监测	点·次	8	4
5	施工期卫生防疫	人·次	491	5
第三部分	环境保护仪器设备及安装			10
1	污水油水分离器	台	3	4
2	清洁油水分离管	台	3	4
3	劳动保护（口罩、耳塞等）设备	套	491	2

续表

序　号	工程或费用名程	单位	数量	合计
第四部分	环境保护临时措施			43
1	混凝土系统沉淀池	处	2	4
2	砂石料冲洗系统沉淀池	处	2	4
3	汽车冲洗废水沉淀池	处	2	2
4	噪声防治			2
5	施工扬尘治理措施			2
6	垃圾收集站	个	6	1
7	固体废物及垃圾清运	辆	1	5
8	场地消毒、药品、卫生防疫等			10
9	旱厕	个	3	6
10	饮用水处理	座	2	6
11	环保宣传及警示牌	个	20	1
第五部分	独立费用			90
1	建设管理费（包括：环境管理经常费、环保工程竣工验收费、环保宣传及技术培训费）			15
2	科研勘测设计咨询费（含环评费、技术咨询费等）			30
3	环境监理费（根据建设年限，合计全施工期的）	人·年		45
一～五部分合计				200

表 8-5　　水土保持工程概算表　　单位：万元

编号	工程或费用名称	建安工程费	植物措施费		设备费	独立费用	合计
			栽（种）植费	苗木草籽费			
一	第一部分：工程措施	70.19					70.19
1	枢纽工程区	0.18					0.18
2	供水管道	32.49					32.49
3	输水明渠	13.86					13.86
4	管理站	0.06					0.06
5	道路区	6.40					6.40
6	料场区	15.06					15.06
7	施工生产生活区	2.14					2.14
二	第二部分：植物措施		27.70	31.26			58.96
1	枢纽工程区		2.04	0.61			2.65
2	输水明渠		13.19	23.30			36.49
3	管理站		0.55	0.23			0.78
4	道路区		11.92	7.12			19.04

续表

编号	工程或费用名称	建安工程费	植物措施费		设备费	独立费用	合计
			栽（种）植费	苗木草籽费			
三	第三部分：临时工程	171.26					171.26
1	枢纽工程区	2.04					2.04
2	供水管道工程	55.14					55.14
3	输水明渠	23.72					23.72
4	管理站	0.80					0.80
5	道路区	67.33					67.33
6	料场区	18.97					18.97
7	施工生产生活区	0.68					0.68
8	其他临时工程	2.58					2.58
	一～三部分之和	241.45	27.70	31.26			300.41
四	第四部分：独立费用					143.06	143.06
1	建设管理费					6.06	6.06
2	方案编制费					40.00	40.00
3	工程监理费					32.00	32.00
4	科研勘设费					30.00	30.00
5	水土流失监测费					35.00	35.00
	一～四部分合计	241.45	27.70	31.26		143.06	443.47
	基本预备费						26.61
	静态总投资						470.08
	价差预备费						
	水土保持设施补偿费	614500m²×0.3元/m²					18.44
	总投资						488.52

表8-6　　工程部分总概算表　　单位：万元

编号	工程或费用名称	建安工程费	设备购置费	独立费用	合计
	第一部分：建筑工程	7719.87			7719.87
1	坝体	1341.15			1341.15
2	溢洪道	966.96			966.96
3	导流洞	1511.89			1511.89
4	引水工程	2099.17			2099.17
6	交通工程	1095.01			1095.01
7	房屋建筑工程	206.17			206.17
8	供电工程	457.50			457.50
9	其他建筑工程	42.02			42.02

续表

编号	工程或费用名称	建安工程费	设备购置费	独立费用	合计
	第二部分：机电设备及安装工程	14.17	380.76		394.93
1	电气设备及安装工程	14.17	101.46		115.63
2	监测设备		230.00		230.00
3	通讯设备		0.40		0.40
4	办公设施		6.90		6.90
3	公用设备		10.00		10.00
7	交通设备		32.00		32.00
	第三部分：金属结构设备及安装工程	114.25	324.55		438.80
1	导流、泄洪工程	33.77	74.93		108.70
2	钢管制作安装及其他	80.48	249.62		330.10
	第四部分：临时工程	1305.58			1305.58
1	施工导流	28.46			28.46
2	施工交通工程	845.00			845.00
3	施工房屋建筑工程	165.50			165.50
4	其他临时工程	266.62			266.62
	第五部分：独立费用			1762.62	1762.62
1	建设管理费			443.66	443.66
2	工程建设监理费			244.57	244.57
3	生产准备费			83.12	83.12
4	科研勘测设计费			946.90	946.90
5	工程保险费			44.37	44.37
	一～五部分合计	9153.87	705.31	1762.62	11621.80
	基本预备费				697.31
	静态总投资				12319.11

表 8-7　　　　建筑工程概算表

编号	工程或费用名称	单位	数量	单价/元	合计/万元
	第一部分：建筑工程				7719.87
一	挡水工程				1341.15
1	沥青心墙坝工程				1341.15
	土方清废（坡积物挖装自卸车运 2.5km）	m^3	3472	18.85	6.54
	一般石方开挖（运 2.5km）	m^3	18800	58.01	109.06
	坝体填筑（运 2.5km）	m^3	90400	41.69	376.88
	围堰填筑（运 2.5km）	m^3	15900	41.69	66.29
	沥青过渡料填筑（1m 外）	m^3	2965	59.14	17.54
	沥青过渡料填筑（1m 内）	m^3	2965	80.07	23.74

续表

编号	工程或费用名称	单位	数量	单价/元	合计/万元
	沥青混凝土心墙	m^3	698	2221.79	155.08
	沥青玛蹄脂	m^2	123	20.38	0.25
	浆砌卵石护坡	m^3	1056	386.64	40.83
	钢模板制安	m^2	401	68.44	2.74
	现浇混凝土护坡（C25，二级配，高抗）	m^3	801	555.18	44.47
	钢模板制安	m^2	1157	68.44	7.92
	心墙基座（C30，二级配，高抗）	m^3	771	552.33	42.58
	钢模板制安	m^2	150	68.44	1.03
	防浪墙（C25，二级配）	m^3	75	523.55	3.93
	钢模板制安	m^2	30	68.44	0.21
	阻滑墙（C25，二级配，高抗）	m^3	15	533.53	0.80
	钢模板制安	m^2	68	68.44	0.47
	混凝土塞（C25，二级配）	m^3	90	492.16	4.43
	预制混凝土路沿石（C20，二级配）	m^3	24	769.04	1.85
	钢筋制安	t	46.05	5832.00	26.86
	两布一膜	m^2	1362.00	28.44	3.87
	沥青混凝土路面（3cm）	m^2	349	46.36	1.62
	坝顶路面碎石垫层（20cm）	m^2	349	31.15	1.09
	防渗墙（成槽，砾石）	m^2	1247	256.70	32.01
	防渗墙（成槽，岩石）	m^2	121	3389.46	41.01
	防渗墙（浇筑，高抗）	m^2	1368	618.50	84.61
	防渗墙钢管	t	20.81	8000.00	16.65
	帷幕灌浆 30m（造孔）	m	904	466.46	42.17
	帷幕灌浆	m	857	452.30	38.76
	固结灌浆（造孔）	m	439	26.90	1.18
	固结灌浆	m	439	222.19	9.75
	砂浆锚杆（D25mm/5m）	根	448	195.17	8.74
	锚索	根	24	31502	75.60
	喷锚支护（10cm）	m^3	144	834.08	12.01
	铜片止水	m	245.05	731.06	17.91
	细部结构	项	112928	1.83	20.67
二	泄洪工程				2478.85
1	溢洪洞工程（略）				966.96
2	导流泄洪洞（略）				1511.89
三	引水工程				2099.17
1	渠道工程（略）	km	35.9		1550.95

续表

编号	工程或费用名称	单位	数量	单价/元	合计/万元
2	过洪渡槽（略）				72.22
3	农桥	座	1	800000	80.00
4	节制分水闸	座	1	2000000	200.00
5	供水管道钢管（DN500）	t	245	8000	196
五	交通工程（略）				1095.01
六	房屋建筑工程（略）				206.17
七	供电线路工程				457.50
	输电线路工程（10kV）	km	30.50	150000	457.50
八	其他建筑工程				42.02
	安全监测设施工程	%	1.1	3820.00	42.02

表 8-8　　机电设备及安装工程概算表

编号	名称及规格	单位	数量	单价/元		合计/万元	
				设备费	安装费	设备费	安装费
	第二部分：机电设备及安装工程					380.76	14.17
一	电气设备					101.46	14.17
1	水库枢纽区					53.38	7.36
	高压电缆（10kV）	m	200	150	23	3.00	0.46
	高压电缆终端（冷缩性，户外）	套	1	1200	180	0.12	0.02
	落式熔断器	组	1	18700	2805	1.87	0.28
	主变压器（100kVA）	台	1	50000	7500	5.00	0.75
	柴油发电机（50kW）	台	1	50000		5.00	
	户外氧化锌避雷器	组	1	2500	375	0.25	0.04
	低压配电屏	面	2	60000	9000	12.00	1.80
	动力配电屏	面	2	60000	9000	12.00	1.80
	电力电缆、电线	项	1		14950	0.00	1.50
	电缆、电线护管	t	3	6000	900	1.80	0.27
	照明配电箱	面	3	4000	600	1.20	0.18
	防雷接地系统	项	1	10000	1500	1.00	0.15
	基础槽钢、角钢	吨	1.5	5000	750	0.75	0.11
	路灯	盏	10	3000	450	3.00	
	防火材料	项	1	8000		0.80	
	设备运杂费	%	11.7			5.59	
2	管理生活区（略）					48.08	6.81
二	监测设备					230.00	
1	自动化设备	套	1	1500000		150	

续表

编号	名称及规格	单位	数量	单价/元		合计/万元	
				设备费	安装费	设备费	安装费
2	水情自动测报系统	套	1	800000		80	
三	通讯设备					0.40	
1	程控电话	部	4	1000		0.40	
四	办公设施（略）					6.90	
五	公用设备及安装					10.00	
1	消防设备	项	1	100000		10.00	
六	交通设备（略）					32.00	

表 8－9　金属结构设备及安装工程概算表

编号	名称及规格	单位	数量	单价/元		合计/万元	
				设备费	安装费	设备费	安装费
	第三部分：金属结构设备及安装工程					324.55	114.25
一	导流工程					74.93	33.77
1	闸门					13.30	3.94
	平板钢闸门设备及安装	t	4	10000	2993.65	4.00	1.20
	弧型钢闸门设备及安装	t	6	11000	4314.02	6.60	2.59
	事故闸门	t	3	9000	508.78	2.70	0.15
2	闸门埋件设备及安装工程					18.00	10.98
	闸门埋件	t	20	9000	5487.86	18.00	10.98
3	拦污栅设备及安装工程					5.38	1.56
	栅槽	t	2.5	9500	4767.52	2.38	1.19
	拦污栅体	t	3	10000	1219.13	3.00	0.37
4	启闭机					38.25	5.74
	液压启闭机（3m）	台	1	157500	23625	15.75	2.36
	卷扬机单向门（30m）	台	1	75000	11250	7.50	1.13
	卷扬机单向门（17m）	台	2	75000	11250	15.00	2.25
5	喷锌防腐	m^2	722		160		11.55
二	其他					249.62	80.48
	压力钢管，壁厚 8mm 制作安装费	t	135.00	9000	1800	121.50	24.30
	钢管防腐	m^2	3511.0		160.00		56.18
	电动蝶阀 DN1200，1.6MPa	个	2	62500		12.5	
	电动调压调流阀 DN1200，1.6MPa	个	1	1100000		110	
	钢制伸缩节 DN1200，1.6MPa		2	25000		5	
	球阀 DN800，1.6MPa	个		250000		0	
	排气阀 DN150，1.6MPa	个	2	1250		0.25	
	检修闸阀 DN150，160MPa	个	2	1600		0.32	
	压力表	个	1	500		0.05	

表 8-10 **施工临时工程概算表**

编号	工程或费用名称	单位	数量	单价/元	合计/万元
	第四部分：施工临时工程				1305.58
一	导流工程				28.46
1	围堰工程				7.99
	土方填筑（运 2.5km）	m^3	812	41.69	3.39
	两布一膜（200g/0.5mm）	m^2	292	28.44	0.83
	编织袋装土	m^3	146	169.2	2.47
	围堰清除（运 2.5km）	m^3	690	18.85	1.30
2	截流戗堤工程				20.47
	土方填筑（运 1km）	m^3	3427	24.08	8.25
	两布一膜（200g/0.5mm）	m^2	1081	28.44	3.07
	编织袋装土	m^3	541	169.2	9.15
二	施工交通工程				845.00
1	施工临时道路山区（砂砾石路面 5.5m 宽）	km	1.31	2500000	327.50
2	施工临时道路山区（砂砾石路面 3.5m 宽）	km	3.30	1500000	495.00
3	过路涵 DN1200mm	m	75	3000	22.50
三	施工房屋建筑工程				165.50
1	施工仓库	m^2	1380	250	34.50
2	生活文化福利建筑				131.00
四	其他临时工程	3%	建安工作量		266.62

表 8-11 **独立费用概算表**

编号	工程或费用名称	单位	数量	单价	合计/万元
	第五部分：独立费用				1762.62
一	建设管理费	%	4.50	一～四部分	443.66
二	工程建设监理费		〔2007〕670 号文		244.57
三	生产准备费				83.12
1	生产及管理单位提前进场费	%	0.20	一～四部分	19.72
2	生产职工培训费	%	0.55	一～四部分	54.23
3	管理用具购置费	%	0.05	一～四部分	4.93
4	备品备件购置费	%	0.50	设备费	3.53
5	工器具及生产家具购置费	%	0.10	设备费	0.71
四	科研勘测设计费				946.90
1	工程科学研究试验费	%	0.70	一～四部分	69.01
2	勘测设计费	〔2006〕1352 号文、〔2002〕10 号文			877.89
五	工程保险费	%	0.45	一～四部分	44.37

二、概算附表

概算附表见表 8－12～表 8－28。

表 8－12　　建筑工程单价汇总表（部分）　　单位：元

编号	名称	单位	单价	其中							
				人工费	材料费	机械费	其他直接费	间接费	利润	材料补差	税金
一	土方工程										
	土方挖运	m^3	17.14	0.36	0.40	9.74	1.10	0.99	0.88	1.97	1.70
	土方回填（蛙式打夯机 2.8kW）	m^3	30.87	17.21	1.03	3.43	2.28	2.04	1.82		3.06
二	石方工程										
	砂石料填筑	m^3	5.04	1.45	0.29	1.49	0.34	0.45	0.28	0.24	0.50
	过渡料填筑压实	m^3	53.76	1.53	33.00	1.69	3.80	5.00	3.15	0.26	5.33
三	混凝土工程										
	钢筋制安	t	55.54	10.73	25.88	3.44	4.21	2.43	3.27	0.08	5.50
	沥青玛蹄脂涂层	m^2	18.53	0.82	12.08		1.35	1.35	1.09		1.84
	喷混凝土（洞内拱顶 10cm 厚）	m^3	864.68	105.14	283.12	148.38	56.35	62.26	45.87	77.87	85.69

表 8－13　　安装工程单价汇总表（部分）　　单位：元

编号	名称	单位	单价	其中								
				人工费	材料费	机械费	其他直接费	间接费	利润	材料补差	未计价装置性材料费	税金
01	平板钢闸门（自重≤10t）	t	2721.50	1018.92	112.67	236.73	153.25	764.19	160.00	6.04		269.70
02	弧形闸门（自重≤10t）	t	3921.84	1340.56	288.57	433.39	231.00	1005.42	230.93	3.32		388.65
03	闸门埋件（自重≤10t）	t	4988.96	1570.18	415.54	732.70	304.46	1177.64	294.04			494.40
04	闸门压重物	t	462.53	121.02	23.21	111.08	28.59	90.77	26.23	15.79		45.84
05	拦污栅栅体	t	1108.30	331.08	37.56	247.22	68.98	248.31	65.32			109.83
06	拦污栅栅槽	t	4334.11	1340.90	404.49	631.84	266.25	1005.68	255.44			429.51

表 8－14　　材料预算价格汇总表（部分）　　单位：元

编号	名称及规格	单位	预算价	其中		
				原价	运杂费	采购及保管费
1	水泥（普通）42.5	t	417.95	321.00	83.60	13.35
2	水泥（高抗）42.5	t	634.88	531.00	83.60	20.28
3	原木	m^3	1205.98	1111.00	62.70	32.28
4	板枋材	m^3	1442.96	1350.00	54.34	38.62
5	钢筋	t	2334.86	2201.00	83.60	50.26
6	钢板	t	3028.80	2880.00	83.60	65.20
7	汽油	t	6100.95	5944.00	25.62	131.33

续表

编号	名称及规格	单位	预算价	其　中		
				原价	运杂费	采购及保管费
8	柴油	t	5363.07	5222.00	25.62	115.45
9	炸药（2号、5号抗水岩石铵油炸药综合）	kg	9.85	9.40	0.19	0.26
10	沥青	t	2552.52	2295	189.20	68.32
11	矿料	m^3	360.88	235	114.35	11.53
43	两布一膜（0.5mm/200g）	m^2	15.05			
61	橡胶止水	m	77.67			
93	塑料止水	m	36.89			

表 8-15　　主要材料预算价格计算表

编号	名称及规格	单位	单位毛重/t	每吨运费/元	预算价格/元					基价/元	价差/元
					原价	运费	装卸费	采购保管费	预算价		
1	水泥 42.5	t	1	79.20	321.00	79.20	4.40	13.35	417.95	255	162.95
2	高抗水泥	t	1	79.20	531.00	79.20	4.40	20.28	634.88	255	379.88
3	原木	m^3	0.75	79.20	1111	59.40	3.30	32.28	1205.98		
4	锯材	m^3	0.65	79.20	1350	51.48	2.86	38.62	1442.96		
5	钢筋	t	1	79.20	2201	79.20	4.40	50.26	2334.86	2560	
6	钢板	t	1	79.20	2880	79.20	4.40	65.20	3028.80		
7	汽油	t	1	17.82	5944	17.82	7.80	131.33	6100.95	3075	3025.95
8	柴油	t	1	17.82	5222	17.82	7.80	115.45	5363.07	2990	2373.07
9	炸药	t	1	106.92	9402	106.92		261.50	9770.42	5150	4620.42
10	沥青	t	1	189.20	2295	189.20		68.32	2552.52		
11	碱性骨料	m^3	1.65	69.30	235	114.35		11.53	360.88		

表 8-16　　主要材料运输费用计算表

编号	材料名称	运输起讫地点	运距/km	每吨运费/元	
				计算公式	合计
1	水泥（普通）	水泥厂至工地	180	180km×0.40 元/km×1.1	79.20
2	原木	市场至工地	180	180km×0.40 元/km×1.1	79.20
3	板枋材	市场至工地	180	180km×0.40 元/km×1.1	79.20
4	钢筋	市场至工地	180	180km×0.40 元/km×1.1	79.20
5	钢板	市场至工地	180	180km×0.40 元/km×1.1	79.20
6	油料	加油站至工地	30	30km×0.54 元/km×1.1	17.82
7	炸药	市场至工地	180	180km×0.54 元/km×1.1	106.92
8	沥青	市场至工地	430	430km×0.4 元/km×1.1	189.20
9	碱性骨料	市场至工地	180	180km×0.35 元/km×1.1	69.30

表 8－17　**施工机械台时费汇总表（部分）**　单位：元

编号	名称及规格	定额编号	台时费（基价）	台时费（预算价）	台时费（价差）	一类费用	二类费用（基价）	二类费用（预算价）
1	1m³液压单斗挖掘机	1009	135.57	163.33	27.76	56.10	79.47	107.23
5	装载机 3m³	1031	175.16	219.31	44.15	79.05	96.11	140.26
6	55kW 推土机	1041	69.85	84.57	14.72	17.91	51.94	66.66
16	凸块振动碾 13.5t	1084	179.16	209.53	30.37	94.79	84.37	114.74
21	风钻 气腿式	1097	28.19	28.19	0.00	2.93	25.26	25.26
25	潜孔钻 100 型	1100	120.06	120.06	0.00	37.97	82.09	82.09
33	混凝土搅拌机 0.4m³	2002	30.67	30.67	0.00	8.74	21.93	21.93
43	混凝土泵 30m³/h	2032	98.71	98.71	0.00	47.19	51.52	51.52
67	20t 自卸汽车	3019	143.39	173.57	30.18	73.53	69.86	100.04

表 8－18　**施工用电预算价格计算表**

供电方式：90％电网电，10％自备电。2 台 85kW 移动式柴油发电机

序号	项　目	计　算　式	单价
一	柴油发电机供电		
1	柴油发电机组班总费用/(元/台时)		272.30
2	柴油发电机额定容量之和/kW		170
3	发电机出力系数		0.825
4	厂用电率		5％
5	变配电设备及配电线路损耗率		6.0％
6	循环冷却水费		0.04
7	供电设施维修摊销费		0.02
	合计/[元/(kW·h)]	272.30÷(170×0.825)÷(1－5％)÷(1－6％)＋0.04＋0.02	2.23
二	电网电价		
1	基本电价		0.75
2	高压输电线路损耗率		0.05
3	35kV 以下变配电设备及配电线路损耗率		0.07
4	供电设施维修摊销费		0.03
	合计/[元/(kW·h)]	0.75÷(1－5％)÷(1－7％)＋0.03	0.88
	综合电价	0.88×90％＋2.23×10％	1.02

表 8－19　**施工用风预算价格计算表**

供风方式：采用 60m³电动式空压机 4 台，20m³油动式空压机 4 台

序号	项　目	计　算　式	单价
1	空压机组班总费用/元		1217.16
2	空压机额定容量之和/m³		320
3	时间/min		60

续表

序号	项　　目	计　算　式	单价
5	能量利用系数		0.8
6	供风损耗率		12%
7	循环冷却水摊销费/元		0.005
8	供风设施维修摊销费/元		0.003
	合计/(元/m^3)	1217.16÷(320×60×0.8)÷(1−12%)+0.005+0.003	0.10

表 8-20　　施工用水预算价格计算表

供水方式：采用 6 台 15kW 离心泵，2 台 5.5kW 离心泵

序号	项　　目	计　算　式	单价
1	水泵组班总费用/元		235.84
2	水泵额定容量之和/m^3		325
3	能量利用系数		0.80
4	供水损耗率		10%
5	供水设施维修摊销费/元		0.03
	合计/(元/m^3)	235.84÷(325×0.80)÷(1−10%)+0.03	1.04

表 8-21　　块石单价计算表

序号	项　　目	定额编号	定额单位	工序单价/(元/m^3)	折算系数/(t/m^3)	流程系数	复价/(元/m^3)	备注
1	覆盖层清除摊销	10634	m^3	9.26		3.34%	0.31	
2	块石开采	60427	m^3	50.90			50.9	
3	成品料运输	GB6014	m^3	17.00			17.00	运 4km
3	小计						68.21	

表 8-22　　混凝土材料单价计算表　　单位：元

编号	混凝土标号	水泥强度等级	级配	预算量						基价	预算单价	价差
				水泥/kg	砂/m^3	石子/m^3	水/m^3	粉煤灰/kg	外加剂/kg			
1	C25（F200W8）	42.5	2	248	0.47	0.80	0.15	80.6	0.50	195.42	215.31	19.89
2	C25（F200W8 高抗）	42.5	2	248	0.47	0.80	0.15	80.6	0.50	195.42	269.10	73.68
5	C20（普通）	42.5	2	248	0.47	0.80	0.15	80.6	0.50	195.42	215.31	19.89
7	C15	42.5	2	166.50	0.52	0.79	0.15	54.11	0.33	163.22	184.82	21.60
9	M15（普通）	42.5		348.30	1.07		0.243			179.64	233.47	53.83
10	C25（泵用，高抗）	42.5	2	280.70	0.53	0.67	0.173	91.23	0.56	204.52	292.30	87.78
11	C15（泵用）	42.5	2	192.64	0.57	0.68	0.166	62.14	0.39	170.14	186.93	16.79
12	C20（埋石 20%）	42.5	3	139.52	0.33	0.75	0.10	45.34	0.28	135.53	141.89	6.36
13	C40（高抗）	42.5	1	348.80	0.46	0.71	0.15	113.1	0.70	231.53	340.54	109.01

表 8-23　　过渡料单价计算表

编号	项目	定额编号	定额单位	工序单价		折算系数/(t/m³)	流程系数	计算公式	复价		备注
				元/m³	元/t				元/m³	元/t	
1	覆盖层清除摊销	10527	m³	7.52			19.75%	7.5×19.75%	1.49		
1	砂砾料开采、运输	60212	m³	8.20		2.28	1.13	8.20/2.28×1.13		4.06	损耗系数 1.13
2	预筛分运输	60073×0.2	t		5.18		1.00	5.18×1.00		5.18	定额取消水，人工，机械乘以 0.2
3	超径石弃料摊销	60212	m³	8.20		1.75	11.91%	(4.06+5.18+8.20/1.75)×11.91%		1.66	1.67/10.03=16.65%
4	成品料运输	60210	m³	7.23			1	7.23×1.00	7.23		运 8km
5	1-3 合计/(元/t)					1.74		4.06+5.18+1.66		10.90	
6	合计/(元/m³)		m³					1.74×10.90+1.49+7.23	27.69		
7	垫层料单价		m³						27.69		

表 8-24　　建筑工程单价表

定额编号：[10640]　　2m³挖掘机挖土自卸汽车运输工程　　定额单位：100m³

施工方法：Ⅲ类土，20t 自卸汽车运 1km

编号	名称及规格	单位	数量	单价/元	合计/元
一	直接工程费				846
(一)	直接费				766
1	人工费				33
	工长	工时		12.76	
	高级工	工时		11.88	
	中级工	工时		10.12	
	初级工	工时	4.5	7.34	33
2	材料费				29
	零星材料费	%	4	737.00	29
3	机械使用费				704
	挖掘机 2m³	台时	0.67	228.28	153
	推土机 59kW	台时	0.33	75.30	25
	自卸汽车 20t	台时	3.67	143.39	526
(二)	其他直接费	%	10.50	766	80
二	间接费	%	8.50	846	72

续表

编号	名称及规格	单位	数量	单价/元	合计/元
三	企业利润	%	7.00	918	64
四	材料价差				141
	挖掘机 $2m^3$	台时	0.67	37.64	25
	推土机 59kW	台时	0.33	15.65	5
	自卸汽车 20t	台时	3.67	30.18	111
五	税金	%	11.00	1123	124
六	合计				1247

表 8-25　　**建筑工程单价表**

定额编号：[40297]　　载重汽车运沥青混凝土工程　　定额单位：$100m^3$

施工方法：运 0.5km

编号	名称及规格	单位	数量	单价/元	合计/元
一	直接工程费				
(一)	直接费				3117
1	人工费				866
	工长	工时		12.76	
	高级工	工时		11.88	
	中级工	工时	62.8	10.12	636
	初级工	工时	31.4	7.34	230
2	材料费				148
	零星材料费	%	5	2969.00	148
3	机械使用费				2103
	载重汽车 10t	台时	24.95	81.29	2028
	保温罐 $1.5m^3$	台时	49.9	1.50	75
4	材料价差				413.671
	载重汽车 10t	台时	24.95	16.58	413.671

表 8-26　　**建筑工程单价表**

定额编号：[40159]　　沥青心墙混凝土工程　　定额单位：$100m^3$

施工方法：拌和、运输、铺筑及养护

编号	名称及规格	单位	数量	单价/元	合计/元
一	直接工程费				135617
(一)	直接费				122730
1	人工费				2165
	工长	工时	11.2	12.76	143
	高级工	工时	37.24	11.88	442
	中级工	工时	100.38	10.12	1016
	初级工	工时	76.86	7.34	564

续表

编号	名称及规格	单位	数量	单价/元	合计/元
2	材料费				108415
	沥青混凝土	m^3	106	1017.70	107876
	其他材料费	%	0.5	107876.00	539
3	机械使用费				8846
	搅拌楼 LB－1000	台时	6.89	386.14	2661
	骨料沥青系统	组时	6.89	197.90	1364
	摊铺机 DF130C	台时	5.82	417.83	2432
	振动碾 BW90AD	台时	1.75	51.59	90
	自卸汽车保温 8t	台时	11.91	82.31	980
	装载机 $3m^3$	台时	1.94	175.16	340
	其他机械使用费	%	13	7527.00	979
4	混凝土水平运输	m^3	106	31.17	3304
（二）	其他直接费	%	10.50		12887
二	间接费	%	9.50		12884
三	企业利润	%	7.00		10395
四	材料价差				23069
	沥青混凝土	m^3	106.00	208.09	22058
	摊铺机 DF130C	台时	5.82	43.40	253
	振动碾 BW90AD	台时	1.75	4.28	7
	自卸汽车保温 8t	台时	11.91	19.00	226
	装载机 $3m^3$	台时	1.94	44.15	86
	混凝土水平运输	m^3	106	4.14	439
五	税金	%	11.00		20016
六	合计				201981

表 8－27　　**安装工程单价表**

定额编号：[10017]　　弧形钢闸门　　定额单位：t

型号规格：闸门自重≤10t

编号	名称及规格	单位	数量	单价/元	合计/元
一	直接工程费				2293.52
（一）	直接费				2062.52
1	人工费				1340.56
	工长	工时	7.0	12.76	89.32
	高级工	工时	39.0	11.88	463.32
	中级工	工时	59.0	10.12	597.08
	初级工	工时	26.0	7.34	190.84

续表

编号	名称及规格	单位	数量	单价/元	合计/元
2	材料费	元			288.57
	钢板	kg	20.40	4.56	93.02
	电焊条	kg	11.20	5.83	65.30
	氧气	m^3	3.40	2.91	9.89
	乙炔气	m^3	1.50	13.59	20.39
	汽油 90#	kg	4.50	3.08	13.86
	油漆	kg	1.10	14.56	16.02
	棉纱头	kg	2.60	11.65	30.29
	其他材料费	%	16.00	材料费	39.80
3	机械使用费	元			433.39
	门式起重机 10t	台时	0.70	214.97	150.48
	电焊机 20～30kVA	台时	10.10	15.44	155.94
	摇臂钻床 ϕ50	台时	2.90	24.29	70.44
	其他机械费	%	15	机械费	56.53
(二)	其他直接费	%	11.20	直接费	231.00
二	间接费	%	75	人工费	1005.42
三	企业利润	%	7	直+间	230.93
四	材料价差				3.32
	汽油 90#	kg	1.10	3.02	3.32
五	税金	%	11	直+间+计	388.65
六	合计	元			3921.84

表 8-28 安装工程单价表

定额编号：[10061] 闸门埋设件 定额单位：t

型号规格：埋件自重≤10t

编号	名称及规格	单位	数量	单价/元	合计/元
一	直接工程费				3022.88
(一)	直接费				2718.42
1	人工费				1570.18
	工长	工时	8.0	12.76	102.08
	高级工	工时	39.0	11.88	463.32
	中级工	工时	71.0	10.12	718.52
	初级工	工时	39.0	7.34	286.26
2	材料费	kg			415.54
	钢板	kg	12.80	4.56	58.37
	电焊条	kg	11.20	5.83	65.30

续表

编号	名称及规格	单位	数量	单价/元	合计/元
	氧气	m^3	9.50	2.91	27.65
	乙炔气	m^3	4.10	13.59	55.72
	油漆	kg	2.10	14.56	30.58
	木材	m^3	0.10	1205.98	120.60
	其他材料费	%	16	材料费	57.32
3	机械使用费	元			732.70
	门式起重机 10t	台时	0.60	214.97	128.98
	卷扬机 5t	台时	12.60	24.89	313.61
	电焊机 20～30kVA	台时	12.60	15.44	194.54
	其他机械费	%	15	机械费	95.57
(二)	其他直接费	%	11.20	直接费	304.46
二	间接费	%	75.00	人工费	1177.64
三	企业利润	%	7	直＋间	294.04
四	税金	%	11	直＋间＋计	494.40
六	合计	元			4988.96

参　考　文　献

［1］ 中华人民共和国水利部．水利工程设计概（估）算编制规定［M］．北京：中国水利水电出版社．2015.

［2］ 中华人民共和国水利部．水土保持工程概（估）算编制规定［M］．郑州：黄河水利出版社．2003.

［3］ 中华人民共和国水利部．水利水电工程环境保护概估算编制规程（SL 359—2006）［S］．北京：中国水利水电出版社，2007.

［4］ 中华人民共和国水利部．水利水电工程设计工程量计算规定（SL 328—2005）［S］．北京：中国水利水电出版社，2005

［5］ 中华人民共和国建设部，中华人民共和国国家质量监督检验检疫总局．水利水电工程量清单计价规范（GB 50501—2007）［S］．北京：中国计划出版社，2007.

［6］ 中华人民共和国水利部．水利建筑工程概算定额（上、下册）［M］．郑州：黄河水利出版社，2002.

［7］ 中华人民共和国水利部．水利建筑工程预算定额（上、下册）［M］．郑州：黄河水利出版社，2002.

［8］ 中华人民共和国水利部．水利水电设备安装工程概算定额［M］．郑州：黄河水利出版社，2002.

［9］ 中华人民共和国水利部．水利水电设备安装工程预算定额［M］．郑州：黄河水利出版社，2002.

［10］ 中华人民共和国水利部．水利工程施工机械台时费定额［M］．郑州：黄河水利出版社，2002.

［11］ 中华人民共和国水利部．水利工程概预算补充定额［M］．郑州：黄河水利出版社，2005.

［12］ 岳春芳，周峰．水利工程概预算［M］．北京：中国水利水电出版社，2013.

［13］ 杨培岭，彭玉林．水利工程概预算（新一版）［M］．北京：中国水利水电出版社，2017.

［14］ 王治国，贺康宁，胡振华．水土保持工程概预算［M］．北京：中国林业出版社，2009.

［15］ 方国华，朱成立，等．新编水利水电工程概预算［M］．郑州：黄河水利出版社，2003.